全国高职高专机电类专业创新型规划教材
职业教育双高计划建设新形态教材

公差配合与测量技术

主　编　朱亮亮
副主编　林素敏　陶文东
主　审　李敏科

黄河水利出版社
·郑　州·

内 容 提 要

本书是全国高职高专机电类专业创新型规划教材，根据教育部对高职高专教育的教学基本要求，结合产品几何技术规范（GPS）国家标准和中国水利教育协会职业技术教育分会高等职业教育教学研究会组织制定的公差配合与测量技术课程标准编写完成。全书共分 11 个项目，包括轴套类零件尺寸公差识图与检测、轴套类零件配合公差识图与检测、几何公差识图与检测、表面粗糙度识图与检测、光滑极限量规与光滑工件尺寸检测、圆锥公差配合与检测、螺纹公差配合及检测、键的公差配合及检测、滚动轴承公差配合及检测、渐开线圆柱齿轮公差及检测、普通车床的几何精度检测。

本书可作为高职高专机械类专业以及近机类各专业的教材，也可作为企业管理人员、工程技术人员的技术培训教材。

图书在版编目（CIP）数据

公差配合与测量技术/朱亮亮主编. —郑州：黄河水利出版社，2023. 5

全国高职高专机电类专业创新型规划教材

ISBN 978-7-5509-3288-3

Ⅰ. ①公…　Ⅱ. ①朱…　Ⅲ. ①公差-配合-高等职业教育-教材②技术测量-高等职业教育-教材　Ⅳ. ①TG801

中国版本图书馆 CIP 数据核字（2022）第 084278 号

组稿编辑：王路平　电话：0371-66022212　E-mail：hhslwlp@163. com

韩莹莹　66025553　hhslhyy@163. com

出 版 社：黄河水利出版社　网址：www. yrcp. com

地址：河南省郑州市顺河路黄委会综合楼 14 层　邮政编码：450003

发行单位：黄河水利出版社

发行部电话：0371-66026940、66020550、66028024、66022620（传真）

E-mail：hhslcbs@126. com

承印单位：河南承创印务有限公司

开本：787 mm×1 092 mm　1/16

印张：14. 25

字数：330 千字　印数：1—2 100

版次：2023 年 5 月第 1 版　印次：2023 年 5 月第 1 次印刷

定价：46. 00 元

前　言

本书是根据《国家职业教育改革实施方案》《职业教育提质培优行动计划(2020—2023年)》和《中共中央关于认真学习宣传贯彻党的二十大精神的决定》(2022年10月29日)等文件精神组织编写的高职教育规划教材。教材及时更新教学标准,将新技术、新工艺、新规范纳入教学内容,力争实现项目化、模块化教学模式,突出现代职业教育理念,以学生能力培养为主线,体现出实用性、实践性、创新性的教材特色,是理论联系实际、教学面向生产的高职教育创新型规划教材。

本书适应教学改革的要求,以培养学生综合职业能力为宗旨,以职业岗位所需的知识、能力、素质结构为依据,以工作任务为中心组织课程内容,让学生在完成具体工作任务的过程中学习相关理论知识,训练职业能力。理论知识的选取紧紧围绕完成工作任务的需要来进行,实现知识内容与技能目标的统一,同时教学内容融合相关职业资格证书对知识、技能和态度的要求,突出了高职高专教育的特色。本书编写力求做到叙述简明、由浅入深,紧密结合生活及工程实际,以便于读者理解和掌握。

本书共分11个项目,每个项目的内容均以测量技能训练为主线,按照任务描述、知识准备、任务实施和操作评价的顺序编写,完全按照企业真实的测量环境、机械零件、图纸和检测等来设置测量项目。力求做到内容规范、实用并有适当拓宽,并在各项目开篇指明学习目标,更有助于读者有的放矢掌握所学知识。

本书编写人员及编写分工如下:杨凌职业技术学院朱亮亮编写前言、项目三和项目十一,杨凌职业技术学院陶文东编写项目一和项目四,杨凌职业技术学院付建军编写项目二,杨凌职业技术学院吕秋硕编写项目五,杨凌职业技术学院林素敏编写项目六和项目十,杨凌职业技术学院宋守斌编写项目七,湖北职业技术学院赵静编写项目八,榆林职业技术学院贺生明编写项目九。本书由朱亮亮担任主编,并负责全书统稿;由林素敏、陶文东担任副主编;由杨凌职业技术学院李敏科担任主审。

由于编写时间仓促,书中的错误和不足之处在所难免,敬请广大读者批评指正。

编　者

2023年3月

目 录

项目一　轴套类零件尺寸公差识图与检测

【知识目标】

1. 掌握互换性与标准化的基本概念及其在机械制造中的作用。

2. 掌握公差配合的常用术语，熟悉公差带图的绘制。

3. 掌握测量技术的基本知识，熟悉相关测量器具的分类和使用，了解测量误差的应用。

【能力目标】

1. 能够正确识读及标注尺寸公差，并能运用国家标准正确选用尺寸公差。

2. 能够正确选择量具并使用常用量具对给定轴类零件进行检测，并判断其是否合格。

任务描述

加工车间有一批连接轴的加工任务，其零件图如图 1-1 所示。需要识读连接轴的图样和工艺文件，通过查阅相关计量标准，理解 $\phi 55_{-0.06}^{-0.03}$、$\phi 42_{-0.05}^{-0.025}$、$\phi 38_{-0.05}^{-0.025}$、$\phi 34_{-0.05}^{-0.025}$、$20_{-0.05}^{0}$、135±0.1 等标注的含义；选择合适的测量工具对连接轴进行精度检测，并出具检测报告。

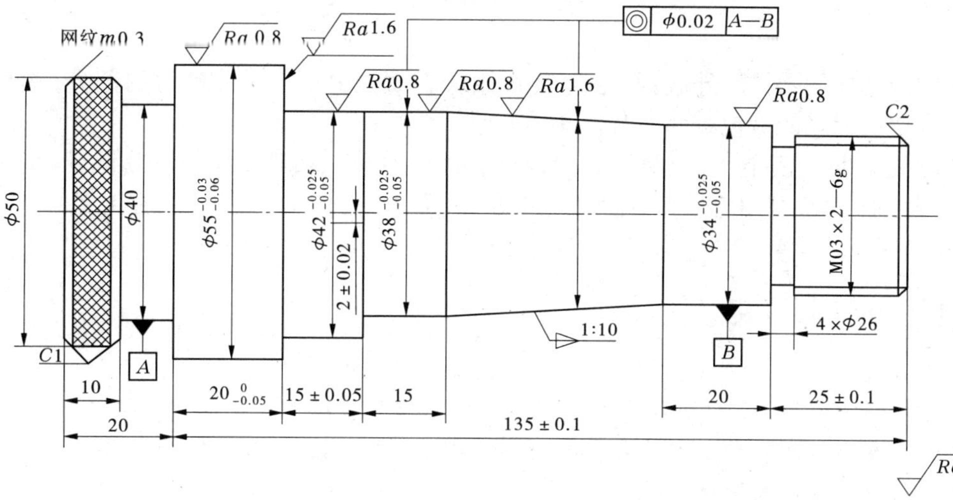

图 1-1　连接轴零件图

知识准备

任务一　基本术语及定义

一、孔和轴的定义

(一)孔

孔通常指工件圆柱形内表面,也包括非圆柱形内表面(由两平行平面或切面形成的包容面),如图 1-2(a)所示。

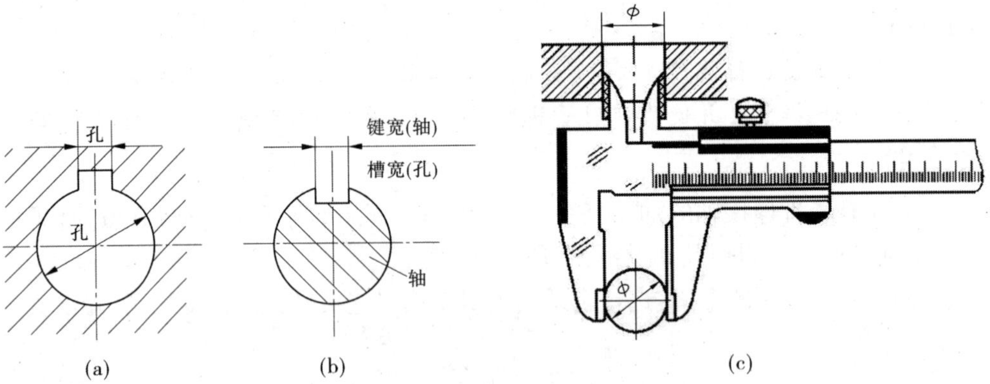

图 1-2　孔和轴

(二)轴

轴通常指工件的圆柱形外表面,也包括其他外表面中由单一尺寸确定的部分(由两平行平面或切面形成的被包容面),如图 1-2(b)所示。

从装配关系讲,孔是包容面,轴是被包容面;从加工过程看,随着余量的切除,孔的尺寸由小变大,轴的尺寸由大变小;从测量方法看,侧孔用内卡脚,测轴用外卡脚,如图 1-2(c)所示。

二、尺寸的术语及定义

(一)尺寸

尺寸是以特定单位表示线性尺寸值的数值。由数字和长度单位组成,包括直径、长度、宽度、高度、厚度及中心距等,图样上标注尺寸时常以 mm 为单位,这时只标数字,省去单位。

(二)公称尺寸(基本尺寸)

公称尺寸是由图样规范确定的理想形状要素的尺寸。公称尺寸是设计零件时,根据使用要求,通过强度、刚度计算及结构等方面的考虑,按标准直径或标准长度圆整后所给定的尺寸。常用 D 表示孔的公称尺寸,d 表示轴的公称尺寸,如图 1-3 所示。

(三)极限尺寸

极限尺寸是尺寸要素允许的尺寸的两个极端。孔或轴允许的最大尺寸称为上极限尺

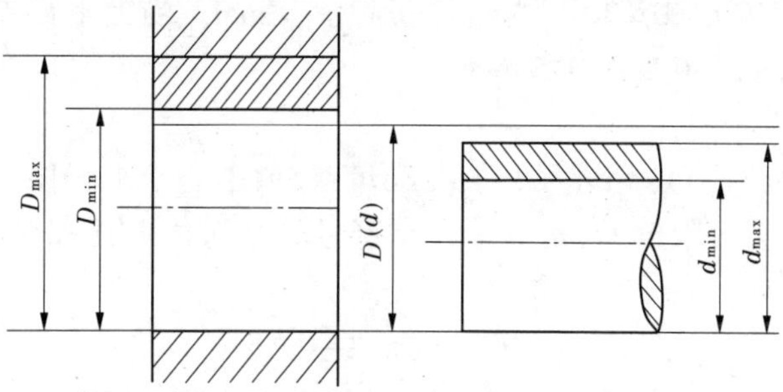

图 1-3　公称尺寸和极限尺寸

寸，孔或轴允许的最小尺寸称为下极限尺寸。孔的上、下极限尺寸分别用D_{max}和D_{min}表示，轴的上、下极限尺寸分别用d_{max}和d_{min}表示，如图 1-3 所示。

（四）实际（组成）要素（实际尺寸）

实际（组成）要素是通过测量获得的某一孔、轴的尺寸。由于零件存在加工误差，所以不同部位的实际尺寸不尽相同，故往往把它称为局部实际尺寸。常用D_a表示孔的实际（组成）要素，用d_a表示轴的实际（组成）要素。

三、偏差、公差的术语及定义

（一）偏差

某一尺寸（实际尺寸、极限尺寸等）减其公称尺寸所得的代数差为尺寸偏差（简称偏差），孔的偏差用E表示，轴的偏差用e表示。由于极限尺寸或实际尺寸可能大于、等于或小于公称尺寸，所以偏差可能为正值或负值，也可能为零，前面必须标有正负号。

（二）实际偏差

实际（组成）要素（实际尺寸）减其公称尺寸所得的代数差称为实际偏差。孔用E_a表示，轴用e_a表示。公式表示如下：

孔的实际偏差　　$E_a = D_a - D$

轴的实际偏差　　$e_a = d_a - d$

合格零件的实际偏差应在上下偏差之间，即下偏差≤实际偏差≤上偏差。

（三）极限偏差

极限尺寸减其公称尺寸所得的代数差称为极限偏差。

（1）上极限偏差。上极限尺寸减其公称尺寸所得的代数差。孔用ES表示，轴用es表示。

（2）下极限偏差。下极限尺寸减其公称尺寸所得的代数差。孔用EI表示，轴用ei表示。

孔的极限偏差　　$ES = D_{max} - D\ ,EI = D_{min} - D$　　（1-1）

轴的极限偏差　　$es = d_{max} - d, ei = d_{min} - d$　　（1-2）

相关标准规定，在图样上和技术文件上标注极限偏差数值时，上极限偏差标在基本尺寸的右上角，下极限偏差标在基本尺寸的右下角，且上极限偏差数值总是大于下极限偏差，如 $\phi50^{+0.034}_{+0.009}$ mm、$\phi50^{-0.009}_{-0.020}$ mm。特别要注意的是，当偏差为零值时，必须在相应的位置上标注“0”，不能省略，如$\phi 30^{+0.011}_{0}$ mm、$\phi 30^{0}_{-0.007}$ mm。当上下偏差数值相等而符号相反时，可简化标注，如 $\phi 80 \pm 0.015$ mm。

（四）尺寸公差

尺寸公差（简称公差）是允许尺寸的变动量，数值上等于上极限尺寸减下极限尺寸之差，或上极限偏差减下极限偏差，是一个没有符号的绝对值。孔和轴的公差分别用 T_D 和 T_d 表示，其关系如下：

$$T_D = |D_{max} - D_{min}| = |ES - EI| \quad (1\text{-}3)$$

$$T_d = |d_{max} - d_{min}| = |es - ei| \quad (1\text{-}4)$$

公差是无符号的绝对值，不允许为零，更不能为负值。公差表示尺寸允许的变动范围，即某种区域大小的数量指标，这个范围的大小能够反映零件的加工精度。当其他条件相同时，公差值的大小能决定零件加工精度的高低（公差值越大，加工精度越低），也能决定零件加工的难易程度（公差值越大，越容易加工）。

如图 1-4 所示，它表明了两个相互结合的孔和轴的公称尺寸、极限偏差和公差三者之间的关系。尺寸公差与极限偏差是一对既有区别又有联系的术语，两者的区别如下：

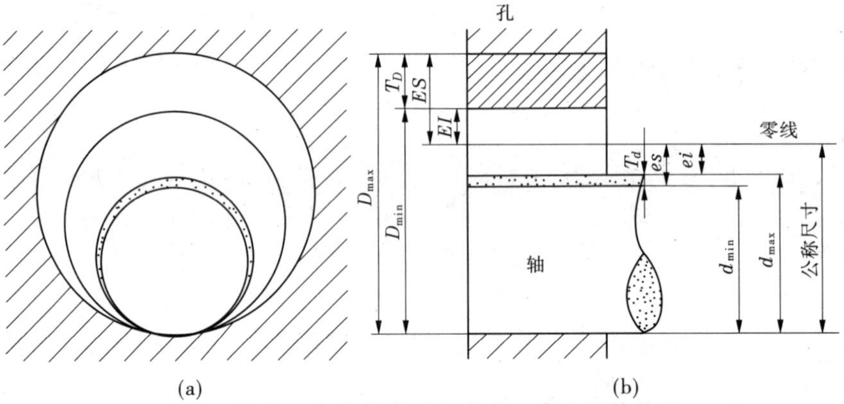

图 1-4　公称尺寸、极限偏差和公差三者之间的关系

（1）从数值上看，极限偏差是代数值，正、负或零值是有意义的；公差是允许尺寸的变动范围，是没有正负号的绝对值，也不能为零（零值意味着加工误差不存在，是不可能的）。

（2）从作用上看，极限偏差用于控制实际偏差，是判断完工零件是否合格的依据；公差则控制一批零件实际尺寸的差异程度。

（3）从工艺上看，对某一具体零件，同一尺寸段内的尺寸（尺寸分段后）公差大小反映加工的难易程度，即加工精度的高低，它是制定加工工艺的主要依据；极限偏差则是调整机床、决定切削工具与工件相对位置的依据。

（五）尺寸公差带图

由代表上极限偏差和下极限偏差或上极限尺寸和下极限尺寸的两条直线所限定的区域称为尺寸公差带。它是由公差大小和其相对零线位置的基本偏差来确定的，用示意图表示时称为公差带图，如图 1-5 所示。

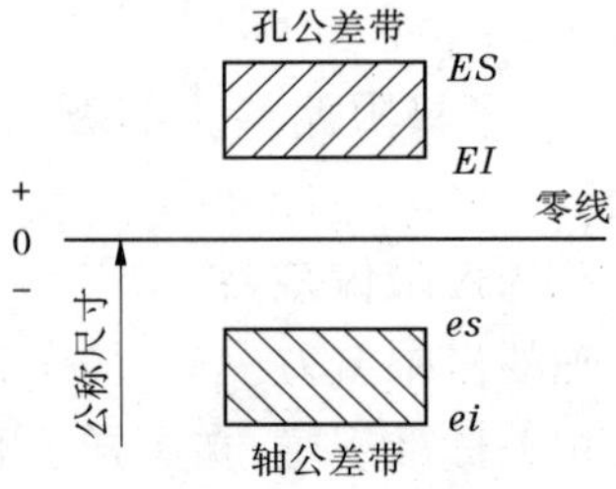

图 1-5　公差带图

(1)零线。指确定极限偏差的基准线,它所指的尺寸为公称尺寸,是极限偏差的起始线。零线上方表示正极限偏差,零线下方表示负极限偏差,画图时一定要标注相应的符号("0""+"和"-")。零线下方的单箭头必须与零线靠紧,并标注出公称尺寸的数值。

(2)公差带。指在公差带图中,由代表上极限偏差和下极限偏差或最大极限尺寸与最小极限尺寸的两条直线所限定的区域。公差带有两个基本参数,即公差带大小与位置,沿零线垂直方向的宽度表示公差值,代表公差带的大小,由标准公差确定;位置由基本偏差确定,公差带沿零线长度方向可适当选取。公差带图中,尺寸单位为毫米(mm),偏差及公差单位也可以用微米(μm)表示,单位不能省略。如图 1-6 所示为公差带图实例画法。

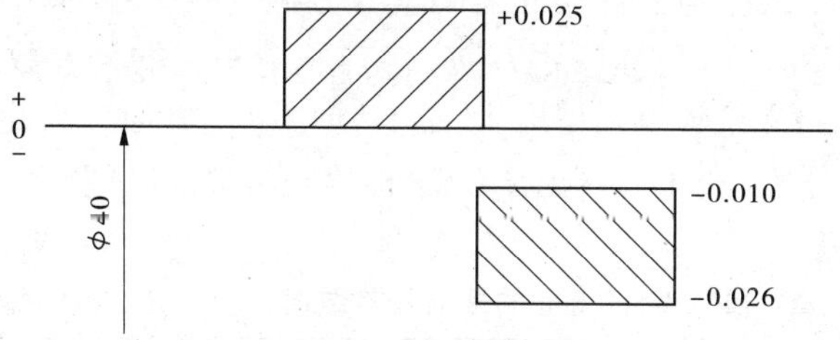

图 1-6 公差带图实例画法 (单位:mm)

【例 1-1】 已知孔 $\phi40^{+0.025}_{0}$mm,轴 $\phi40^{-0.010}_{-0.026}$mm,求孔、轴的极限偏差和公差。

解:1. 公差带图解法

根据孔和轴所给尺寸数值,画出公差带图,如图 1-6 所示。依据公差带图可以得出:

孔的极限尺寸: $D_{max}=40.025$ mm,$D_{min}=40$ mm

轴的极限尺寸: $d_{max}=39.990$ mm,$d_{min}=39.974$ mm

孔、轴的公差: $T_D=0.025$ mm,$T_d=0.016$ mm。

2. 公式法,利用公式来求解

孔的极限偏差: $D_{max}=D+ES=40+0.025=40.025(mm)$

$D_{min}=D+EI=40+0=40(mm)$

轴的极限偏差: $d_{max}=d+es=40-0.010=39.990(mm)$

$d_{min}=d+ei=40-0.026=39.974(mm)$

孔、轴的公差: $T_D=D_{max}-D_{min}=40.025-40=0.025(mm)$

$T_d=d_{max}-d_{min}=39.990-39.974=0.016(mm)$

任务二 标准公差及基本偏差的国标规定

公差带有两个基本参数,即公差带的大小与位置。其中,公差带的大小由标准公差确定,位置由基本偏差确定。为了使公差实现标准化,《产品几何技术规范(GPS) 线性尺寸公差 ISO 代号体系第 1 部分:公差、偏差和配合的基础》(GB/T 1800.1—2020)中规定了两个基本系列,即标准公差系列和基本偏差系列。

一、标准公差系列

标准公差等级是指确定尺寸精确程度的等级。为了实现互换性生产和满足机械制造中各零件尺寸不同精度的要求，在机械制造业中常用的尺寸大多都小于 500 mm（最常用的是光滑圆柱体的直径），该尺寸段在一般工业中应用最为广泛。因此，国家标准在公称尺寸至 500 mm 范围内规定了 20 个标准公差等级，其等级代号由 IT 和数字组成，即尺寸段规定了 IT01、IT0、IT1～IT18。其中，IT01 为最高等级，依次降低，IT18 为最低等级。在公称尺寸相同的条件下，标准公差数值随公差等级的降低而依次增大。同一公差等级、同一尺寸段内各公称尺寸的标准公差数值是相同的。只要公差等级相同，所有公称尺寸的一组公差被认为具有同等精确程度。

生产实际经验和统计分析表明，当工件的基本尺寸不大于 500 mm 时，在一定的工艺系统加工条件下，加工误差与公称尺寸之间呈立方抛物线关系，而测量误差与公称尺寸之间呈线性关系。这样每一个公称尺寸 $D(d)$ 就有一个相应的公差数值。由于公称尺寸繁多，这样会使所编制的公差数值表格庞大，而且使用也不方便。为此国家标准对常用尺寸（≤500 mm）进行了分段，表 1-1 列出了国家标准规定的机械制造行业常用尺寸（≤500 mm）的标准公差数值。

表 1-1　公称尺寸≤500 mm 的标准公差数值（摘自 GB/T 1800.1—2020）

公称尺寸/mm	公差等级																			
	IT01	IT0	IT1	IT2	IT3	IT4	IT5	IT6	IT7	IT8	IT9	IT10	IT11	IT12	IT13	IT14	IT15	IT16	IT17	IT18
	μm													mm						
≤3	0.3	0.5	0.8	1.2	2	3	4	6	10	14	25	40	60	0.1	0.14	0.25	0.4	0.6	1	1.4
>3～6	0.4	0.6	1	1.5	2.5	4	5	8	12	18	30	48	75	0.12	0.18	0.3	0.48	0.75	1.2	1.8
>6～10	0.4	0.6	1	1.5	2.5	4	6	9	15	22	36	58	90	0.15	0.22	0.36	0.58	0.9	1.5	2.2
>10～18	0.5	0.8	1.2	2	3	5	8	11	18	27	43	70	110	0.18	0.27	0.43	0.7	1.1	1.8	2.7
>18～30	0.6	1	1.5	2.5	4	6	9	13	21	33	52	84	130	0.21	0.33	0.52	0.84	1.3	2.1	3.3
>30～50	0.6	1	1.5	2.5	4	7	11	16	25	39	62	100	160	0.25	0.39	0.62	1	1.6	2.5	3.9
>50～80	0.8	1.2	2	3	5	8	13	19	30	46	74	120	190	0.3	0.46	0.74	1.2	1.9	3	4.6
>80～120	1	1.5	2.5	4	6	10	15	22	35	54	87	140	220	0.35	0.54	0.87	1.4	2.2	3.5	5.4
>120～180	1.2	2	3.5	5	8	12	18	25	40	63	100	160	250	0.4	0.63	1	1.6	2.5	4	6.3
>180～250	2	3	4.5	7	10	14	20	29	46	72	115	185	290	0.46	0.72	1.15	1.85	2.9	4.6	7.2

续表 1-1

公称尺寸/mm	公差等级																			
	IT01	IT0	IT1	IT2	IT3	IT4	IT5	IT6	IT7	IT8	IT9	IT10	IT11	IT12	IT13	IT14	IT15	IT16	IT17	IT18
	μm													mm						
>250~315	2.5	4	6	8	12	16	23	32	52	81	130	210	320	0.52	0.81	1.3	2.1	3.2	5.2	8.1
>315~400	3	5	7	9	13	18	25	36	57	89	140	230	360	0.57	0.89	1.4	2.3	3.6	5.7	8.9
>400~500	4	6	8	10	15	20	27	40	63	97	155	250	400	0.63	0.97	1.55	2.5	4	6.3	9.7

二、基本偏差系列

基本偏差是确定公差带相对于零线位置的极限偏差。它可以是上极限偏差或下极限偏差，一般为靠近零线的那个偏差。设置基本偏差是为了将公差带相对于零线的位置标准化，以满足各种不同配合性质的需求。

（一）基本偏差代号及特征

GB/T 1800.1—2020 对孔和轴分别规定了 28 种基本偏差，其代号用拉丁字母表示，大写字母表示孔，小写字母表示轴。28 种基本偏差代号，由 26 个拉丁字母中去掉 5 个容易与其他含义混淆的字母 I(i)、L(l)、O(o)、Q(q)、W(w)，再加上 7 个双写字母 CD(cd)、EF(ef)、FG(fg)、JS(js)、ZA(za)、ZB(zb)、ZC(zc)组成，其中基本偏差 H 代表基本孔，h 代表基准轴。这 28 种基本偏差代号反映 28 种公差带的位置，构成了基本偏差系列，如图 1-7 所示。

基本偏差系列示意图，仅绘出了公差带一端的界线，而公差带另一端的界线并未绘出。它将取决于公差带的标准公差等级和这个基本偏差的组合。因此，任何一个公差带都用基本偏差代号和公差等级数字表示，如孔公差带 H7、P8，轴公差带 h6、m7 等。对所有的公差带，当公差带位置在零线以上时，其基本偏差为下极限偏差 *EI*(对孔)或 *ei*(对轴)；当公差带位置在零线以下时，其基本偏差为上极限偏差 *ES*(对孔)或 *es*(对轴)。

基本偏差系列的特征如下：

(1)基本偏差系列中的 H(h)，其基本偏差值为零。

(2)除 J、j 与某些高公差等级形成的公差带以外，基本偏差都是指靠近零线的，或绝对值较小的那个极限偏差。JS、js 形成的公差带与零线对称，上极限偏差 $ES(es)=+IT/2$，下极限偏差 $EI(ei)=-\mathrm{IT}/2$，上下极限偏差度都可以作为极限基本偏差。

(3)孔的基本偏差系列中，A～H 的基本偏差为下极限偏差，J～ZC 的基本偏差为上极限偏差；轴的基本偏差中 a～h 的基本偏差为上极限偏差，j～zc 的基本偏差为下极限偏差。

(4)公差带的另一个极限偏差“开口”，表示其公差等级未定，开口的位置将由公差等级来决定。基本偏差是“开口”的公差带，是因为基本偏差只是表示公差带的位置，而不

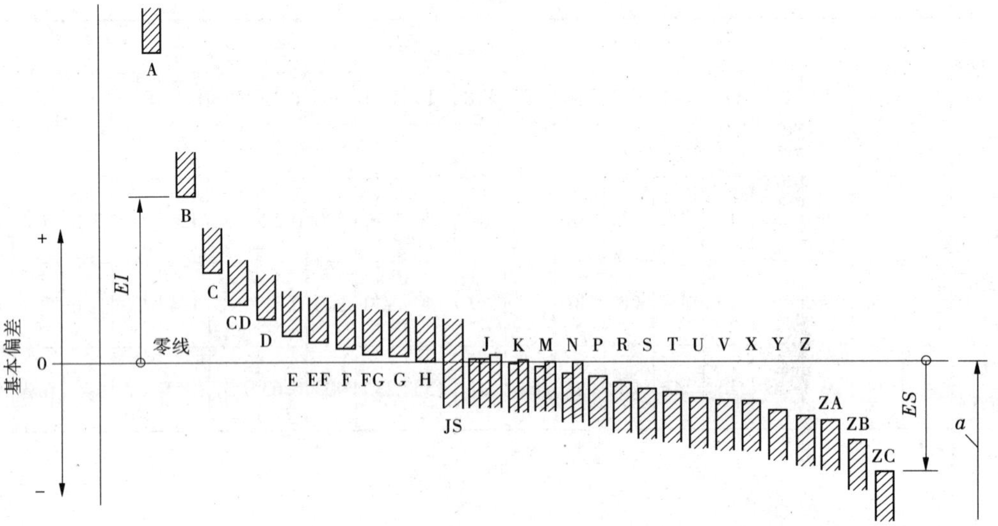

(a)孔(内尺寸要素)

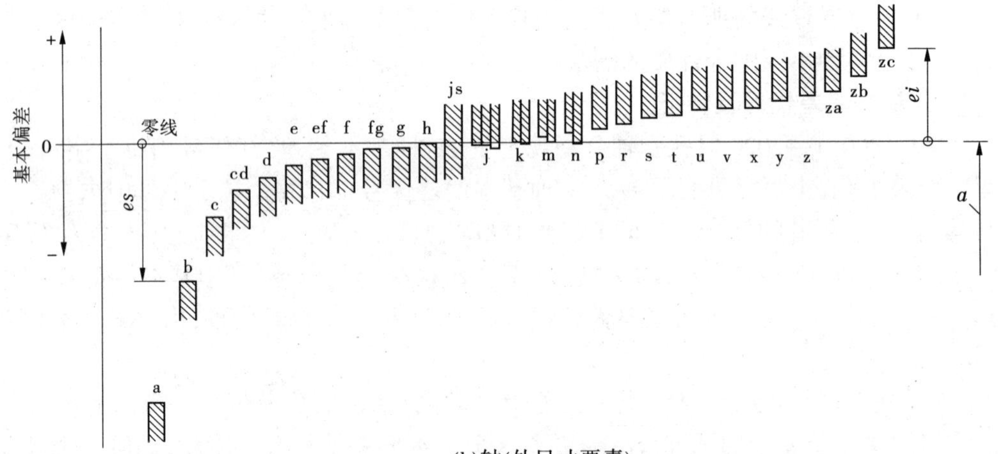

(b)轴(外尺寸要素)

说明：*EI*,*ES*—孔的基本偏差(实例)；*ei*,*es*—轴的基本偏差(实例)；*a*—公称尺寸。

图 1-7 基本偏差系列示意图

表示公差带的大小。

(二)基本偏差数值

基本偏差数值是经过经验公式计算得到的,但在实际的使用过程中可通过查表来得到,如表 1-2 和表 1-3 所示。从表 1-2 中可以看到,代号为 h 的轴的基本偏差为上偏差,它总是等于零,称为基准轴;从表 1-3 中可以看到,代号为 H 的孔的基本偏差为下偏差,它总是等于零,称为基准孔。

1. 轴的基本偏差数值

轴的基本偏差数值是根据各种配合性质经过理论计算、试验和统计分析得到的,具体见表 1-2。

表 1-2　公称尺寸≤500 mm 轴的基本偏差数值(摘自 GB/T 1800.2—2020)　　单位:μm

公称尺寸/mm		基本偏差数值																
		上极限偏差 *es*												下极限偏差 *ei*				
		a	b	c	cd	d	e	ef	f	fg	g	h	js	j			k	
大于	至	所有标准公差等级												IT5、IT6	IT7	IT8	IT4～IT7	≤IT3 >IT7
—	3	−270	−140	−60	−34	−20	−14	−10	−6	−4	−2	0	偏差等于 $\pm\frac{ITn}{2}$，式中 *n* 为标准公差等级数	−2	−4	−6	0	0
3	6	−270	−140	−70	−46	−30	−20	−14	−10	−6	−4	0		−2	−4	—	+1	0
6	10	−280	−150	−80	−56	−40	−25	−18	−13	−8	−5	0		−2	−5	—	+1	0
10	14	−290	−150	−95	—	−50	−32	—	−16	—	−6	0		−3	−6	—	+1	0
14	18																	
18	24	−300	−160	−110	—	−65	−40	—	−20	—	−7	0		−4	−8	—	+2	0
24	30																	
30	40	−310	−170	−120	—	−80	−50	—	−25	—	−9	0		−5	−10	—	+2	0
40	50	−320	−180	−130														
50	65	−340	−190	−140	—	−100	−60	—	−30	—	−10	0		−7	−12	—	+2	0
65	80	−360	−200	−150														
80	100	−380	−220	−170	—	−120	−72	—	−36	—	−12	0		−9	−15	—	+3	0
100	120	−410	−240	−180														
120	140	−460	−260	−200	—	−145	−85	—	−43	—	−14	0		−11	−18	—	+3	0
140	160	−520	−280	−210														
160	180	−580	−310	−230														
180	200	−660	−340	−240	—	−170	−100	—	−50	—	−15	0		−13	−21	—	+4	0
200	225	−740	−380	−260														
225	250	−820	−420	−280														
250	280	−920	−480	−300	—	−190	−110	—	−56	—	−17	0		−16	−26	—	+4	0
280	315	−1 050	−540	−330														
315	355	−1 200	−600	−360	—	−210	−125	—	−62	—	−18	0		−18	−28	—	+4	0
355	400	−1 350	−680	−400														
400	450	−1 500	−760	−440	—	−230	−135	—	−68	—	−20	0		−20	−32	—	+5	0
450	500	−1 650	−840	−480														

续表 1-2

公称尺寸/mm		基本偏差数值													
		下极限偏差 *ei*													
		m	n	p	r	s	t	u	v	x	y	z	za	zb	zc
大于	至	所有标准公差等级													
—	3	+2	+4	+6	+10	+14	—	+18	—	+20	—	+26	+32	+40	+60
3	6	+4	+8	+12	+15	+19	—	+23	—	+28	—	+35	+42	+50	+80
6	10	+6	+10	+15	+19	+23	—	+28	—	+34	—	+42	+52	+67	+97
10	14	+7	+12	+18	+23	+28	—	+33	—	+40	—	+50	+64	+90	+130
14	18								+39	+45	—	+60	+77	+108	+150
18	24	+8	+15	+22	+28	+35	—	+41	+47	+54	+63	+73	+98	+136	+188
24	30						+41	+48	+55	+64	+75	+88	+118	+160	+218
30	40	+9	+17	+26	+34	+43	+48	+60	+68	+80	+94	+112	+148	+200	+274
40	50						+54	+70	+81	+97	+114	+136	+180	+242	+325
50	65	+11	+20	+32	+41	+53	+66	+87	+102	+122	+144	+172	+226	+300	+405
65	80				+43	+59	+75	+102	+120	+146	+174	+210	+274	+360	+480
80	100	+13	+23	+37	+51	+71	+91	+124	+146	+178	+214	+258	+335	+445	+585
100	120				+54	+79	+104	+144	+172	+210	+254	+310	+400	+525	+690
120	140	+15	+27	+43	+63	+92	+122	+170	+202	+248	+300	+365	+470	+620	+800
140	160				+65	+100	+134	+190	+228	+280	+340	+415	+535	+700	+900
160	180				+68	+108	+146	+210	+252	+310	+380	+465	+600	+780	+1 000
180	200	+17	+31	+50	+77	+122	+166	+236	+284	+350	+425	+520	+670	+880	+1 150
200	225				+80	+130	+180	+258	+310	+385	+470	+575	+740	+960	+1 250
225	250				+84	+140	+196	+284	+340	+425	+520	+640	+820	+1 050	+1 350
250	280	+20	+34	+56	+94	+158	+218	+315	+385	+475	+580	+710	+920	+1 200	+1 550
280	315				+98	+170	+240	+350	+425	+525	+650	+790	+1 000	+1 300	+1 700
315	355	+21	+37	+62	+108	+190	+268	+390	+475	+590	+730	+900	+1 150	+1 500	+1 900
355	400				+114	+208	+294	+435	+530	+660	+820	+1 000	+1 300	+1 650	+2 100
400	450	+23	+40	+68	+126	+232	+330	+490	+595	+740	+920	+1 100	+1 450	+1 850	+2 400
450	500				+132	+252	+360	+540	+660	+820	+1 000	+1 250	+1 600	+2 100	+2 600

注:1. 公称尺寸小于或等于 1 mm 时,基本偏差 a 和 b 均不采用。

2. 公差带 js7~js11,若 IT*n* 数值为奇数,则偏差=±(IT*n*−1) /2。

表 1-3　公称尺寸≤500 mm 孔的基本偏差数值(摘自 GB/T 1800.1—2020)　单位:μm

公称尺寸/mm		基本偏差数值																		
		下极限偏差 *EI*												上极限偏差 *ES*						
		A	B	C	CD	D	E	EF	F	FG	G	H	JS	J			K		M	
大于	至	所有标准公差等级												IT6	IT7	IT8	≤IT8	>IT8	≤IT8	>IT8
—	3	+270	+140	+60	+34	+20	+14	+10	+6	+4	+2	0	偏差等于 $\pm\frac{ITn}{2}$,式中 n 为标准公差等级数	+2	+4	+6	0	0	-2	-2
3	6	+270	+140	+70	+46	+30	+20	+14	+10	+6	+4	0		+5	+6	+10	-1+Δ	—	-4+Δ	-4
6	10	+280	+150	+80	+56	+40	+25	+18	+13	+8	+5	0		+5	+8	+12	-1+Δ	—	-6+Δ	-6
10	14	+290	+150	+95	—	+50	+32	—	+16	—	+6	0		+6	+10	+15	-1+Δ	—	-7+Δ	-7
14	18																			
18	24	+300	+160	+110	—	+65	+40	—	+20	—	+7	0		+8	+12	+20	-2+Δ	—	-8+Δ	-8
24	30																			
30	40	+310	+170	+120	—	+80	+50	—	+25	—	+9	0		+10	+14	+24	-2+Δ	—	-9+Δ	-9
40	50	+320	+180	+130																
50	65	+340	+190	+140	—	+100	+60	—	+30	—	+10	0		+13	+18	+28	-2+Δ	—	-11+Δ	-11
65	80	+360	+200	+150																
80	100	+380	+220	+170	—	+120	+72	—	+36	—	+12	0		+16	+22	+34	-3+Δ	—	-13+Δ	-13
100	120	+410	+240	+180																
120	140	+460	+260	+200	—	+145	+85	—	+43	—	+14	0		+18	+26	+41	-3+Δ	—	-15+Δ	-15
140	160	+520	+280	+210																
160	180	+580	+310	+230																
180	200	+660	+340	+240	—	+170	+100	—	+50	—	+15	0		+22	+30	+47	-4+Δ	—	-17+Δ	-17
200	225	+740	+380	+260																
225	250	+820	+420	+280																
250	280	+920	+480	+300	—	+190	+110	—	+56	—	+17	0		+25	+36	+55	-4+Δ	—	-20+Δ	-20
280	315	1 050	+540	+330																
315	355	1 200	+600	+360	—	+210	+125	—	+62	—	+18	0		+29	+39	+60	-4+Δ	—	-21+Δ	-21
355	400	1 350	+680	+400																
400	450	1 500	+760	+440	—	+230	+135	—	+68	—	+20	0		+33	+43	+66	-5+Δ	—	-23+Δ	-23
450	500	1650	+840	+480																

续表 1-3

公称尺寸/mm		基本偏差数值																				
		上极限偏差 *ES*															Δ 值					
		N		P-ZC	P	R	S	T	U	V	X	Y	Z	ZA	ZB	ZC	标准公差等级					
大于	至	≤IT8	>IT8	≤IT7	>IT7												3	4	5	6	7	8
—	3	-4	-4	在大于IT7的标准公差等级的基本偏差数值上增加一个Δ值	-6	-10	-14	—	-18	—	-20	—	-26	-32	-40	-60	0					
3	6	-8+Δ	0		-12	-15	-19	—	-23	—	-28	—	-35	-42	-50	-80	1	1.5	1	3	4	6
6	10	-10+Δ	0		-15	-19	-23	—	-28	—	-34	—	-42	-52	-67	-97	1	1.5	2	3	6	7
10	14	-12+Δ	0		-18	-23	-28	—	-33	—	-40	—	-50	-64	-90	-130	1	2	3	3	7	9
14	18									-39	-45	—	-60	-77	-108	-150						
18	24	-15+Δ	0		-22	-28	-35	—	-41	-47	-54	-63	-73	-98	-136	-188	1.5	2	3	4	8	12
24	30							-41	-48	-55	-64	-75	-88	-118	-160	-218						
30	40	-17+Δ	0		-26	-34	-43	-48	-60	-68	-80	-94	-112	-148	-200	-274	1.5	3	4	5	9	14
40	50							-54	-70	-81	-97	-114	-136	-180	-242	-325						
50	65	-20+Δ	0		-32	-41	-53	-66	-87	-102	-122	-144	-172	-226	-300	-405	2	3	5	6	11	16
65	80					-43	-59	-75	-102	-120	-146	-174	-210	-274	-360	-480						
80	100	-23+Δ	0		-37	-51	-71	-91	-124	-146	-178	-214	-258	-335	-445	-585	2	4	5	7	13	19
100	120					-54	-79	-104	-144	-172	-210	-254	-310	-400	-525	-690						
120	140	-27+Δ	0		-43	-63	-92	-122	-170	-202	-248	-300	-365	-470	-620	-800	3	4	6	7	15	23
140	160					-65	-100	-134	-190	-228	-280	-340	-415	-535	-700	-900						
160	180					-68	-108	-146	-210	-252	-310	-380	-465	-600	-780	-1 000						
180	200	-31+Δ	0		-50	-77	-122	-166	-236	-284	-350	-425	-520	-670	-880	-1 150	3	4	6	9	17	26
200	225					-80	-130	-180	-258	-310	-385	-470	-575	-740	-960	-1 250						
225	250					-84	-140	-196	-284	-340	-425	-520	-640	-820	-1 050	-1 350						
250	280	-34+Δ	0		-56	-94	-158	-218	-315	-385	-475	-580	-710	-920	-1 200	-1 550	4	4	7	9	20	29
280	315					-98	-170	-240	-350	-425	-525	-650	-790	-1 000	-1 300	-1 700						
315	355	-37+Δ	0		-62	-108	-190	-268	-390	-475	-590	-730	-900	-1 150	-1 500	-1 900	4	5	7	11	21	32
355	400					-114	-208	-294	-435	-530	-660	-820	-1 000	-1 300	-1 650	-2 100						
400	450	-40+Δ	0		-68	-126	-232	-330	-490	-595	-740	-920	-1 100	-1 450	-1 850	-2 400	5	5	7	13	23	34
450	500					-132	-252	-360	-540	-660	-820	-1 000	-1 250	-1 600	-2 100	-2 600						

注:1. 公称尺寸在 1 mm 以下时,基本偏差 A 级和 B 级及大于 8 级的 N 均不采用。

2. 公差带 JS7~JS11,若 IT*n* 数值为奇数,则偏差=±(IT*n*-1)/2。

当轴的基本偏差确定后，轴的另一个极限偏差可根据下列公式计算：

$$es = ei + T_d \quad 或 \quad ei = es - T_d \tag{1-5}$$

【例 1-2】 利用标准公差数值表和轴的基本偏差数值表，确定 ϕ 50f6 轴的极限偏差数值。

解：查表 1-1 可得：　　IT6 = 16 μm；

查表 1-2 可得：　　轴的基本偏差 es = −25 μm；

所以　　$ei = es - \text{IT6} = (-25)\ \mu m - 16\ \mu m = -41\ \mu m$；

因此在图样上可标注为 $\phi 50^{-0.025}_{-0.041}$ mm。

2. 孔的基本偏差数值

孔的基本偏差是由轴的基本偏差换算得到的，见表 1-3。一般对同一字母的基本偏差与轴的基本偏差相对于零线是完全对称的，如图 1-7 所示。所以同一字母的孔与轴的基本偏差对应时，孔和轴的基本偏差的绝对值相等，而符号相反，即

$$EI = -es \quad 或 \quad ES = -ei$$

上述规则适用于所有孔的基本偏差，但下列情况除外：

公称尺寸>3~500 mm，标准公差等级≤IT8 的 K~N 和标准公差等级≤IT7 的 P~ZC，孔和轴的基本偏差的符号相反，而绝对值相差一个 Δ 值，即

$$\begin{cases} ES = -ei + \Delta \\ \Delta = \text{IT}n - \text{IT}(n-1) = T_D - T_d \end{cases} \tag{1-6}$$

当孔的基本偏差确定后，孔的另一个极限偏差可根据下列公式计算：

$$ES = EI + T_D \quad 或 \quad EI = ES - T_D \tag{1-7}$$

【例 1-3】 利用标准公差数值表和轴的基本偏差数值表，确定 ϕ 35U7 孔的极限偏差数值。

解：查表 1-1 可得：IT7 = 25 μm。

查表 1-3，公差尺寸处于>30~40 mm 尺寸段内，但表中的基本偏差适用于公差等级>7 时，而题目中给出公差等级等于 7，故应按照表中的说明，在该表的右端查找出 Δ = 9 μm。

所以 $ES = -60\ \mu m + \Delta = -60\ \mu m + 9\ \mu m = -51\ \mu m$；

而 $EI = ES - \text{IT7} = -51\ \mu m - 25\ \mu m = -76\ \mu m$；

因此在图样上可标注为 $\phi 35^{-0.051}_{-0.076}$ mm。

三、常用和优先选用的公差带

GB/T 1800.1—2020 规定了 20 个公差等级和 28 种基本偏差，如将任一基本偏差与任一标准公差组合，其孔公差带有 20×27+3(J6、J7、J8) = 543(个)，而轴公差带有 20×27+4(j5、j6、j7、j8) = 544(个)。这么多的公差带都使用显然是不经济的，因为它必然导致定值刀具和量具规格繁多。

为此，国标规定了一般、常用和优先轴用公差带共 116 种，如图 1-8 所示。图中方框内的 59 种为常用公差带，圆圈内的 13 种为优先公差带。

规定一般、常用和优先孔用公差带共 105 种，如图 1-9 所示。图中方框内的 43 种为常用公差带，圆圈内的 13 种为优先公差带。

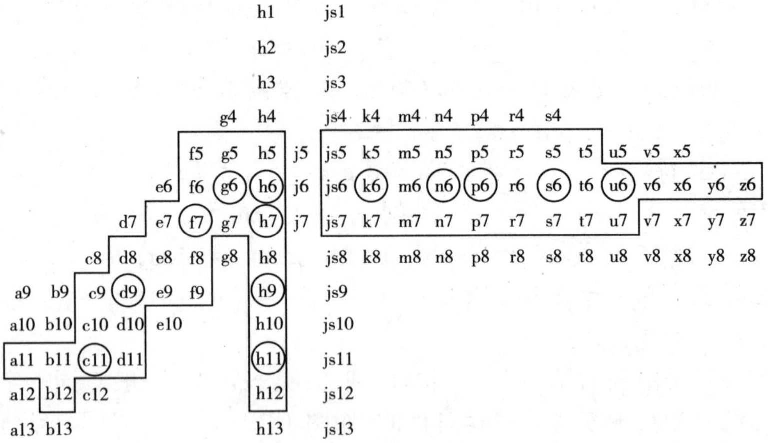

图 1-8 一般、常用和优先轴用公差带

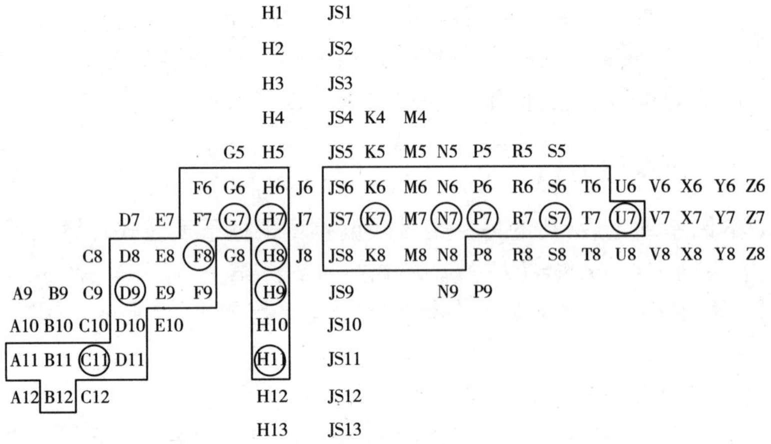

图 1-9 一般、常用和优先孔用公差带

四、线性尺寸的一般公差

一般公差是指在车间普通加工条件下可保证的公差，是机床设备在正常维护和操作情况下，能够达到的经济加工精度。采用一般公差的尺寸，在图样上只标注其基本尺寸，尺寸后不标注其极限偏差或其他代号，所以也称未注公差。

一般公差主要用于较低精度的非配合尺寸。当功能上允许的公差等于或大于一般公差时，均应采用一般公差；当尺寸公差要素的功能允许比一般公差大，且该公差在制造上比一般公差更经济时，则相应的极限偏差数值要在尺寸后标注出，如装配时所钻的盲孔深度。线性尺寸的一般公差在正常情况下，一般可不必检验。

一般尺寸公差适用于金属切削加工尺寸；一般冲压加工尺寸，对非金属材料和其他工艺加工的尺寸也可参照采用。

在 GB/T 1804—2000 中，规定了 f、m、v、c 四个公差等级，其线性尺寸的一般公差等级及极限偏差数值见表 1-4。

表 1-4　线性尺寸的一般公差等级及极限偏差数值(摘自 GB/T 1804—2000)　单位:mm

公差等级	尺寸分段							
	0.5~3	>3~6	>6~30	>30~120	>120~400	>400~1 000	>1 000~2 000	>2 000~4 000
f(精密级)	±0.05	±0.05	±0.1	±0.15	±0.2	±0.3	±0.5	-
m(中等级)	±0.1	±0.1	±0.2	±0.3	±0.5	±0.8	±1.2	±2
v(粗糙级)	±0.2	±0.3	±0.5	±0.8	±1.2	±2	±3	±4
c(最粗级)	-	±0.5	±1	±1.5	±2.5	±4	±6	±8

采用一般公差时,在图样上不标注公差,但应在技术要求中相应注明,如选用中等级,则表示为 GB/T 1804-m。

任务三　测量技术的基础知识

在机械制造业中,测量技术主要是研究对零件的几何量(包括长度、角度、几何形状、相互位置及表面粗糙度等)进行测量和检验的一门技术,以确定机器或仪器的零部件加工后是否符合设计图样的技术要求。测量技术就像是机械制造业的眼睛一样,处处反映产品质量的优劣,在生产中占据着举足轻重的地位。

一、测量技术的基本概念

(一)测量

测量是指为确定被测几何量的量值进行的一组操作过程,其实质是将被测量 L 与具有计量单位的标准量 E 进行比较,从而确定比值 q 的过程,即 $q=L/E$。

因此,在被测量 L 一定的情况下,比值的大小完全取决于所采用的计量单位的标准量 E,而且是成反比关系。同时,它也说明计量单位的选择取决于被测量值所要求的精确程度,这样经过比较所获得的被测量值 $L=qE$。

一个完整的测量过程应包括以下四个要素:

(1)被测对象。零件的几何量,基本对象包括长度、角度、几何误差、表面粗糙度以及单键、花键、螺纹和齿轮等典型零件的各个几何参数的测量。

(2)计量单位。我国采用以国际单位制为基础的法定计量单位。在长度计量单位中以米(m)作为基本单位,在机械制造中常用计量单位为毫米(mm)。在精密测量中常用计量单位为微米(μm),角度的计量单位为弧度(rad)和度(°)、分(′)、秒(″)。

(3)测量方法。指测量时所采用的测量原理、计量器具和测量条件的综合,一般情况下多指获得测量结果的方式方法。

(4)测量精度。指测量结果与真值的一致程度。由于在测量过程中总是不可避免的出现测量误差,故无测量精度的测量是毫无意义的测量。

(二)检验和检定

检验是确定被检几何量是否在规定的极限范围内,从而判断其是否合格的操作过程。检验通常用量规、样板等专用定值无刻度量具来判断被检对象的合格性,不需要得到被测量的具体数值。

检定是指为评定计量器具的精度指标是否合乎计量器具的检定规程的全部过程。如用量块来检定千分尺的精度指标。

二、长度基准与量值传递

(一)长度基准

在我国法定计量单位中,长度单位是米(m),与国际单位一致。1983 年第 17 届国际计量大会通过的米的新定义为:“1 米是光在真空中在 1/299 792 458 秒时间间隔内行程的长度”。米的定义主要采用稳频激光来复现,我国采用碘吸收稳频的 0. 633 μm 氦氖激光辐射波长来复现“米”的定义,作为国家长度基准。

(二)长度量值传递系统

使用光波长度基准,虽然可以达到足够的准确性,电脑却不便直接应用于生产实践中的量值测量。为了保证长度基准的量值能准确地传递到工业生产中,就必须建立从光波基准到生产中使用的各种测量器具和工件的尺寸传递系统。目前,量块和线纹尺作为实际工作中的两种实体基准,是实现光波长度基准到测量实践之间的量值传递媒介。长度量值传递系统如图 1-10 所示。

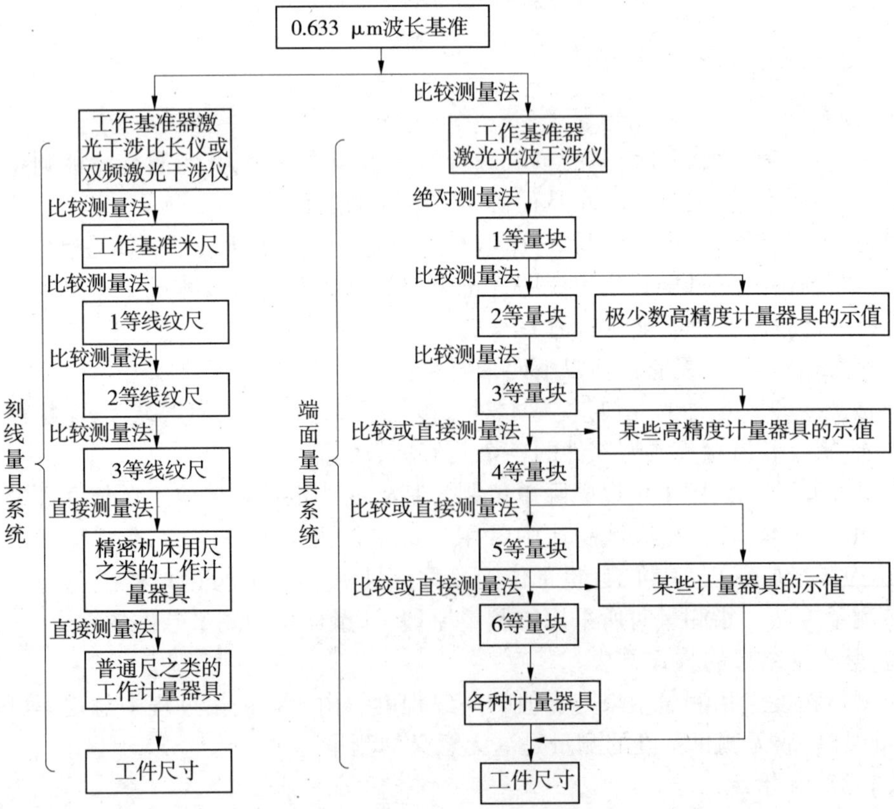

图 1-10 长度量值传递系统

三、量块基本知识

量块旧称块规,它是保持度量统一的工具,在工厂中常作为长度基准,是无刻度的平面平行端面量具。量块除作为标准器具进行长度测量传递外,还可以作为标准器来调整仪器、机床或直接检测零件。

(一)量块的材料、形状、尺寸及作用

量块通常用线膨胀系数小、性能稳定、耐磨、不易变形的材料(特殊合金钢)制成,其常见形状为长方体,如图 1-11 所示。长方体量块有上、下两个经过精密加工的工作面,称为上、下测量面,其他 4 个表面为一般侧面。量块有两种截面尺寸,当 0.5 mm≤标准长度≤10 mm 时为 30 mm×9 mm,10 mm<标准长度≤1 000 mm 时为 35 mm×9 mm。如图 1-11 所示,量块的工作尺寸是指中心 OO',即从一个测量面上的中心至该量块另一侧面相研合的辅助体表面(平晶)之间的距离。量块按一定的尺寸系列成套生产,国家标准中规定了 17 种成套的量块系列,表 1-5 为国家标准中摘录的几套量块的尺寸系列。

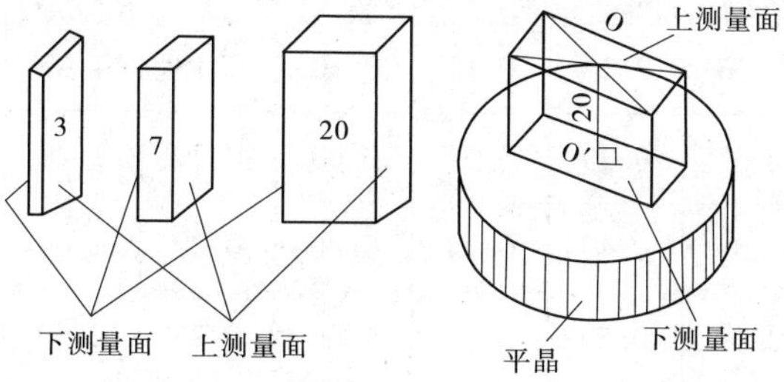

图 1-11　量块工作尺寸

表 1-5　成套量块的尺寸系列(摘自 GB/T 6093—2001)

套别	总块数	级别	尺寸系列/mm	间隔/mm	块数
2	83	00,0,12,(3)	0.5	—	1
			1	—	1
			1.005	—	1
			1.01,1.02,…,1.49	0.01	49
			1.5,1.6,…,1.9	0.1	5
			2.0,2.5,…,9.5	0.5	16
			10,20,…,100	10	10
3	46	0,1,2	1	—	1
			1.001,1.002,…,1.009	0.001	9
			1.01,1.02,…,1.09	0.01	9
			1.1,1.2,…,1.9	0.1	9
			2,3,…,9	1	8
			10,20,…,100	10	10
5	10	00,0,1	0.991,0.992,…,1	0.001	10
6	10	00,0,1	1,1.001,…,1.009	0.001	10

注:带( )的等级根据订单供应。

(二)量块的精度等级

GB/T 6093—2001 将量块的制造精度分为 0、K(校准级)、1、2、3 共五个级别。量块的分“级”主要是按量块长度的极限偏差、长度变动量(量块长度的最大值与最小值之差)最大允许值、量块测量面的平面度、表面粗糙度及量块的研合性等质量指标划分的。各级量块长度的极限偏差和长度变动量最大允许值见表 1-6。

表 1-6　各级量块的精度指标(摘自 GB/T 6093—2001)

标准公差/mm	K级		0级		1级		2级		3级	
	①	②	①	②	①	②	①	②	①	②
	μm									
~10	0.20	0.05	0.12	0.10	0.20	0.16	0.45	0.30	1.00	0.50
>10~25	0.30	0.05	0.14	0.10	0.30	0.16	0.60	0.30	1.20	0.50
>25~50	0.40	0.06	0.20	0.10	0.40	0.18	0.80	0.30	1.60	0.55
>50~70	0.50	0.06	0.25	0.12	0.50	0.18	1.00	0.35	2.00	0.55
>75~100	0.60	0.07	0.30	0.12	0.60	0.20	1.20	0.35	2.50	0.60
>100~150	0.80	0.08	0.40	0.14	0.80	0.20	1.60	0.40	3.00	0.65
>150~200	1.00	0.09	0.50	0.16	1.00	0.25	2.00	0.40	4.00	0.70
>200~250	1.20	0.10	0.60	0.16	1.20	0.25	2.40	0.45	5.00	0.75

注:①为量块长度的极限偏差(±)。
②为量块长度变动量最大允许值。

(三)量块的特性和应用

量块的基本特性除上述的稳定性、耐磨性和准确性外,还有一个重要的特性,即研合性。所谓量块的研合性,即量块的一个测量面与另一量块测量面或与另一经过精加工的类似量块测量面的表面,通过分子力的作用而相互黏合的性能,它是由于量块表面的表面粗糙度极好时,表面附着的油膜的单分子层定向作用所致的。

四、测量器具与测量方法

(一)测量器具的分类

测量器具按结构特点可分为量具、量规、量仪和测量装置等四类。

1. 量具

量具是一种具有固定形态、用以复现或提供一个或多个已知量值的器具。它可分为单值量具(如量块)和多值量具(如线纹尺),特点是一般没有放大装置。

(1)单值量具:只能体现一个单一量值的量具,可用来校对和调整其他测量器具,或作为标准量与被测量直接进行比较,如量块、角度量块等。

(2)多值量具:可体现一组同类量值的量具,同样能校对和调整其他测量器具,或作为标准量与被测量直接进行比较,如线纹尺、90°角尺等。

2. 量规

量规是指没有刻度的专用测量器具,用来检验工件实际尺寸和形位误差的结果。量规只能判断工件是否合格,而不能获得被测几何量的具体数值,如光滑极限量规、螺纹量规等。

3. 量仪

量仪是指能将被测量转换成可直接观测的指示值或等效信息的计量器具。按工作原理和结构特征,量仪可分为机械式、电动式、光学式、气动式,以及它们的组合形式——光电一体化的现代量仪(如齿轮测量中心)。

4. 测量装置

测量装置是指为确定被测量所必需的测量装置和辅助设备总体,如自动分选机、检验夹具、主动测量装置等。

(二)测量方法的分类

1. 按实测量是否为被测量分类

直接测量:从测量器具的读数装置上直接测得被测参数的量值或相对于标准量的偏差。

间接测量:指先测量出与被测量有已知函数关系的量,然后通过函数关系算出被测量数值的测量方法。

2. 按是否为被测量的整个量值分类

绝对测量:是指从测量器具上直接得到被测参数的整个量值的测量,如用游标卡尺、千分尺测量轴径。

相对测量:是指测量器具的示值仅表示被测量对已知标准量的偏差,而被测量的量值为计量器具的示值与标准量的代数和的测量方法。一般来说,相对测量的测量精度比绝对测量的测量精度高。

3. 按是否与表面接触(是否存在测量力)分类

接触测量:测量器具的测头与零件被测表面接触后有机械作用力的测量为接触测量,如用游标卡尺、千分尺等进行的测量。

非接触测量:测量器具的感应元件与被测零件表面不直接接触,因而不存在机械作用力的测量,如用光学显微镜等进行的测量(如对表面粗糙度进行的测量)。

4. 按同时被测量的数量分类

单项测量:指单独地、彼此没有联系地测量零件的单项参数,如测量螺纹的螺距、中径和牙型半角。

综合测量:指检测零件几个相关参数的综合效应或综合参数,从而综合判断零件的合格性,如用齿轮单齿啮合仪测量齿轮的切向综合误差。

5. 按被测量在加工过程中所处的状态分类

静态测量:测量时被测零件表面与测量器具的测头处于相对静止状态。

动态测量:测量时被测零件表面与测量器具的测头处于相对运动状态,或测量过程是模拟零件在工作或加工时的运动状态,它能反映生产过程中被测参数的变化过程。

五、常用测量器具的基本结构与工作原理

(一)游标类量具

利用游标读数原理制成的量具称为游标类量具,包括游标卡尺、游标深度卡尺、游标高度卡尺、游标万能角度尺等。

1. 游标卡尺

游标卡尺是一种常用的量具,具有结构简单、使用方便、精度中等和测量的尺寸范围大等特点,它可以用来测量零件的外径、内径、长度、宽度、厚度、深度和孔距等,适用于中等精度尺寸的测量和检验,应用范围很广。如图 1-12 所示,游标卡尺主要由主尺和游标尺组成,主尺为一条有刻度的直尺。

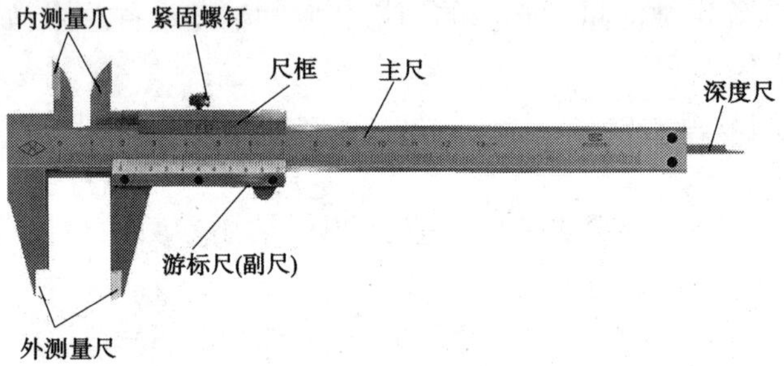

图 1-12 游标卡尺

1)游标卡尺的读数原理

游标卡尺的读数原理是利用主尺刻线间距与游标刻线间距差 $b=\dfrac{(n-1)\times a}{n}$ 来实现的。通常尺身刻线间距 $a=1$ mm,尺身刻线 $n-1$ 格的长度等于游标刻线 n 格的长度。常用的 n 有 10、20、50 三种,相应的游标刻线间距 $b=0.90$ mm、0.95 mm、0.98 mm 三种。尺身刻线间距与游标刻线间距之差,即 $i=a-b$ 为游标读数值(游标卡尺的分度值),此时 i 分别为 0.10 mm、0.05 mm 和 0.02 mm。在读数时,整数部分从尺身上读,小数部分从游标上读。为读数方便,新型的游标卡尺上装有测微表头或配有电子数显,如图 1-13 所示。

(a)数显卡尺 (b)带表卡尺 (c)游标卡尺

图 1-13 游标卡尺的读数形式

2)游标卡尺的使用方法及注意事项

首先,在测量前应把卡尺擦拭干净,检查卡尺的两个测量面和测量刃口是否平直无损,把两个量爪紧密贴合时,应无明显的间隙,同时游标和主尺的零位刻线要相互对准。

其次,在移动尺框时,活动要自如,不应有过松或过紧现象,更不能有晃动现象。用固定螺钉固定尺框时,卡尺的读数不应有所改变。移动尺框时不要忘记松开固定螺钉,亦不宜过松,以免固定螺钉掉落。

最后,为了获得正确的测量结果,可以多测量几次。在零件的同一截面上的不同方向进行测量。对于较长零件,则应当在全长的各个部位进行测量,务使获得一个比较正确的测量结果。

2. 其他游标类量具

其他游标类量具见表1-7。

表1-7 其他游标类量具

名称		结构图	实物图	数显实物图
深度游标卡尺	图	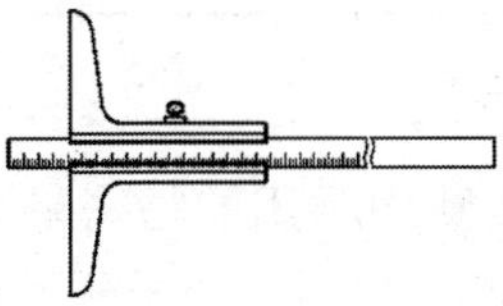	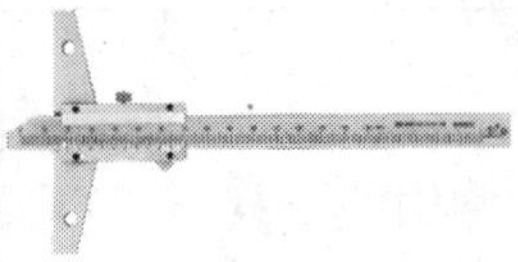	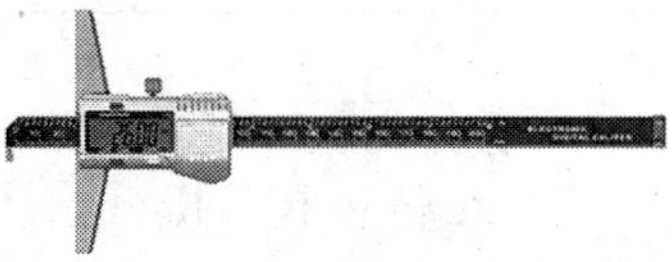
	用途	用于测量孔、槽的深度,阶台的高度;使用时,将尺架贴近工件的平面,再把尺身插到底部,即可从表独处测量尺寸		
高度游标卡尺	图	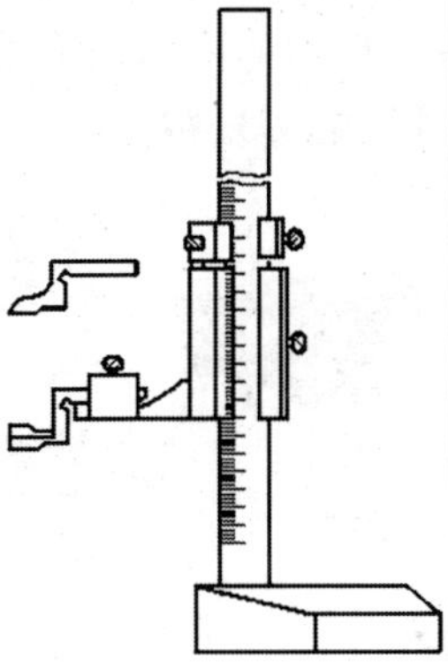	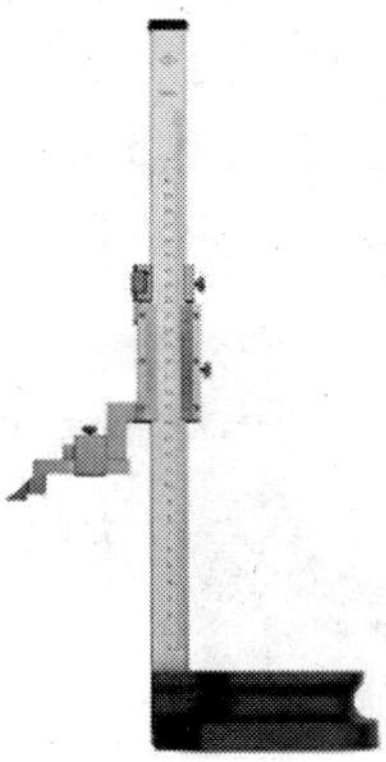	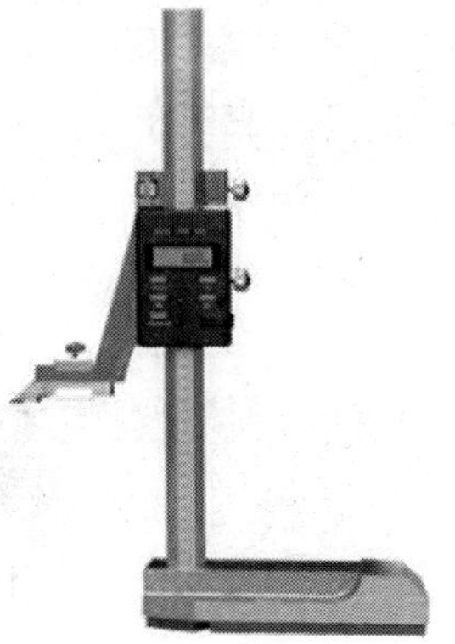
	用途	用于测量工件的高度和进行划线,更换不同的卡脚,可适应其需要;使用时,必须注意在测量顶面到底面的距离,应加上卡脚的厚度尺寸		

续表 1-7

名称		结构图	实物图	数显实物图
齿厚游标卡尺	图	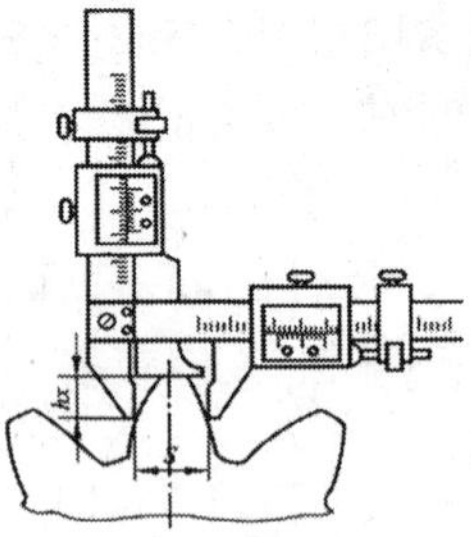	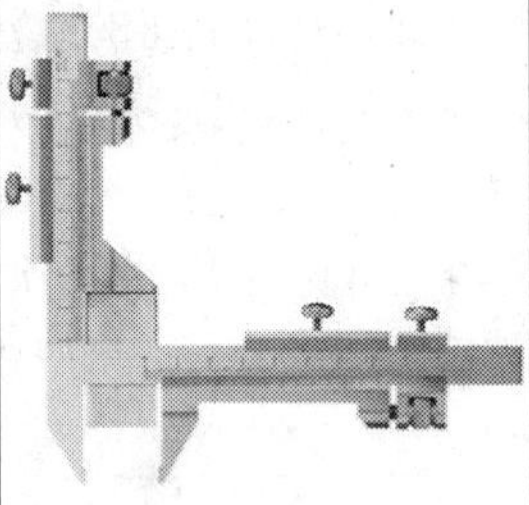	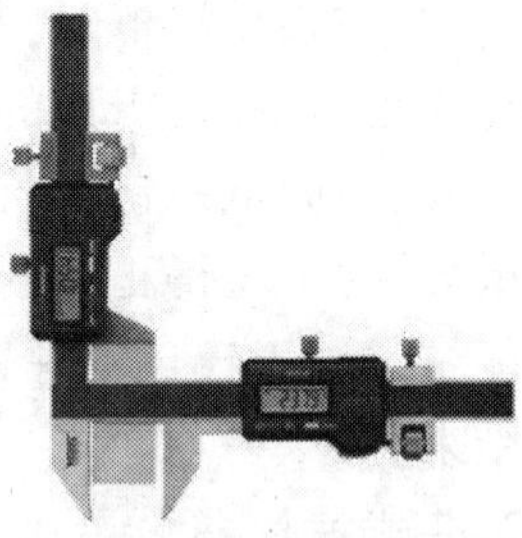
	用途	用于测量直齿、斜齿圆柱齿轮的固定弦齿厚;它由两把垂直的游标卡尺组成;使用时先把垂直尺调到 hx 处的高度,然后使端面靠在齿顶上,移动水平卡尺游标,使卡脚与齿侧表面接触,此时水平尺上的读数,即为固定弦齿厚 S		

(二)千分尺类量具

千分尺类量具是机械制造中常用的量具,是生产实践中常用的精密量具。它是利用螺旋副运动原理制成的量具,因此也称为螺旋测微类量具,包括外径千分尺、内径千分尺、内测千分尺、杠杆千分尺、深度千分尺、螺纹千分尺和公法线千分尺等。

1. 外径千分尺

外径千分尺是利用螺旋副的运动原理进行测量和读数的一种测微量具,主要由固定的尺架、测砧、测微螺杆、固定套管、微分筒、测力装置、锁紧装置、旋钮和隔热装置等组成,如图 1-14 所示。尺架的一端装着固定测砧,另一端装着测微螺杆。固定测砧和测微螺杆的测量面上都镶有硬质合金,以提高测量面的使用寿命。尺架的两侧面覆盖着绝热板,使用千分尺时,手拿在绝热板上,防止人体的热量影响千分尺的测量精度。

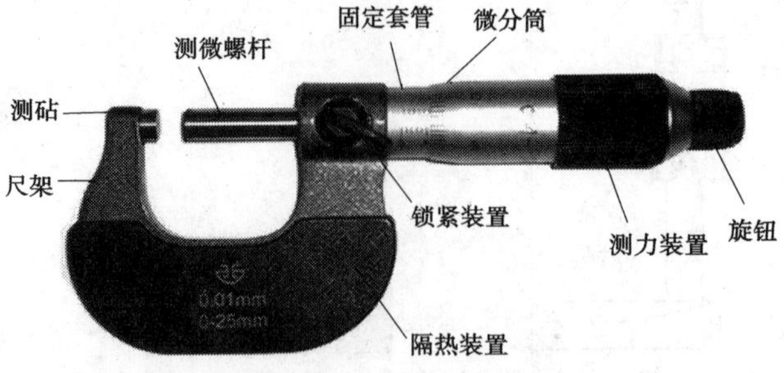

图 1-14　0~25 mm 外径千分尺

1)外径千分尺的读数原理

根据千分尺的运动原理可知,螺杆在螺母中旋转一周,螺杆便沿着旋转轴线方向前进或后退一个螺距的距离,沿轴线方向移动的微小距离即可用圆周上的读数表示出来。千分尺的测微螺杆螺距为 0.5 mm,测量时微分筒转一周,测微螺杆轴向移动一个螺距,而微分筒一周分为 50 等份，即微分筒转动一小格，螺杆移动 0.5 mm/50，即 0.01 mm。此为分度值 i，再利用尺身（测杆）上的刻线记录所走路程，故读数为：整数从测杆上的主刻线读，小数部分为微分筒的格数与 i 的乘积。又因转一周只能移动 0.5 mm，而尺身上刻线为 1 mm 间距，故在尺身的水平刻线下方再刻上与上方两刻线对中的一条刻线，即是将上面的 1 mm 尺身等分为 0.5 mm。因此，千分尺的读数为“主尺刻度+微分筒格数×i”或“主尺刻度+0.5 mm+微分筒格数×i”两种。

2）外径千分尺的使用方法及测量步骤

首先，将被测物擦干净，外径千分尺使用时轻拿轻放。

其次，松开外径千分尺锁紧装置，校准零位，转动旋钮，使测砧与测微螺杆之间的距离略大于被测物体。

再次，测量时一只手拿外径千分尺的尺架，先将测砧与工件接触，然后转动微分筒，缓慢进给测微螺杆，在测量面将要接触工作件时，应通过转动测力装置渐渐接近量面，听见“咔嗒”二到三声，表明测量面已接触上，测力装置卸荷有效。

最后，旋紧锁紧装置（防止移动外径千分尺时测微螺杆转动），即可读数。先以微分筒的端面为准线，读出固定套管下刻度线的分度值。

2. 其他千分尺类量具

其他千分尺类量具见表 1-8。

表 1-8　其他千分尺类量具

名称	外形图	说明
内径千分尺	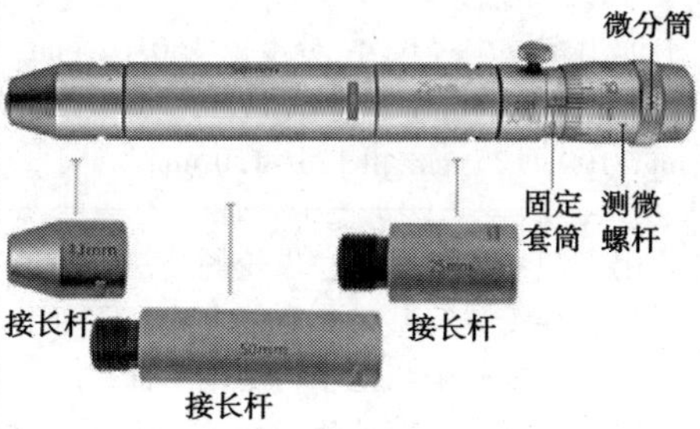	用于测量 50 mm 以上的内径、槽宽和两个内表面之间的距离。读数方法与外径千分尺相同，但其刻线方向与外径千分尺的刻线方向相反，分度值为 0.01 mm。 为了扩大其测量范围，内径千分尺附有成套接长杆。连接时去掉保护螺母，把接长杆右端与内径千分尺左端旋合，可以连接几个接长杆，直到满足需要为止
内测千分尺	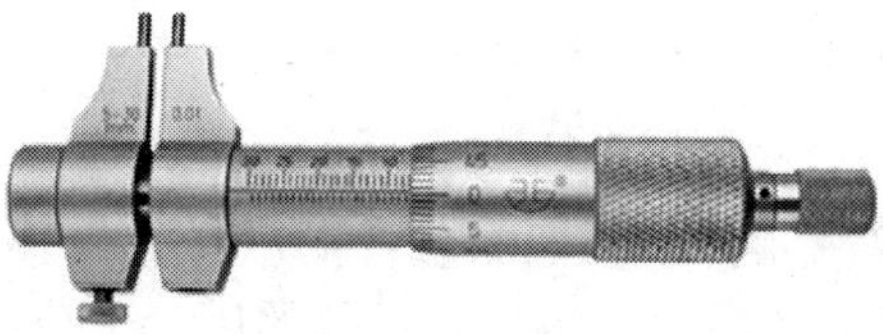	用于测量小尺寸内径和内侧面槽宽。其特点是容易找正内孔直径，测量方便。国产内测千分尺的分度值为 0.01 mm，测量范围有 5～30 mm 和 25～50 mm 两种。其读数方法与外径千分尺相同，只是固定套筒上的刻线尺寸与外径千分尺相反，另外测量方向和读数方向也都与外径千分尺相反

续表 1-8

名称	外形图	说明
杠杆千分尺	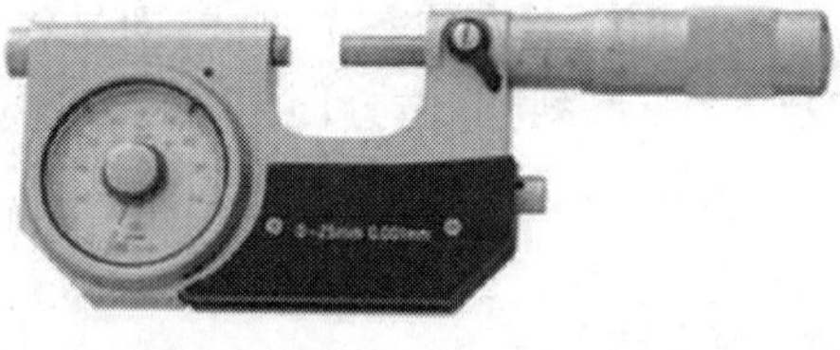	杠杆千分尺的用途与外径千分尺相同。其结构与外径千分尺相似,由测微螺旋部分和杠杆齿轮部分组成,前者分度值为 0.01 mm,后者分度值为 0.001 mm 或 0.002 mm,示值范围为±0.02 mm,测量精度比外径千分尺高,如用量块进行相对测量,精度将更高
深度千分尺	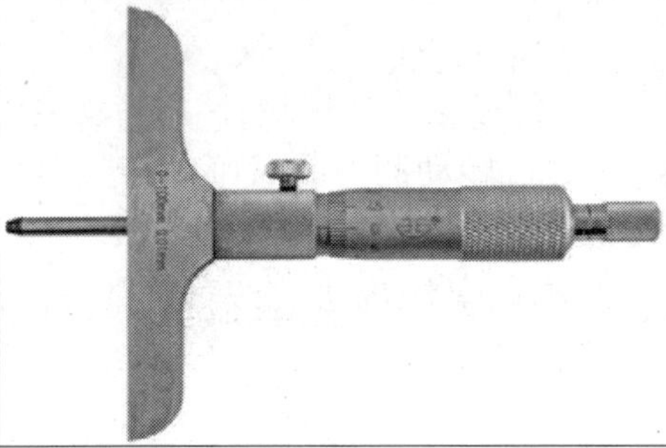	用于测量通孔、不通孔、阶梯孔和槽的深度,也可以测量台阶高度和平面之间的距离等。其结构、读数原理和读数方法与外径千分尺基本相同,只是用基准代替了尺架和固定测砧,分度值为 0.01 mm。 带有固定式测杆的深度千分尺,其测量范围有 0~25 mm、25~50 mm、50~75 mm 和 75~100 mm 四种;带有可换式测杆的深度千分尺,其测量范围有 0~100 mm 和 0~150 mm 两种
螺纹千分尺	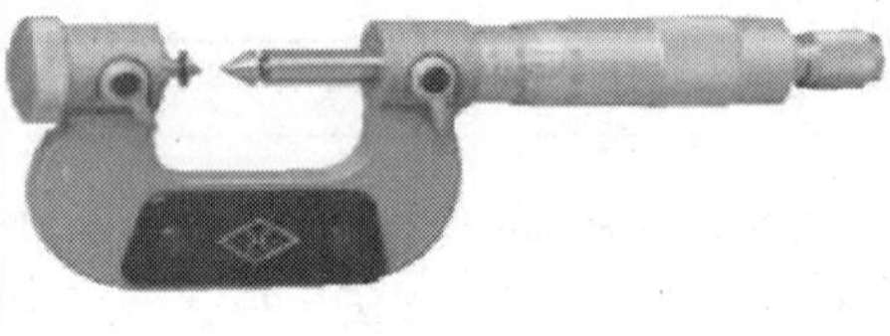	主要用于测量螺纹的中径,结构与外径千分尺相似,不同之处在于测砧是可调节的。测量时,应根据被测螺纹的螺距,选用相应测头,使 V 形测头与螺纹牙型的凸起部分相吻合,锥形测头与螺纹牙型的沟槽部分相吻合,从固定套筒和微分筒上读出螺纹中径尺寸,分度值为 0.01 mm,测量范围有 0~25 mm、25~50 mm、50~75 mm、75~100 mm、100~125 mm 和 125~150 mm
公法线千分尺	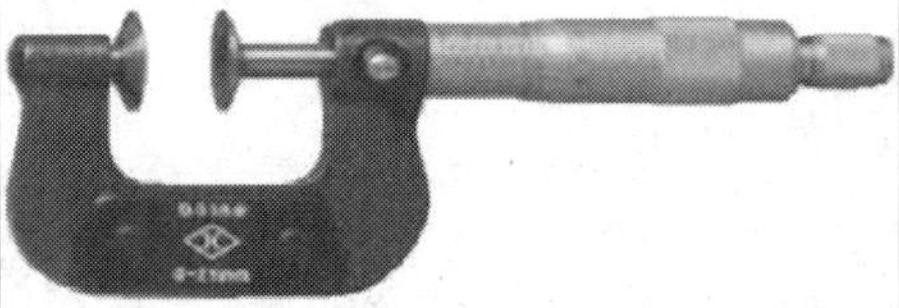	用于测量外啮合圆柱齿轮的公法线长度。其结构与外径千分尺基本相同,不同点是两个测砧的测量面做成两个相互平行的圆平面。 测量前先用计算或查表的方法得到跨测齿数,再把公法线千分尺调到比被测尺寸略大,然后把测量头插到齿轮齿槽中进行测量,即可测出公法线的实际长度。测量范围与外径千分尺相同

(三)机械式量仪

机械式量仪是利用齿轮、齿条、杠杆或扭簧等的传动,把测量杆的微小直线移动转化为指针的转动,从而使指针在表盘上指示出相应的数值。机械式量仪的用途十分广泛,主要用于长度的相对测量及表面几何误差的测量。

1. 百分表

百分表和千分表(见图 1-15)都是用来测量长度尺寸、校正零件、测量几何误差、检验机床几何精度的仪表。它们的结构原理没有什么大的不同,就是千分表的读数精度比较高,即千分表的分度值为 0.001 mm,而百分表的分度值为 0.01 mm。机械加工和机械设备维修中经常使用百分表,在此主要介绍百分表。

图 1-15 百分表和千分表

1)百分表的结构及工作原理

如图 1-16 所示为百分表的外形和内部结构。百分表的表盘上刻有 100 个等分格,其分度值为 0.01 mm。用手转动表圈时,表盘也跟着转动,可使指针对准任一刻线,测量杆是沿着套筒上下移动的,套筒用来安装百分表。

如图 1-16(b)所示为百分表的内部结构,其工作原理是将测量杆的直线运动,通过齿条与齿轮传动,转变为指针的回转运动,其中弹簧主要是控制百分表的测量力。在测量时,测量杆移动 1 mm,大指针沿表盘正好转过 1 周,而表盘上的圆周被 100 等分格。由此可以得出,当大指针转 1 格时,就相当于测量杆移动 1 mm/100 = 0.01 mm,所以百分表的分度值为 0.01 mm。

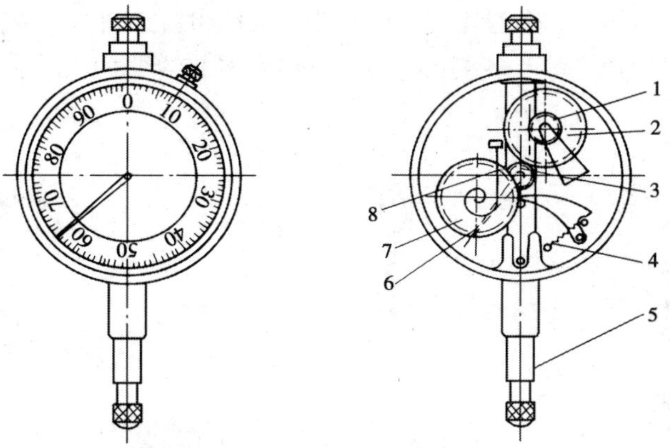

(a)百分表的外形　　(b)百分表的内部结构

1—小齿轮;2—大齿轮;3—中间齿轮;4—弹簧;5—测量杆;6—指针;7—棘轮;8—游丝。

图 1-16 百分表的外形和内部结构

2)百分表的读数方法

百分表读数时先读小指针转过的刻度线(毫米整数),再读大指针转过的刻度线(小数部分)并乘以 0.01 mm,然后两者相加,即得到所测量的数值。

3)百分表的使用方法

在使用百分表时,可将其装在表架上,表架放在平板上或某一平整位置上。测头与被测表面接触时,测量杆应有一定的预压量,一般为 0.3~1 mm,使其保持一定的初始测量力,以提高示值的稳定性。同时,应把指针调整到表盘的零位。测量平面时,测量杆要与被测表面垂直。测量圆柱工件时,测量杆的轴线应与工件直径方向一致并垂直于工件的轴线。百分表不能用来测量毛坯表面或较粗糙的表面。

2. 内径百分表

内径百分表是利用相对测量法测量孔的直径和孔的形状误差,特别适用于深孔的测量,有 0.01 mm 和 0.001 mm 两种分度值,主要由表头、表杆、测头等部分组成,如图 1-17 所示。

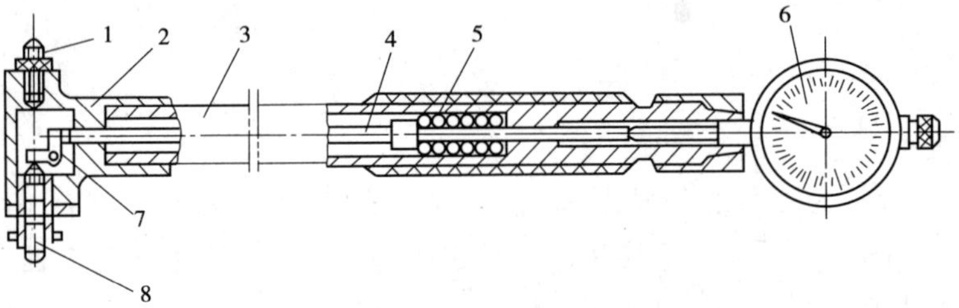

1—可换测量头;2—测量套;3—测杆;4—传动杆;5—弹簧;6—指示表;7—杠杆;8—活动测量头。

图 1-17 内径百分表

内径百分表用来测量圆柱孔,它附有成套的可换测头,使用前必须先进行组合和校对零位,图 1-18(a)为组合后的内径百分表。测量前应根据被测孔径大小用外径千分尺调整好尺寸,如图 1-18(b)所示。在调整尺寸时,正确选用可换测头的长度及其伸出距离,应使被测尺寸在活动测头总移动量的中间位置。测量时,连杆中心线应与工件中心线平行,不得歪斜,同时应在圆周上多测几个点,找出孔径的实际尺寸,看是否在公差范围以内,如图 1-18(c)所示。

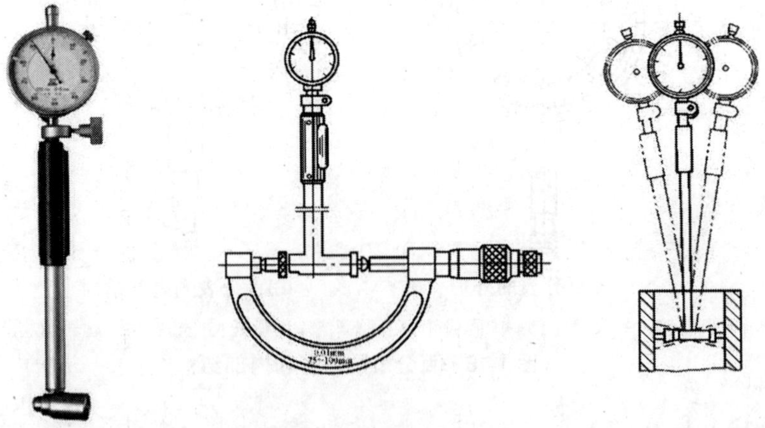

(a)组合后的内径百分表　(b)用外径千分尺调整尺寸　(c)外径千分尺测量

图 1-18 内径百分表的使用

3. 杠杆百分表

杠杆百分表是将杠杆测头的位移(杠杆的摆动),通过机械传动系统转变为指针在表盘上的角位移。其分度值为0.01 mm的称为杠杆百分表,示值范围一般为±0.4 mm。

如图1-19所示为杠杆百分表。它是由杠杆和齿轮传动机构等组成的,将测量杆的摆动通过杠杆使扇形齿轮绕其轴摆动,并带动与扇形齿轮相啮合的小齿轮转动,使固定在同一轴上的指针偏转。当测量杆的测头摆动0.01 mm时,杠杆、齿轮传动机构的指针正好偏转一小格,这样就得到0.01 mm的分度值。杠杆百分表的体积小,测量杆方向又可以改变,因而在找正工件和测量工件时都很方便。尤其对于小孔的找正和在机床上找正工件时,由于空间限制,百分表放不进去或测量杆无法垂直于工件被测表面,这时使用杠杆百分表就显得比较方便了。

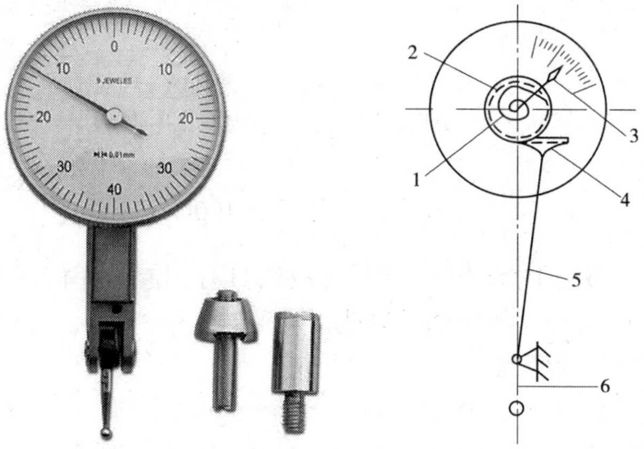

1—游丝;2—小齿轮;3—指针;4—扇形齿轮;5—杠杆;6—测量杆。

图 1-19　杠杆百分表

任务四　测量误差

一、测量误差及其产生的原因

(一)测量误差的概念

由于测量器具本身的误差以及测量方法和条件的限制,任何测量过程都不可避免地存在误差,测量所得的值不可能是被测量的真值,测得值与被测量的真值之间的差异在数值上表现为测量误差。常采用绝对误差和相对误差两种指标来判定测量误差。

1. 绝对误差

绝对误差 δ 是被测量的测得值与其真值之差。若以 X 表示测得值,Q 表示真值,则有

$$\delta = X - Q \tag{1-8}$$

一般来说,被测量的真值是不知道的,但在实际测量时,常用相对真值或不存在系统误差情况下的多次测量的算数平均值来代替真值使用。

如果用 $\pm\delta_{\lim}$ 表示测得值 X 的极限误差,则测量结果可表示为

$$Q = X \pm \delta_{\lim} \tag{1-9}$$

2. 相对误差

相对误差 ε 为测量的绝对误差的绝对值与被测量真值之比,常用百分数来表示,即

$$\varepsilon = \frac{|\delta|}{Q} \times 100\% \approx \frac{|\delta|}{X} \times 100\% \tag{1-10}$$

按照式(1-8),反映测得值偏离真值大小的范围。测量误差的绝对值越小,说明测得值越接近真值,因此测量精度越高;反之,测量精度就越低。用绝对误差表示测量精度,适用于评定大小相同的被测几何量的测量精确度。但对于不同尺寸的测量,测量精度的高低却不适合绝对误差的大小来评定,而需要相对误差来评定。

【例 1-4】 有两个被测量的实际测得值 $X_1 = 100$, $X_2 = 10$, $\delta_1 = \delta_2 = 0.01$,求其相对误差。

解:相对误差为

$$\varepsilon_1 = \frac{\delta_1}{X_1} \times 100\% = \frac{0.01}{100} \times 100\% = 0.01\%$$

$$\varepsilon_2 = \frac{\delta_2}{X_2} \times 100\% = \frac{0.01}{10} \times 100\% = 0.1\%$$

由此可以看出,两个不同大小的被测量,虽然具有相同大小的绝对误差,其相对误差是不同的,显然,$\varepsilon_1 < \varepsilon_2$,表示前者的精度比后者高。

(二)测量误差产生的原因

1. 测量器具误差

测量器具的误差是指测量器具本身的误差,是测量器具在设计、制造和使用过程中造成的各项误差。这些误差的总和都会反映在示值误差和测量的重复性误差上,从而影响测量结果。

2. 基准件误差

作为标准量的基准件本身存在的误差。如量块的制造误差等,本身就会直接影响测得值。

3. 测量方法误差

测量方法误差是指由测量方法不完善所引起的误差。例如,接触测量中测量力引起的测量器具和零件表面的变形误差;间接测量中计算公式的不精确引起的误差;测量过程中工件安装、定位不准确等引起的误差。

4. 测量环境误差

测量环境误差是指测量时,实际环境不符合标准条件而引起的测量误差。影响测量环境的因素有温度、湿度、气压、振动和灰尘等,其中温度引起的测量误差较大。

5. 人为误差

人为误差是由测量人员主观因素和操作技术水平所引起的误差。例如,测量人员使用测量器具的方法不正确,对示值的分辨能力和对仪器的调节能力不强等因素引起的测量误差。

总之,产生误差的因素很多,有些误差是不可避免的,但有些误差是可以避免的。因

此,测量者应对一些可能产生测量误差的原因进行分析,掌握其影响规律,设法消除或减小其对测量结果的影响,以保证测量精度。

二、测量误差的分类及处理

测量误差按其特性可分为系统误差、随机误差和粗大误差三类,具体内容见表1-9。

表1-9　测量误差的分类及处理方法

分类	含义	误差举例	处理方法
系统误差	在相同条件下,多次测量同一量值时,误差的大小和符号保持不变或按一定规律变化的误差。它可以分为定值的系统误差和变值的系统误差	千分尺零位不正确造成的误差(定值的系统误差)	试验对比确定校正值
随机误差	在相同条件下,多次测量同一量值时,其误差的大小和符号以不可预见的方式变化的误差。它的产生是测量过程中的各种随机因素引起的	温度、测量力不稳定造成的误差	用多次测量的算术平均值作为测量结果
粗大误差	超出规定条件下预期的误差,它的产生是某些不正常的原因造成的	测量者的读数、记录错误等造成的误差	不允许存在,按一定准则确定并消除

三、测量精度的分类

测量精度是被测几何量的测得值与其真值的接近程度。它与测量误差是相对应的两个概念,即从两个不同的角度说明同一概念的术语。测量误差越大,测量精度就越低;反之,测量误差越小,测量精度就越高。

为了反映系统误差与随机误差的区别及其对测量结果的影响,常以打靶为例来说明。如图1-20所示,圆心表示靶心,黑点表示弹孔。图1-20(a)表现为弹孔密集但偏离靶心,说明随机误差小,而系统误差大;图1-20(b)表现为弹孔较为分散,但基本围绕靶心分布,说明随机误差大,而系统误差小;图1-20(c)表现为弹孔密集而且围绕靶心分布,说明随机误差和系统误差都小;图1-20(d)表现为弹孔既分散又偏离靶心,说明随机误差和系统误差都大。

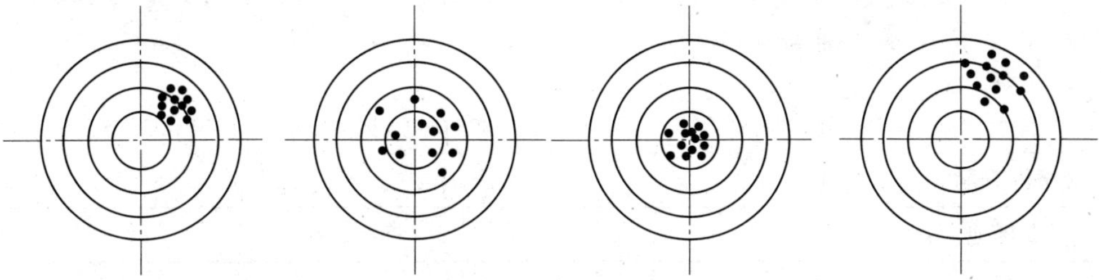

(a)精密度高　(b)正确高度　(c)准确度高　(d)准确度低

图1-20　测量精度分类示意图

根据以上的分析，为了准确地描述测量精度的具体情况，可将测量精度进一步分为精密度、正确度、准确度。

（一）精密度

精密度指在一定条件下进行多次测量时，各测得值的一致程度。它表示测量结果受随机误差的影响程度，即随机误差愈小，精密度高；反之，精密度低。

（二）正确度

正确度指在一定条件下进行多次测量时，各测得值的平均值与其真值的一致程度。它表示测量结果受系统误差的影响程度，即系统误差小，正确度高；反之，正确度低。

（三）准确度

准确度指在一定条件下对同一几何量进行连续多次测量时，所得测得值与其真值的一致程度。它表示测量结果受系统误差和随机误差的综合影响程度，即系统误差和随机误差都小，准确度高；反之，准确度低。

由上述分类可知，图 1-20(a)为精密度高而准确度低；图 1-20(b)为正确度高而精密度低；图 1-20(c)为精密度和正确度都高，所以准确度也高；图 1-20(d)为精密度和正确度都低，所以准确度也低。

任务实施

(1)在实训室，以班级为单位分成若干小组，每个小组单独检测，通过实训指导教师示范和查看各类计量器具的使用手册，完成检测任务并填写检测报告，检测报告单见表 1-10。

表 1-10　连接轴外圆和长度检测报告

<table>
<tr><td>被测零件名称</td><td colspan="4"></td></tr>
<tr><td>检测项目</td><td>图纸要求</td><td colspan="2">计量器具规格</td><td>实测结果</td></tr>
<tr><td rowspan="5">外圆</td><td></td><td colspan="2"></td><td></td></tr>
<tr><td></td><td colspan="2"></td><td></td></tr>
<tr><td></td><td colspan="2"></td><td></td></tr>
<tr><td></td><td colspan="2"></td><td></td></tr>
<tr><td></td><td colspan="2"></td><td></td></tr>
<tr><td rowspan="3">长度</td><td></td><td colspan="2"></td><td></td></tr>
<tr><td></td><td colspan="2"></td><td></td></tr>
<tr><td></td><td colspan="2"></td><td></td></tr>
<tr><td>合格性判断</td><td colspan="4"></td></tr>
<tr><td>实训场地</td><td colspan="2"></td><td>检测日期</td><td></td></tr>
</table>

(2)评价。检测结束后，学生首先自己检查测量结果；测量工具选用是否正确；能否正确使用测量工具和进行数据处理；根据检测数据对零件的合格性判断是否正确等，具体评价结果请填入表 1-11。

表 1-11　连接轴检测结果评价

<table>
<tr><td>学习内容</td><td colspan="2"></td><td>班级</td><td></td><td>姓名</td><td></td><td>学号</td><td></td></tr>
<tr><td rowspan="5">教师评价</td><td>1</td><td>基础知识技能水平评价</td><td colspan="6"></td></tr>
<tr><td>2</td><td>检测方案评价</td><td colspan="6"></td></tr>
<tr><td>3</td><td>检测工具操作水平评价</td><td colspan="6"></td></tr>
<tr><td rowspan="2">4</td><td>检测数据评价</td><td>检测数据与尺寸真值有小于10%的偏差</td><td colspan="2">检测数据与尺寸真值有大于10%且小于20%的偏差</td><td colspan="4">检测数据与尺寸真值有大于20%的偏差</td></tr>
<tr><td>评价等级</td><td>A</td><td colspan="2">B</td><td colspan="4">C</td></tr>
<tr><td>对自己不足和进步的认识</td><td colspan="8"></td></tr>
<tr><td>同学的综合评价和建议</td><td colspan="8"></td></tr>
<tr><td>综合评定意见</td><td colspan="8"></td></tr>
</table>

习　题

一、填空题

1. 尺寸公差带的两要素是__________和__________。

2. 国家标准规定的标准公差有____级，其中____级精度最高，______级精度最低。

3. 零件的尺寸合格时，其实际尺寸在__________和__________之间，其________在上偏差和下偏差之间。

4. 确定公差位置的那个极限偏差称为________，此偏差一般靠近极限偏差。

5. __________确定公差带位置，__________确定公差带大小。

6. 检测是__________和__________的统称。

7. 测量值只能近似地反映被测几何量的__________。

8. 测量范围是指计量器具能够测出的被测尺寸的__________值到__________值的范围。

二、判断题

1. 一般来说，零件的实际尺寸愈接近公差尺寸愈好。　　(　　)

2. 公差是零件尺寸允许的最大偏差。 ( )
3. 公差通常为正,在个别情况下也可以为负或零。 ( )
4. 标准公差的数值与公差等级有关,而与基本偏差无关。 ( )
5. 选用公差带时,应按照常用、优先、一般公差带的顺序选取。 ( )
6. 不论公差数值是否相等,只要公差等级相同,尺寸的精确度就相同。 ( )
7. 为减少测量误差,一般不采用间接测量。 ( )
8. 用多次测量的算数平均值表示测量结果,可以减少示值误差数值。 ( )

三、选择题

1. 下列关于基本偏差的论述中正确的有( )。
   A. 基本偏差数值大小取决于基本偏差代号
   B. 轴的基本偏差为下偏差
   C. 基本偏差的数值与公差等级无关
   D. 孔的基本偏差为上偏差
2. 最大极限尺寸减其基本尺寸所得的代数差称为( )。
   A. 下偏差　　B. 上偏差　　C. 基本偏差　　D. 实际偏差
3. 当图样上的尺寸未标注公差时,说明其公差值为( )。
   A. 零　　B. 任意　　C. 一般公差　　D. 漏注
4. 某尺寸的实际偏差为零,则实际尺寸( )。
   A. 必定合格　　B. 为零件的基本尺寸
   C. 等于基本尺寸　　D. 等于最小极限值
5. 下列关于公差等级论述中正确的有( )。
   A. 公差等级高,则公差带宽
   B. 在满足要求的前提下,应尽量选用高的公差等级
   C. 公差等级的高低,影响公差带的大小,决定配合的精度
   D. 孔、轴相配合,均为同级配合
6. 用游标卡尺测量轴的直径属于( )。
   A. 直接接触测量　　B. 直接非接触测量
   C. 间接接触测量　　D. 比较接触测量
7. 一般来说,直接测量的精度比间接测量的精度( )。
   A. 要高　　B. 要低　　C. 相同　　D. 近似
8. 我们国家采用的法定长度计量单位是( )。
   A. 米(m)　　B. 分米(dm)　　C. 厘米(cm)　　D. 毫米(mm)
9. 在一定的测量条件下,多次测量取同一值时,绝对值和符号均保持不变的误差为( )。
   A. 随机误差　　B. 粗大误差　　C. 系统误差　　D. 环境误差
10. 测量精度中的准确度高,只是指( )。
   A. 正确度高　　B. 精密度高

C. 正确度、精密度都高　　D. 正确度、精密度都低

四、简答题

1. 什么是尺寸公差？它与极限尺寸、极限偏差有什么关系？

2. 查表确定下列公差带的极限偏差：

ϕ 25f7　ϕ 60d8　ϕ 50k6　ϕ 40m5

ϕ 50D9　ϕ 30M7　ϕ 40P7　ϕ 80JS8

3. 查表确定下列各尺寸公差带的代号：

轴 $\phi 18_{-0.011}^{0}$，孔 $\phi 120_{0}^{+0.087}$，轴 $\phi 50_{-0.075}^{-0.050}$，孔 $\phi 65_{-0.041}^{+0.005}$

4. 测量的实质是什么？一个完整的测量过程包括哪几个要素？

5. 试说明绝对测量方法和相对测量方法，绝对误差和相对误差的区别。

6. 简述随机误差、系统误差和粗大误差的特性和处理方法。

五、填表、绘图

试根据表 1-12 中的已知数据填写表中的空格，并按适当比例绘制各孔、轴的公差带图。

表 1-12

尺寸标注	公称尺寸	极限尺寸		极限偏差		公差
		上极限尺寸	下极限尺寸	上极限偏差	下极限偏差	
孔 $\phi 12_{+0.032}^{+0.050}$						
轴 ϕ 60				+0.072		0.019
孔		29.959				0.021
轴	ϕ 50		49.966	+0.005		

项目二　轴套类零件配合公差识图与检测

【知识目标】

1. 掌握公差与配合在图样上的标注、识读、计算方法。
2. 掌握基准制选择的基本要求。
3. 了解配合类型的基本应用范围。
4. 了解公差等级的应用范围、线性尺寸的一般公差、各种加工方法所能达到的精度等级。
5. 掌握公差与配合国家标准查用方法。
6. 掌握内孔精度的检测方法。

【能力目标】

1. 能够合理解释图纸上的配合公差的含义。
2. 能够熟练、正确查用公差与配合国家标准。
3. 根据配合件使用要求能正确选择并标注配合公差。
4. 能够根据图纸上的配合公差要求，选择合适的计量器具进行精度检测。

任务描述

如图 2-1 所示是衬套配合件中一个衬套实物图，图 2-2 是衬套零件图，图 2-3 和图 2-4 分别是衬套配合件装配图和实物图。根据衬套在配合件中的地位和作用，分析零件的精度要求，对于零件图中的标注进行合理的解释，并选择适当的测量工具进行精度检测。

图 2-1　衬套实物图

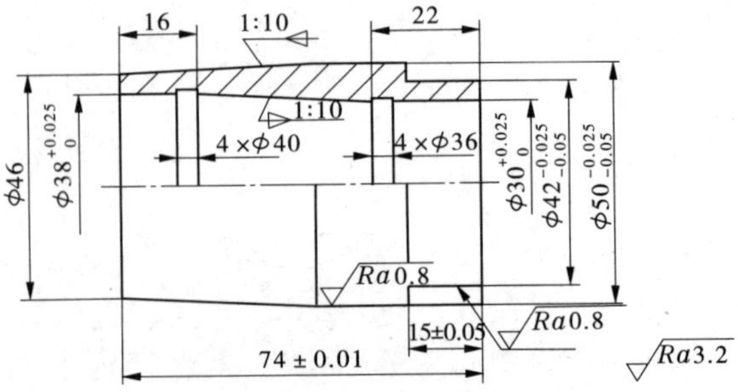

图 2-2　衬套零件图

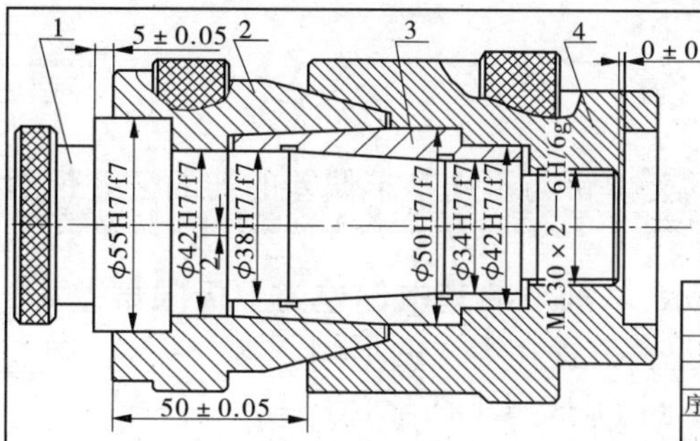

技术要求
1.各件未注公差尺寸按GB/T 1804—2000。
2.去毛刺，润滑后装配。

序号	名称	数量	材料	备注
4	螺母锥套	1	45钢	
3	衬套	1	45钢	
2	偏心锥套	1	45钢	
1	偏心轴	1	45钢	

		比例	1：1	
		件数		
制图		重量		
描图				
审核				

图 2-3　衬套配合件装配图

图 2-4　衬套配合件实物图

知识准备

任务一　配合制

配合制是以两个相配合的零件中的一个零件为基准件，并对其选定标准公差带，将其公差带位置固定，然后改变另一个零件的公差带位置，从而形成各种配合制度。国家标准规定了两种配合制，即基孔制和基轴制。

一、基孔制

基孔制是指以基本偏差为一定的孔的公差带与不同基本偏差的轴的公差带所形成的各种配合的一种制度。

基孔制配合中孔为基准孔，是配合的基准件。国家标准规定，基准孔的基本偏差为下极限偏差 EI，数值为零，即 $EI=0$，上极限偏差为正值，其公差带偏置在零线上方，基准孔的代号为 H。

基孔制配合中由于轴的基本偏差不同，它们的公差带和基准孔公差带形成以下不同的配合情况：

(1)间隙配合，用符号 H/(a~h)表示。

(2)过渡配合，用符号 H/(js~m)表示。

(3)过渡或过盈配合，用符号 H/(n、p)表示。

(4)过盈配合,用符号 H/(r~zc)表示。

二、基轴制

基轴制是指基本偏差为一定的轴的公差带与不同基本偏差的孔的公差带形成的各种配合的一种制度。

基轴制中的轴称为基准轴,用 h 表示,基准轴的基本偏差为上极限偏差 es,且数值为零,即 $es=0$。下极限偏差为负值,其公差带偏置在零线的下侧。

基轴制配合中由于孔的基本偏差不同,形成以下的配合:

(1)间隙配合,用符号(A~H)/h 表示。

(2)过渡配合,用符号(JS~M)/h 表示。

(3)过渡或过盈配合,用符号(N、P)/h 表示。

(4)过盈配合,用符号(R~ZC)/h 表示。

不难发现,由于基本偏差的对称性,配合 H7/m6 和 M7/h6、H8/f7 和 F8/h7 具有相同的极限过盈、间隙指标。基准制可以转换,亦称为同名配合。

国家标准规定基孔制常用配合 59 种、优先配合 13 种,见表 2-1。基轴制常用配合 47 种、优先配合 13 种,见表 2-2。

表 2-1 基孔制优先、常用配合(摘自 GB/T 1800.1—2020)

基准孔	轴																				
	a	b	c	d	e	f	g	h	js	k	m	n	p	r	s	t	u	v	x	y	z
	间隙配合								过渡配合			过盈配合									
H6						$\frac{H6}{f5}$	$\frac{H6}{g5}$	$\frac{H6}{h5}$	$\frac{H6}{js5}$	$\frac{H6}{k5}$	$\frac{H6}{m5}$	$\frac{H6}{n5}$	$\frac{H6}{p5}$	$\frac{H6}{r5}$	$\frac{H6}{s5}$	$\frac{H6}{t5}$					
H7						$\frac{H7}{f6}$	◤$\frac{H7}{g6}$	◤$\frac{H7}{h6}$	$\frac{H7}{js6}$	◤$\frac{H7}{k6}$	$\frac{H7}{m6}$	◤$\frac{H7}{n6}$	◤$\frac{H7}{p6}$	$\frac{H7}{r6}$	◤$\frac{H7}{s6}$	$\frac{H7}{t6}$	◤$\frac{H7}{u6}$	$\frac{H7}{v6}$	$\frac{H7}{x6}$	$\frac{H7}{y6}$	$\frac{H7}{z6}$
H8					$\frac{H8}{e7}$	◤$\frac{H8}{f7}$	$\frac{H8}{g7}$	◤$\frac{H8}{h7}$	$\frac{H8}{js7}$	$\frac{H8}{k7}$	$\frac{H8}{m7}$	$\frac{H8}{n7}$	$\frac{H8}{p7}$	$\frac{H8}{r7}$	$\frac{H8}{s7}$	$\frac{H8}{t7}$	$\frac{H8}{u7}$				
				$\frac{H8}{d8}$	$\frac{H8}{e8}$	$\frac{H8}{f8}$		$\frac{H8}{h8}$													
H9			$\frac{H9}{c9}$	◤$\frac{H9}{d9}$	$\frac{H9}{e9}$	$\frac{H9}{f9}$		◤$\frac{H9}{h9}$													
H10			$\frac{H10}{c10}$	$\frac{H10}{d10}$				$\frac{H10}{h10}$													
H11	$\frac{H11}{a11}$	$\frac{H11}{b11}$	◤$\frac{H11}{c11}$	$\frac{H11}{d11}$				◤$\frac{H11}{h11}$													
H12		$\frac{H12}{b12}$						$\frac{H12}{h12}$													

注:1. 标注◤的配合为优先配合。

2. $\frac{H6}{n5}$、$\frac{H7}{p6}$在公称尺寸≤ 3 mm 和$\frac{H8}{r7}$在公称尺寸≤100 mm 时为过渡配合。

表 2-2　基轴制优先、常用配合(摘自 GB/T 1800.1—2020)

基准轴	轴																				
	A	B	C	D	E	F	G	H	JS	K	M	N	P	R	S	T	U	V	X	Y	Z
	间隙配合								过渡配合			过盈配合									
h5						F6/h5	G6/h5	H6/h5	JS6/h5	K6/h5	M6/h5	N6/h5	P6/h5	R6/h5	S6/h5	T6/h5					
h6						F7/h6	◤G7/h6	◤H7/h6	IS7/h6	◤K7/h6	M7/h6	◤N7/h6	◤P7/h6	R7/h6	◤S7/h6	T7/h6	◤U7/h6				
h7					E8/h7	◤F8/h7		◤H8/h7	JS8/h7	K8/h7	M8/m7	N8/h7									
h8				D8/h8	E8/h8	F8/h8		H8/h8													
h9				◤D9/h9	E9/h9	F9/h9		◤H9/h9													
h10				D10/h10				H10/h10													
h11	A11/h11	B11/h11	◤C11/h11	D11/h11				◤H11/h11													
h12		B12/h12						H12/h12													

注:标注◤的配合为优先配合。

任务二　公差与配合的选择

尺寸公差与配合的选择是机械设计与制造中的一个重要环节。它是在公称尺寸已经确定的情况下进行的尺寸精度设计。公差与配合的选择是否恰当,对产品的性能、质量、互换性及经济性有着重要的影响。公差与配合的选择原则是在满足使用要求的前提下,获得最佳的技术经济效益。

公差与配合的选择一般有三种方法:类比法、计算法、试验法。类比法就是通过对类似的机器和零部件进行调查研究、分析对比后,根据前人的经验来选取公差与配合。这是目前应用最多的主要方法。计算法是按照一定的理论和公式来确定需要的间隙或过盈。这种方法虽然麻烦,但比较科学,只是有时将条件理论化、简单化了,使得计算结果不完全符合实际。试验法是通过试验或统计分析来确定间隙或过盈。这种方法合理、可靠,只是代价较高,因而只应用于重要产品的设计。下面讨论公差与配合的选择,主要采用类比法。

一、基准制的选择

基准制的选用与使用要求无关,主要考虑结构、工艺、装配、经济等方面的要求。

(一)一般情况下优先选用基孔制

考虑的主要出发点是加工工艺的经济性。因为轴的加工工艺比较简单,只需车削或磨削即可,所用刀具也非定值刀具,一般通用量具或量规进行测量就行,故改变轴的尺寸不会增加刀具、量具的数量。但孔的加工工艺较为复杂,除钻孔外,还需铰、拉、镗、磨等多种扩孔工艺,使用刀具和量具多为价格较贵的定制刀具、量具。

因此,采用基孔制可以减少孔用刀具、量具的品种、规格和数量,降低生产成本,提高加工工艺的经济性。

(二)特殊场合选用基轴制

(1)直接采用冷拉棒料做轴。其表面不需要再进行切削加工,同样可以获得明显的经济效益(冷拉圆钢按一定的精度等级加工,其尺寸与形位误差、表面粗糙度精度达到一定标准),在农业、建筑、纺织机械中常用。

(2)有些零件由于结构上的需要,采用基轴制更合理。如图 2-5 所示为活塞连杆机构,根据使用要求,活塞销轴与活塞孔采用过渡配合,而连杆衬套与活塞销轴则采用间隙配合。若采用基孔制,如图 2-6(a)所示,活塞销轴将加工成台阶形状;而采用基轴制配合,如图 2-6(b)所示,活塞销轴可制成光轴。这种选择不仅有利于轴的加工,并且能够保证合理的装配质量。

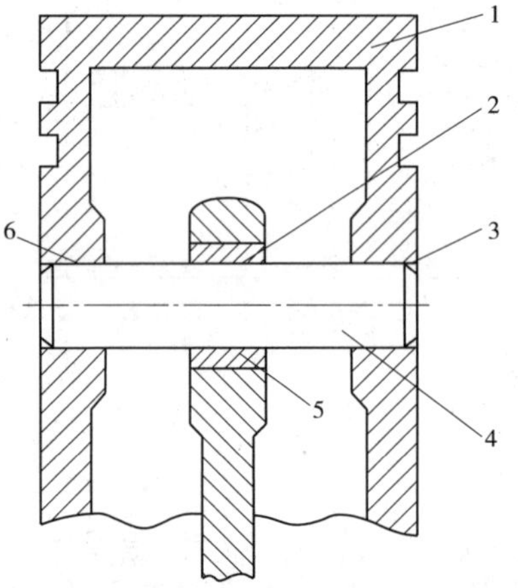

1—活塞; 2—间隙配合;3、6—过渡配合;
4—活塞销轴; 5—连杆衬套。

图 2-5 活塞连杆机构

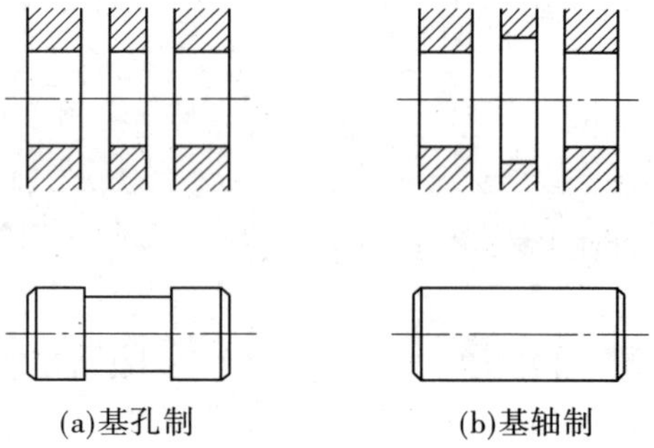

(a)基孔制　　(b)基轴制

图 2-6 活塞销轴配合基准的选用

(3)与标准件配合。当设计的零件需要与标准件配合时,应根据标准件来确定基准制配合。例如,滚动轴承内圈与轴的配合应选用基孔制;而滚动轴承外圈与基座孔的配合应选用基轴制。

(三)在特殊需要时可采用非配合制配合

国家标准规定:为了满足配合的特殊需要,允许采用非基准制配合,即采用任一孔、轴公差带(基本偏差代号非 H 的孔或非 h 的轴)组成的配合。

在图 2-7 所示的减速器中,输出轴与套筒的配合为 $\phi 55\ \frac{D9}{k6}$,箱座孔与端盖凸缘的配合为 $\phi 100\ \frac{J7}{f9}$,两者均为非基准制配合。

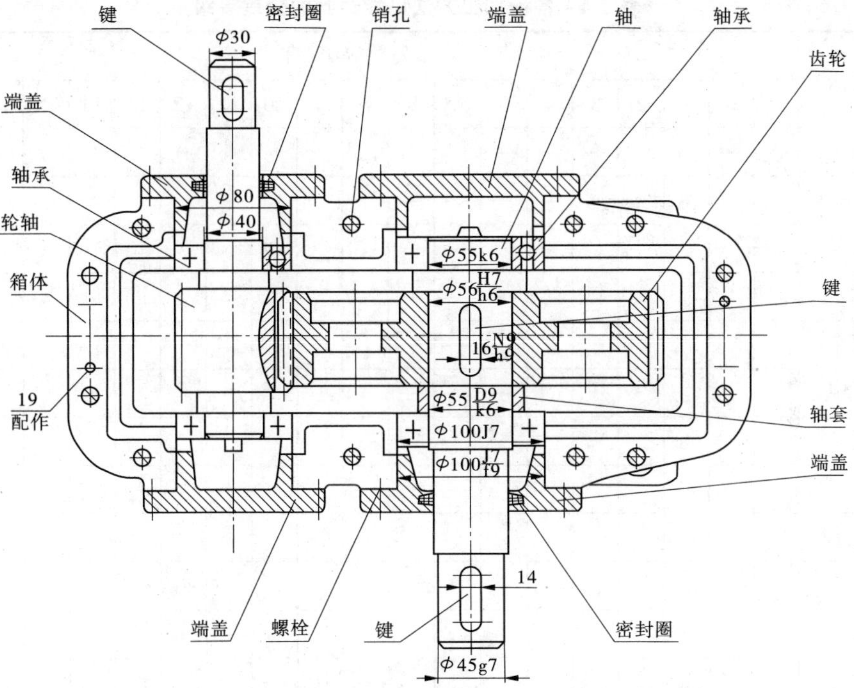

图 2-7　齿轮减速器的结构示意图

目前,在各种机械设备及产品中,大多数采用基孔制配合,少数采用基轴制配合,非基准制配合仅在个别特殊情况下应用。

二、公差等级的选择

公差等级的选择就是确定尺寸的制造精度与加工的难易程度,与加工的成本和工件的工作质量有关,所以在选择公差等级时,要正确处理使用要求、加工工艺及生产成本之间的关系。其选择原则:在满足使用要求的前提下,尽可能选择较低的公差等级。

公差等级的选择通常采用的方法为类比法,即参考从生产实践中总结出来的经验进行比较选择。用类比法选择公差等级时,应掌握各个公差等级的应用范围和各种加工方法所能达到的公差等级,以便有所依据。表 2-3 为公差等级的应用范围,表 2-4 为各种加工方法可能达到的公差等级。

表 2-3　公差等级的应用范围

应用	公差等级(IT)																			
	01	0	1	2	3	4	5	6	7	8	9	10	11	12	13	14	15	16	17	18
块规	—	—	—																	
量规			—	—	—	—	—	—	—											
配合尺寸							—	—	—	—	—	—	—	—	—					
特别精密零件				—	—	—	—													
非配合尺寸														—	—	—	—	—	—	—
原材料公差										—	—	—	—	—	—	—				

表 2-4 各种加工方法可能达到的公差等级

加工方法	公差等级(IT)																			
	01	0	1	2	3	4	5	6	7	8	9	10	11	12	13	14	15	16	17	18
研磨	—	—	—	—	—	—	—													
珩磨						—	—	—	—											
圆磨							—	—	—	—										
平磨							—	—	—	—										
金刚石车							—	—	—											
金刚石镗							—	—	—											
拉削							—	—	—	—										
铰孔								—	—	—	—	—								
精车、精镗									—	—	—									
粗车												—	—	—						
粗镗												—	—	—						
铣										—	—	—	—							
刨、插												—	—							
钻												—	—	—	—					
冲压												—	—	—	—	—				
滚压、挤压												—								
锻造																	—	—		
砂型铸造																—	—			
金属型铸造																—	—			
气割																	—	—	—	—

用类比法选择公差等级时，除参考以上各表外，还应考虑以下问题。

(一) 孔和轴的工艺等价性

公称尺寸≤500 mm 时，对于较高精度等级的配合，孔比同级轴的加工困难，加工成本也要高一些，其工艺是不等价的。为了使相互配合的孔、轴工艺等价，当公差等级<IT8 时，孔比轴低一级（如 H7/n6、P6/h5）；当公差等级为 IT8 时，孔与轴同级或孔比轴低一级（如 H8/f8、F8/h7）；当公差等级>IT8 时，孔、轴为同级（如 H9/h9、F10/h10）。

(二) 零部件精度的匹配性

例如，与滚动轴承相配合的外壳孔和轴颈的公差等级应与滚动轴承公差等级有关。齿轮的基准孔与轴的配合，孔与轴的公差等级由相关齿轮精度等级确定。

(三) 加工成本

制造公差较小时，随着公差等级的提高，其成本迅速增加。选用高公差等级时要特别慎重,但在低精度时,公差等级提高,制造成本变化不大。考虑到在满足使用要求的前提下降低加工成本,不重要的配合件的公差等级可以低二至三级。

三、配合类型的选择

配合类型的选择是在确定了基准制的基础上,根据机器或部件性能所允许间隙或过盈的大小情况,选定非基准件的基本偏差代号。有的配合也同时确定基准件与非基准件的公差等级。

当孔、轴有相对运动要求时,选择间隙配合;当孔、轴无相对运动时,应根据具体工作条件的不同,确定过盈(用于传递扭矩)配合、过渡(主要用于精确定心)配合。确定配合类别后,首先应尽可能地选用优先配合,其次是常用配合,再次是一般配合,最后若仍不能满足要求,则可以选择其他任意的配合。用类比法选择配合,要着重掌握各种配合的特征和应用场合,尤其是对国家标准所规定的常用与优先配合的特点要熟悉。表 2-5 为公称尺寸≤500 mm 的基孔制优先、常用配合选用说明。

表 2-5　基孔制优先、常用配合选用

配合类别	配合特征	配合代号	应用
间隙配合	特大间隙	$\frac{H11}{a11}$、$\frac{H11}{b11}$、$\frac{H12}{b12}$	用于高温或工作时要求大间隙的配合
	很大间隙	$\left(\frac{H11}{c11}\right)$、$\frac{H11}{d11}$	用于工作条件较差、受力变形或为了便于装配而需要大间隙的配合和高温工作的配合
	较大间隙	$\frac{H9}{c9}$、$\frac{H10}{c10}$、$\frac{H8}{d8}$、$\left(\frac{H9}{d9}\right)$、 $\frac{H10}{d10}$、$\frac{H8}{e7}$、$\frac{H8}{e8}$、$\frac{H9}{e9}$	用于高速重载的滑动轴承或大直径的滑动轴承,也可用于大跨距或多支点支撑的配合
	一般间隙	$\frac{H6}{f5}$、$\frac{H7}{f6}$、$\left(\frac{H8}{f7}\right)$、$\frac{H8}{f8}$、$\frac{H9}{f9}$	用于一般转速的动配合,当温度影响不大时,广泛应用于普通润滑油润滑的支撑处
	很小间隙和零间隙	$\left(\frac{H7}{g6}\right)$、$\frac{H8}{g7}$	用于精密滑动零件或缓慢间隙回转零件的配合
		$\left(\frac{H6}{g6}\right)$、$\frac{H6}{h5}$、$\left(\frac{H7}{h6}\right)$、 $\left(\frac{H8}{h7}\right)$、$\frac{H8}{h8}$、$\left(\frac{H9}{h9}\right)$、 $\frac{H10}{h10}$、$\left(\frac{H11}{h11}\right)$、$\frac{H12}{h12}$	用于不同精度要求的一般定位件的配合和缓慢移动与摆动零件的配合

续表 2-5

配合类别	配合特征	配合代号	应用
过渡配合	绝大部分有微小间隙	$\frac{H6}{js5}$、$\frac{H7}{js6}$、$\frac{H8}{js7}$	用于易于装拆的定位配合或加紧固件后可传递一定静载荷的配合
	大部分有微小间隙	$\frac{H6}{k5}$、$\left(\frac{H7}{k6}\right)$、$\frac{H8}{k7}$	用于稍有振动的定位配合,加紧固件可传递一定载荷,装拆方便,可用木槌敲入
	大部分有微小过盈	$\frac{H6}{m5}$、$\frac{H7}{m6}$、$\frac{H8}{m7}$	用于定位精度较高且能抗振的定位配合,加键可传递较大载荷,可用铜锤敲入或小压力压入
	绝大部分有微小过盈	$\left(\frac{H7}{n6}\right)$、$\frac{H8}{n7}$	用于精度定位或紧密组合件的配合,加键能传递较大力矩或冲击载荷,只在大修时拆卸
	绝大部分有较小过盈	$\frac{H8}{p7}$	加键能传递很大力矩,且承受振动和冲击的配合。装配后不再拆卸
过盈配合	轻型	$\frac{H6}{n5}$、$\frac{H6}{p5}$、$\left(\frac{H7}{p6}\right)$、$\frac{H6}{r5}$、$\frac{H7}{r6}$	用于精确的定位配合,一般不能靠过盈传递力矩,要传递力矩尚需加紧固件
	中型	$\frac{H6}{s5}$、$\left(\frac{H6}{s6}\right)$、$\frac{H8}{s7}$、$\frac{H6}{t5}$、$\frac{H7}{t6}$、$\frac{H8}{t7}$	不需加紧固件就可传递较小力矩和轴向力,加紧固件后可承受较大载荷或动载荷的配合
	重型	$\left(\frac{H7}{u6}\right)$、$\frac{H8}{u7}$、$\frac{H7}{v6}$	不需加紧固件就可传递和承受大的力矩和动载荷的配合,要求零件材料有高强度
	特重型	$\frac{H7}{x6}$、$\frac{H7}{y5}$、$\frac{H7}{z6}$	能传递与承受很大力矩和动载荷配合,须经试验后方可应用

注:括号内的配合为优先配合。国家标准规定的 44 种基轴制配合的应用于本表中的同名配合相同。

选择配合类型时还应考虑以下几方面。

(一)载荷的大小

载荷过大,需要过盈配合的过盈量增大;对于间隙配合,要求减小间隙;对于过渡配合,要选用过盈概率大的过渡配合。

(二)配合的装拆

经常需要装拆的配合比不常装拆的配合要松,有时零件虽然不常装拆,但受结构限制,装配困难的配合,也要选择较松的配合。

(三)配合件的长度

若部位结合面较长,由于受形位误差的影响,实际形成的配合比结合面短的配合要紧,因此在选择配合时应适当减小过盈或增大间隙。

(四)配合件的材料

当配合件中有一件是铜或铝等塑性材料时,考虑到它们容易变形,选择配合时可适当增大过盈或减小间隙。

(五)温度的影响

当装配温度与工作温度相差较大时,要考虑热变形对配合的影响。

（六）工作条件

工作情况对过盈或间隙的影响见表 2-6。

表 2-6　工作情况对过盈或间隙的影响

具体情况	过盈增或减	间隙增或减
材料强度低	减	—
经常装拆	减	—
有冲击载荷	增	减
工作时孔温高于轴温	增	减
工作时轴温高于孔温	减	增
配合长度增大	减	增
配合面形状和位置误差增大	减	增
装配时可能歪斜	减	增
旋转速度增高	增	增
有轴向运动	—	增
润滑油黏度增大	—	增
表面趋向粗糙	增	减
单件生产相对于成批生产	减	增

任务三　《一般公差 未注公差的线性和角度尺寸的公差》(GB/T 1804—2000)

一般公差是指在车间一般加工条件下可以保证的公差，是机床设备在正常维护和操作情况下，能达到的经济加工精度。《一般公差 未注公差的线性和角度尺寸的公差》(GB/T 1804—2000)采用了国际标准中的有关部分，替代了《一般公差 线性尺寸的未注公差》(GB 1804—1992)。

GB/T 1804—2000 规定了线性尺寸的一般公差等级和极限偏差。一般公差等级分为四级，它们分别是精密级 f、中等级 m、粗糙级 c、最粗级 v。极限偏差全部采用对称偏差值，对适用尺寸也采用了较大的分段，线性尺寸的极限偏差数值见表 2-7。f、m、c、v 四个等级分别相当于 IT12、IT14、IT16、IT17。倒圆半径与倒角高度尺寸的极限偏差数值见表 2-8。

表 2-7　线性尺寸的极限偏差数值　　单位：mm

公差等级	公称尺寸分段							
	0.5~3	>3~6	>6~30	>3~120	>120~400	>400~1 000	>1 000~2 000	>2 000~4 000
f(精密级)	±0.05	±0.05	±0.1	±0.15	±0.2	±0.3	±0.5	—
m(中等级)	±0.1	±0.1	±0.2	±0.3	±0.5	±0.8	±1.2	±2
c(粗糙级)	±0.2	±0.3	±0.5	±0.8	±1.2	±2	±3	±4
v(最粗级)	—	±0.5	±0.1	±1.5	±2.5	±4	±6	±8

表 2-8　倒圆半径与倒角高度尺寸的极限偏差数值(GB/T 1804—2000)　　单位:mm

公差等级	公称尺寸分段			
	0.5~3	>3~6	>6~30	>30
f(精密级)	±0.2	±0.5	±1	±2
m(中等级)	±0.2	±0.5	±1	±2
c(粗糙级)	±0.4	±1	±2	±4
v(最粗级)	±0.4	±1	±2	±4

线性尺寸一般公差主要用于较低精度的非配合尺寸。采用一般公差的尺寸,该尺寸后不标注极限偏差。只有当要素的功能允许一个比一般公差更大的公差,且采用该公差比一般公差更为经济时,其相应的极限偏差要在尺寸后注出。

采用 GB/T 1804—2000 规定的一般公差,在图样、技术文件中用该标准号和公差等级符号表示。例如,当选用中等级 m 时,可在技术要求中标注 GB/T 1804—m。

一般公差的线性尺寸是在车间加工精度保证的情况下加工出来的,可以不用检验其公差。

任务四　内孔精度的检测

一、百分表

百分表是一种较高精度的比较量具,它只能测出相对数值,不能测出绝对数值,主要用于测量形状和位置误差,也可用于机床上安装工件时的精密找正。百分表的读数准确度为 0.01 mm。百分表的结构如图 2-8 所示。当测量杆向上或向下移动 1 mm 时,通过内部齿轮传动系统带动大指针转一圈,小指针(转数指示针)转一格。刻度盘在圆周上有 100 个等分格,每格的读数值为 0.01 mm。小指针每格读数为 1 mm。测量时指针读数的变动量即为尺寸变化量。刻度盘可以转动,以便测量时大指针对准零刻线。测量范围(测量杆的最大移动量)有 0~3 mm、0~5 mm、0~10 mm 三种。

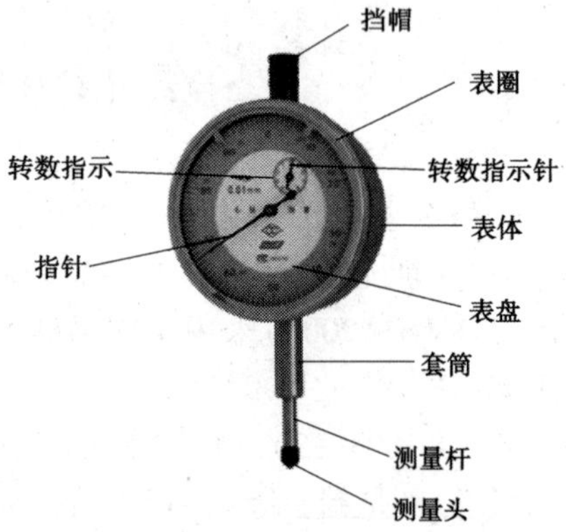

图 2-8　百分表的结构

二、内径百分表

内径百分表是广泛应用于机械加工行业测量内孔尺寸的较高精度的量具。内径百分表的结构如图 2-9 所示,内径百分表的测头部分如图 2-10 所示,活动测头的移动量很小,它的测量范围是由更换或调整可换测头的长度达到的。因此,每个内径百分表都附有成套的可换测头。国产内径百分表的精确度为 0.01 mm,测量范围有 10~18 mm、18~35 mm、35～50 mm、50～100 mm、100～160 mm、160～250 mm、250～450 mm。

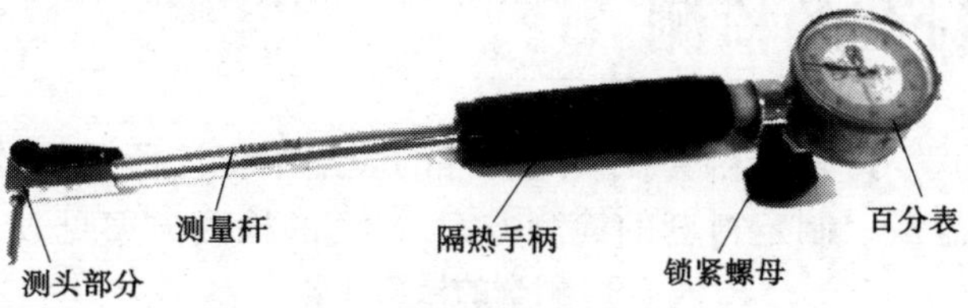

图 2-9　内径百分表的结构

用内径百分表测量孔径的步骤如下。

(一) 预调整

(1)将百分表装入测量杆内,预压缩 1 mm 左右(百分表的小指针指在 1 的附近)后锁紧。

(2)根据被测零件公称尺寸选择适当的可换测头装入测量杆的头部,用专用扳手扳紧锁紧螺母。此时应特别注意,可换测头与活动测头之间的长度须大于被测尺寸 0.8～1 mm,以便测量时活动测头能在公称尺寸的正、负一定范围内自由运动。

图 2-10　内径百分表的测头部分

(二) 对零位

因内径百分表是使用相对测量法测量的器具,故在使用前必须用其他量具根据被测件的公称尺寸校对内径百分表的零位。

用外径千分尺校对零位:按被测零件的公称尺寸选择适当测量范围的外径千分尺,将外径千分尺的数值设置成被测零件的基本尺寸值,内径百分表的两测头分别放在外径千分尺两测砧之间来校对零位。

(三) 测量

手握内径百分表的隔热手柄,先将内径百分表的活动测头和定位护桥轻轻压入被测孔径中,然后将可换测头放入。当测头部分达到指定的测量部位时,将表微微在轴向截面内摆动,读出指示表最小读数,即为该测量点孔径的实际偏差。

三、塞规

光滑塞规是用来测量工件内孔尺寸的精密量具,如图 2-11 所示。塞规一般是成对使用的,其中一端是通规,另一端是止规。

图 2-11　光滑塞规

通规根据孔的最小极限尺寸确定,止规根据孔的最大极限尺寸确定。塞规只能判断零件的合格与否,不能确定零件的具体尺寸。

任务五　衬套的检测

通过资讯内容的学习，解释衬套在其配合件的装配中标注所采用的基准制、配合的性质，计算出间隙或过盈量。制定衬套的检测方案，衬套的检测方案见表 2-9。

表 2-9　衬套的检测方案

衬套参数	内孔 $\phi\ 30^{+0.025}_{0}$、$\phi\ 38^{+0.025}_{0}$，配合 ϕ 38H7/f7、ϕ 34H7/f7
计量器、辅助装置及其规格	根据被测零件的精度等级确定测量工具
调整校对的计量器具	自定
测量部位、测量次数	自定
测量数据的处理方式	自定
所测参数合格性的判断依据	各参数公差或极限偏差
检测场地	理实一体化教室

任务实施

(1) 在理实一体化教室，以班级为单位分成若干小组，每小组单独检测。通过查看计量器具的使用手册和教师示范，完成检测任务并填写检测报告单，衬套检测报告见表 2-10。

表 2-10　衬套检测报告

被测件名称			
检测项目	图纸要求	使用器具规格	实测结果
内径			
合格性判断(自检结果)			

(2) 评价。同学们检测结束后，首先检查一下检测方案，针对检测零件是单件还是批量，来选择百分表、内径百分表或塞规；检查检测报告单所要求的检查项目是否都已经完成检测；内径百分表在调零时小表盘的指针有没有指在 1~2 mm；检查根据检测数据对零件的合格性的判断是否正确等，如发现有不合理的请予以改正。具体评价结果请填写在表 2-11 中。

表 2-11　衬套检测结果评价

<table>
<tr><td>学习内容</td><td colspan="2"></td><td>班级</td><td></td><td>姓名</td><td></td><td>学号</td><td></td></tr>
<tr><td rowspan="5">教师评价</td><td>1</td><td>基础知识技能水平评价</td><td colspan="6"></td></tr>
<tr><td>2</td><td>检测方案评价</td><td colspan="6"></td></tr>
<tr><td>3</td><td>检测工具操作水平评价</td><td colspan="6"></td></tr>
<tr><td rowspan="2">4</td><td>检测数据评价</td><td colspan="2">检测数据与尺寸真值有小于10%的偏差</td><td colspan="2">检测数据与尺寸真值有大于10%且小于20%的偏差</td><td colspan="2">检测数据与尺寸真值有大于20%的偏差</td></tr>
<tr><td>评价等级</td><td colspan="2">A</td><td colspan="2">B</td><td colspan="2">C</td></tr>
<tr><td>对自己不足和进步的认识</td><td colspan="8"></td></tr>
<tr><td>同学的综合评价和建议</td><td colspan="8"></td></tr>
<tr><td>综合评定意见</td><td colspan="8"></td></tr>
</table>

习　题

一、判断题

1. 配合公差的数值愈小，则相互配合的孔、轴公差等级愈高。(　　)

2. 键为标准件，故与键配合的轴槽和轮毂槽按基轴制加工。(　　)

3. 在孔与轴的配合中，常用间隙配合或过渡配合并在结构上做些改变(如加入销、键等联接件)来代替过盈配合，从而达到传递扭矩和便于使用中常装拆目的。(　　)

4. 平均间隙大于零的某一配合，在该配合中不可能出现具有过盈的配合。(　　)

5. 配合公差总是大于孔或轴的尺寸公差。(　　)

6. 未注公差尺寸小即对该尺寸无公差要求。(　　)

7. 配合的松紧程度取决于标准公差。(　　)

二、多选题

1. 下列配合中是间隙配合的有(　　)。

A. ϕ 30H7/g6　　B. ϕ 30H8/f7　　C. ϕ 30H8/m7　　D. ϕ 30H7/t6

2. 正确的论述有(　　)。

A. ϕ 20g8 比 ϕ 20h7 的精度高

B. $\phi 50^{+0.013}_{0}$ 比 $\phi 25^{+0.013}_{0}$ 精度高

C. 国家标准规定不允许孔、轴公差带组成非基准制配合

D. 零件的尺寸精度高,则其配合间隙小

3. 下列配合零件应优先选用基孔制的有(　　)。

A. 滚动轴承内圈与轴配合

B. 同一轴与多孔配合,且有不同的配合性质

C. 滚动轴承外圈与外壳孔的配合

D. 轴为冷圆钢,不需再加工

4. 以下各种情况中,应选用间隙配合的有(　　)。

A. 要求定位精度高　　B. 工作时无相对运动

C. 不可拆卸　　D. 转动、移动或复合运动

5. 下列配合零件,应选用过盈配合的有(　　)。

A. 需要传递足够大的转矩　　B. 不可拆连接

C. 有轴向运动　　D. 要求定心且常拆卸

三、计算题

1. 设有一配合,公称尺寸为 $\phi 25$ mm,按设计要求,配合过盈为−0.014～−0.048 mm,试确定孔、轴的公差等级,按基孔制选定适当的配合,并绘出公差带图。

2. 有一孔、轴配合的公称尺寸为 $\phi 50$ mm,要求配合间隙为+0.025～+0.089 mm,试用计算法确定此配合的孔、轴公差带和配合代号。

项目三　几何公差识图与检测

【知识目标】

1. 掌握几何公差项目名称及对应符号。
2. 掌握几何公差代号和基准符号的标注方法。
3. 理解各几何公差项目的含义及公差带形状。
4. 掌握各几何公差的检测方法。

【能力目标】

1. 能够正确读出图纸上的几何公差代号的含义。
2. 能够在图纸上正确标出几何公差项目。
3. 能够根据零件图的几何公差要求，选择合适的计量器具并进行几何公差检测。

任务描述

如图 3-1 所示为某阶梯轴的零件图，通过识读零件图，解释图中标注的▼A、|⌭|0.008|、|◎|φ0.05|A|、|⊥|0.05|A|几何公差项目及符号含义，解释公差带形状，确定几何公差检测方案，并进行检测。

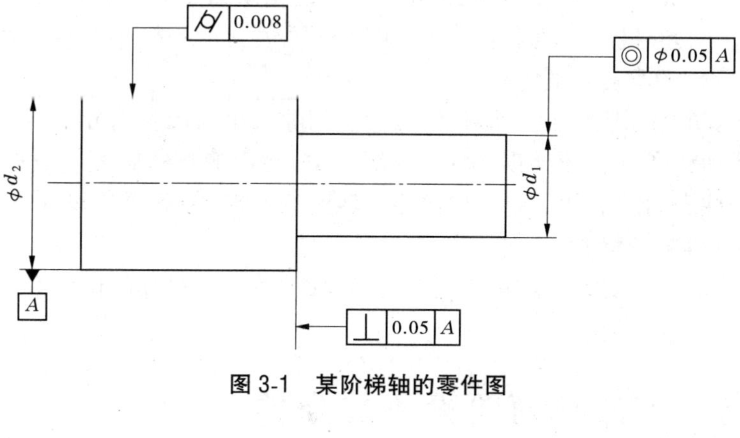

图 3-1　某阶梯轴的零件图

知识准备

任务一　几何误差

一、概述

加工后的零件不仅有尺寸误差，而且构成零件几何特征的点、线、面的实际形状或相互位置，与理想几何体规定的形状和相互位置不可避免地存在差异，这种形状上的差异就是形状误差;而相互位置的差异就是位置误差,统称为几何(形位)误差。

几何误差不仅影响该零件的互换性,而且影响整个产品的质量,使产品的寿命降低,因此必须对零件予以合理地限制,即规定几何公差。如图 3-2(a)所示的阶梯轴零件图,加工后可能产生如图 3-2(b)所示的误差。

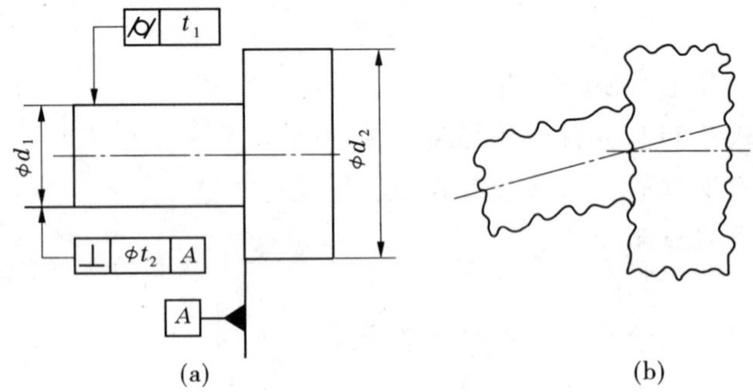

图 3-2　阶梯轴

(1) ϕd_1 轴的圆柱面不圆,并出现倾斜(圆柱度误差)。

(2) ϕd_1 轴轴线与 ϕd_2 轴的右端面不垂直(垂直度误差)。

二、几何误差对零件使用性能的影响

(一)影响零件的功能要求

机床导轨应为直线,否则会影响运动精度;变速箱中齿轮轴线应平行,否则接触不良降低承载能力。例如,机床导轨表面的直线度和平面度会影响机床刀架的运动精度。

(二)影响零件的配合性质

在有相对运动的间隙配合中,形状误差会使间隙大小沿结合面分布不均,造成局部磨损加剧,降低运动精度,缩短使用寿命;过盈配合中,会影响连接强度。例如,圆柱结合的间隙配合中,圆柱表面的形状误差会加快相对转动的磨损,降低寿命和运动精度。

(三)影响零件的互换性

轴孔结合几何误差太大会影响装配。例如,轴承盖上螺钉孔的位置不正确,用螺钉紧固机座时会影响其自由装配。

任务二　零件几何要素及其分类

任何零件都是由点、线、面组合而成的,这些构成零件几何特征的点、线、面统称为几何要素,如图 3-3 所示。

几何要素的分类有以下几种。

一、按存在的状态分类

(1)理想要素。是设计时给定的图纸上的要素。

(2)实际要素。是加工后实际零件上的几何要素,在测量时由测得的要素代替。

二、按所处地位分类

(1)被测要素。是给出形位公差要求的要素。

(2)基准要素。是用来确定被测要素方向、位置的要素,即作为参照物的要素。

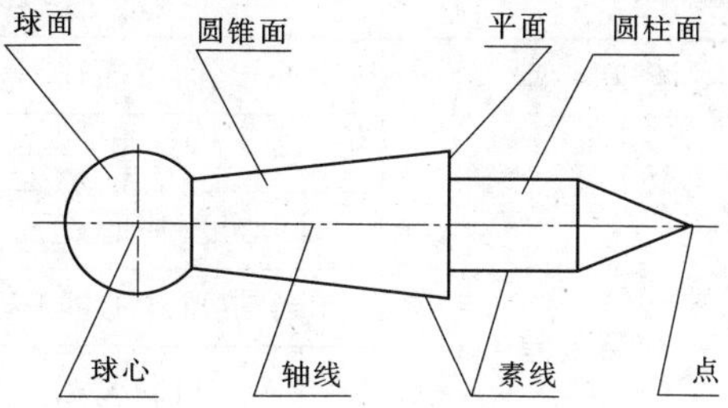

图 3-3 零件的几何要素

三、按结构特征分类

(1)组成要素(轮廓要素)。是构成零件轮廓的点、线、面的要素。

(2)导出要素(中心要索)。是由一个或几个组成要素得到的中心点、中心线或中心面。

四、按功能关系分类

(1)单一要素。是只有形状要求的要素,即与其他要素无关的几何要素。

(2)关联要素。是只有位置要求的要素,与参考要素(基准要素)相关联,必须满足相互的位置关系。

任务三 几何公差特征项目及符号

几何公差的几何特征、符号见表 3-1。

表 3-1 几何公差的几何特征、符号(GB/T 1182—2018)

公差类型	几何特征	符号	基准
形状公差	直线度	—	无
	平面度	▱	无
	圆度	○	无
	圆柱度	⌭	无
	线轮廓度	⌒	无
	面轮廓度	⌓	无
方向公差	平行度	//	有
	垂直度	⊥	有
	倾斜度	∠	有
	线轮廓度	⌒	有
	面轮廓度	⌓	有

续表 3-1

公差类型	几何特征	符号	基准
位置公差	位置度	⌖	有或无
	同心度(中心点)	◎	有
	同轴度(中心线)	◎	有
	对称度	⌯	有
	线轮廓度	⌒	有
	面轮廓度	⌓	有
跳动公差	圆跳动	↗	有
	全跳动	⌰	有

任务四　几何公差的标注方法

按几何公差国家标准的规定，在图样上标注几何(形位)公差时，一般采用代号标注。无法采用代号标注时，允许在技术条件中用文字加以说明。几何公差项目的符号、框格、指引线、公差数值、基准符号及其他有关符号构成了几何公差的代号。

一、几何公差框格与指引线

几何(形位)公差框格由 2~5 格组成。形状公差框格一般为两格，方向、位置、跳动公差框格为 2~5 格，如图 3-4 所示。第 1 格填写几何(形位)公差项目符号，第 2 格填写公差值和有关符号，第 3、4、5 格填写代表基准的字母和有关符号。

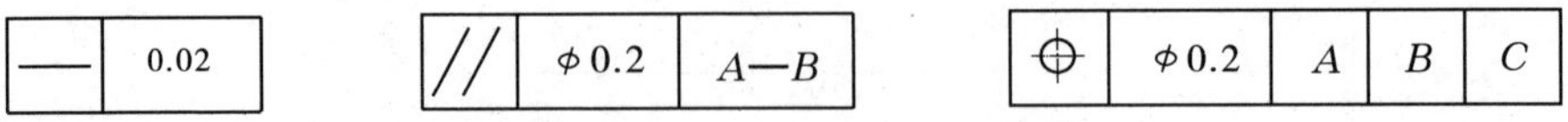

图 3-4　几何公差框格

公差框格中填写的公差值必须以 mm 为单位，当公差带形状为圆(圆柱)或球形时，应分别在公差值前面加注“φ”和“Sφ”。

标注时，指引线可由公差框格的一端引出，并与框格端线垂直，为了制图方便，也允许自框格的侧边引出，如图 3-5 所示。指引线箭头指向被测要素，箭头的方向是公差带宽度方向或直径方向，如图 3-6 所示。指引线可以曲折，但一般不超过两次。

二、被测要素

当被测要素为组成要素(轮廓要素)时，公差框格指引线箭头应指在轮廓线或其延长线上，并应与尺寸线明显地错开；当被测要素为导出要素(中心要素)时，指引线箭头应与该要素的尺寸线对齐或直接标注在轴线上，如图 3-7 所示。

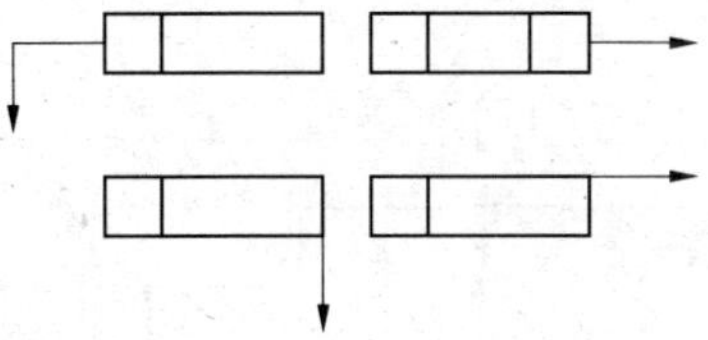

图 3-5　指引线与公差框格

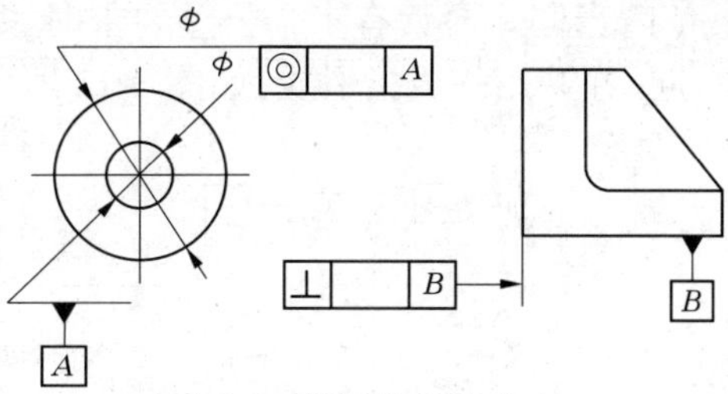

图 3-6　指引线箭头方向

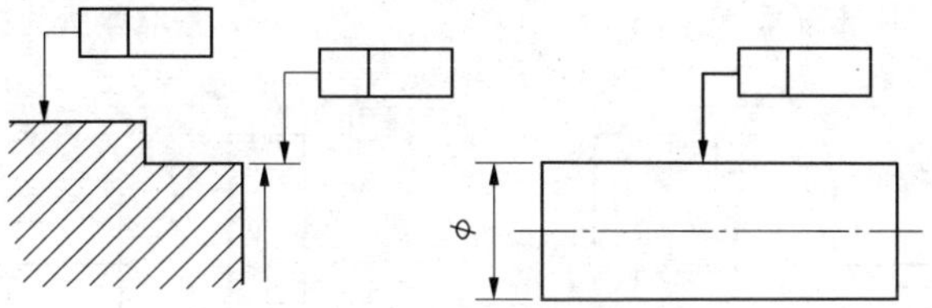

(a)被测要素为轮廓要素

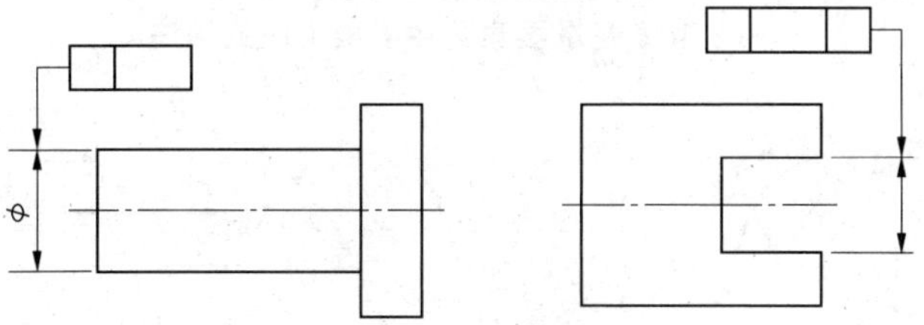

(b)被测要素为中心要素

图 3-7　指引线箭头指向被测要素位置

三、基准要素

对关联位置要素的公差必须注明基准，基准符号如图 3-8 所示。基准符号由一个标注在基准框格内的大写字母，用细实线与一个涂黑(或空白)的三角形相连而组成，框格内字母与公差框格中的基准字母对应。基准在公差框格中的顺序是固定的，框格第 3 格填写第一基准代号，之后依次填写第二、第三基准代号。当两个要素组成公共基准时，用横线隔开两个大写字母，并将其标在第 3 格内，如图 3-3 所示。

代表基准的字母采用大写英文字母，为避免混淆，标准规定不采用 E、I、J、M、0、P、L、R、F 等字母，且无论基准符号在图样上的方向如何，框格内的字母要水平书写，如图 3-6 所示。图中方框与字母的组合代号为 lSO1101 标准中的基准符号。

与被测要素的公差框格指引线位置同理，当基准要素为轮廓要素时，基准符号应在轮廓线或其延长线上，并应与尺寸线明显地错开，如图 3-9 所示；当基准要素为中心要素时，基准符号一定要与该要素的尺寸线对齐，如图 3-10 所示。

若基准要素或被测要素为视图上的局部表面，可将基准符号(公差框格)标注在带圆点的参考线上，圆点标于基准面(被测面)上，如图 3-11 所示。

四、几何公差的简化标注

在不影响读图或引起误解的前提下，可采用简化标注方法。

(1)当同一要素有多个公差要求时,只要被测部位和标注表达方法相同,可将框格画在一起,并共用一根指引线,如图 3-12 所示。

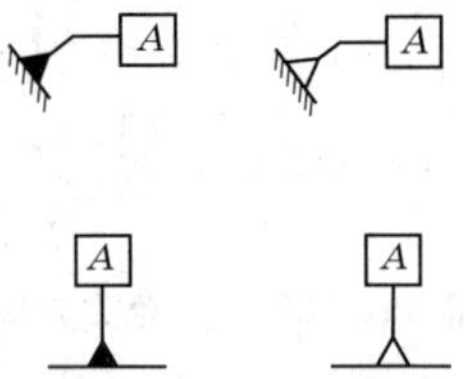

图 3-8 基准符号

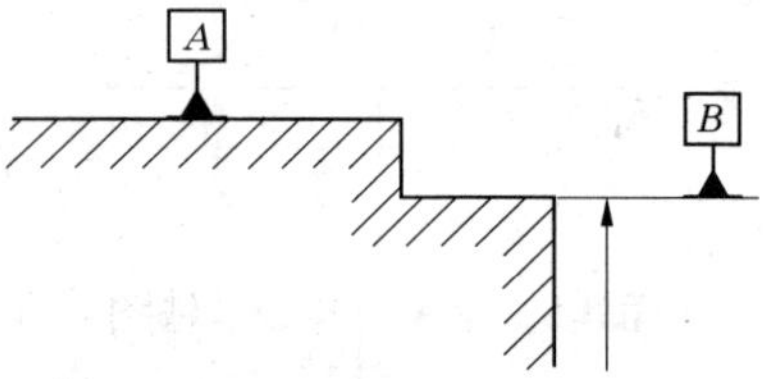

图 3-9 基准要素为轮廓要素时的标注

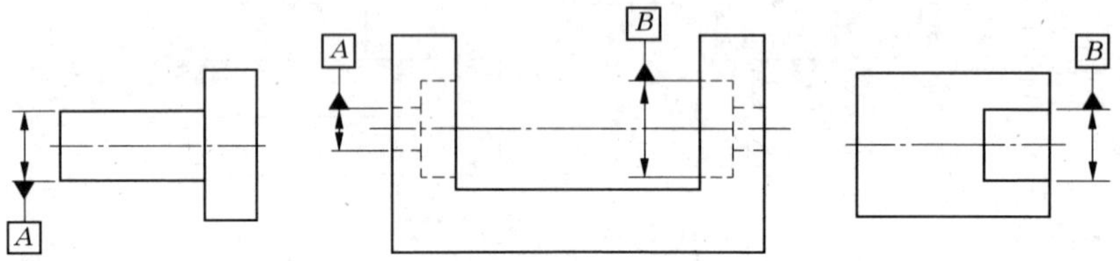

图 3-10 基准要素为中心要素时的标注

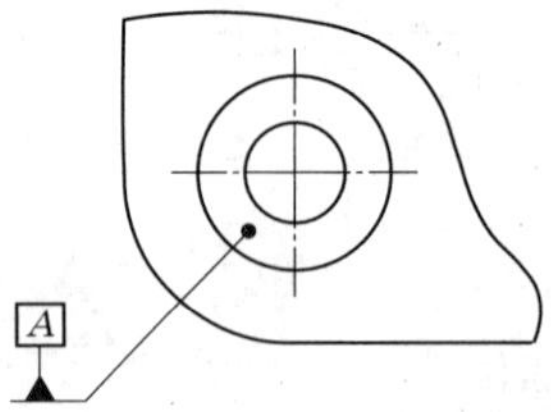

图 3-11 局部表面基准标注

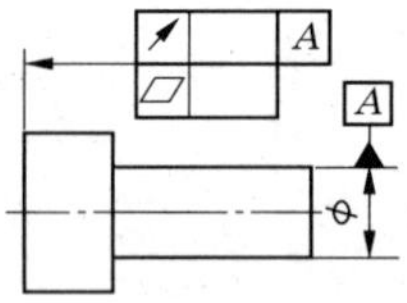

图 3-12 多个公差要求作用同一要素的简化标注

(2)一个公差框格可以用于具有相同几何特征和公差值的若干个分离要素,如图 3-13 所示。

(3)当结构尺寸相同的几个要素有相同的形位公差要求时,可只对其中的一个要素标注出,并在框格上方标明。如 8 个要素,则注明“8×”或“8 槽”等,如图 3-14 所示。

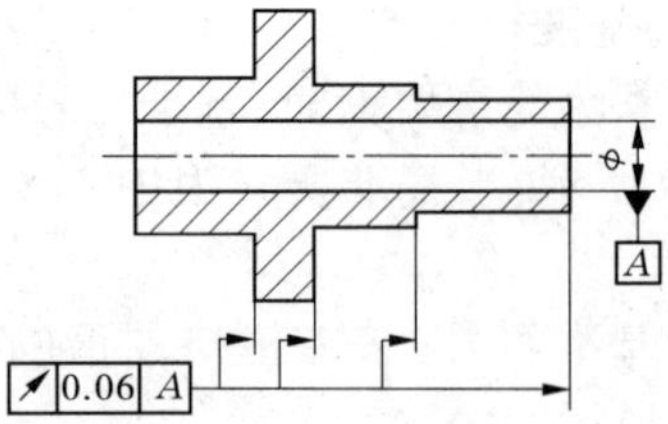

图 3-13 多个要素同一公差要求的简化标注

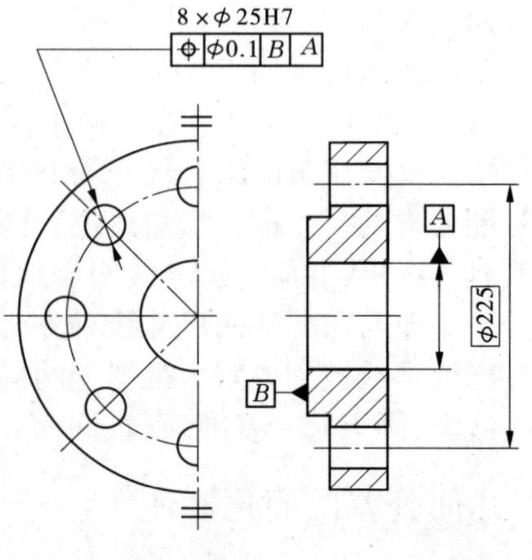

图 3-14 相同要素同一公差要求的简化标注

任务五　几何公差及几何公差带

一、几何公差与几何公差带

(一) 几何公差

几何公差是实际被测要素对图样上给定的理想形状、理想位置的允许变动量，包括形状公差和位置公差。形状公差是指实际单一要素的形状所允许的变动量，位置公差是指实际关联要素相对于基准的位置所允许的变动量。

(二) 几何公差带

几何公差带是限制被测实际要素变动的区域，该区域大小是由形位公差值确定的。只要被测实际要素被包含在公差带内，就表明被测要素合格，符合设计要求。几何公差带体现了被测要素的设计要求，也是加工和检验的根据。尺寸公差带是由代表上、下极限偏差的两条直线所限定的区域，没有形状、位置的要求。几何公差带控制的不是两点之间的距离，而是点（平面、空间）、线（素线、轴线、曲线）、面（平面、曲面）、圆（平面、空间、整体圆柱）等区域，所以它有形状、大小、方向、位置 4 个要素的要求。

1. 形状

几何公差带的形状随实际被测要素的结构特征、所处的空间及要求控制方向的差异而有所不同，几何公差带的形状有图 3-15 所示的几种。

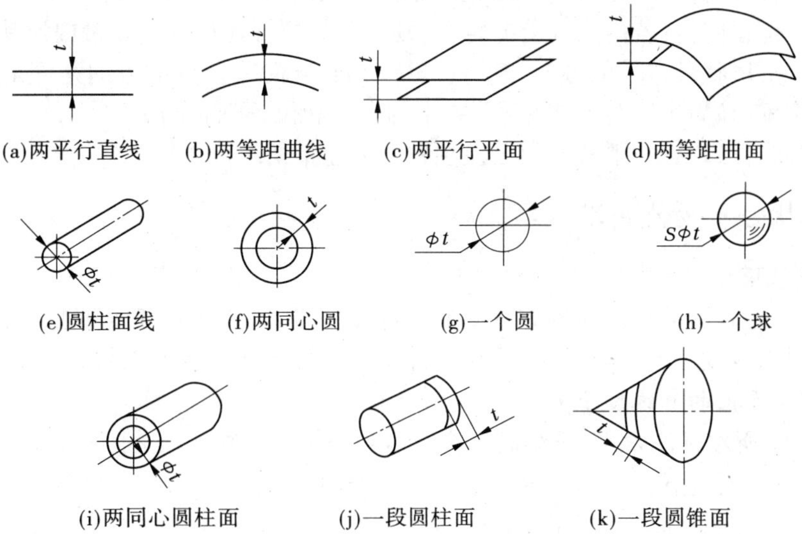

图 3-15　几何公差带的形状

2. 大小

几何公差带的大小用公差带的宽度或直径（图样上几何公差框格内给出的公差值）表示，公差值均以 mm 为单位，它表示了形位精度要求的高低。

若公差值以宽度表示，则在公差值数字 t 前不加符号。若公差带为一个圆（圆柱）或一个球，则在公差值数字 t 前加注 ϕ 或 $S\ \phi$（公差值以直径表示）。

3. 方向

几何公差带的方向是指形位误差的检测方向。

方向、位置、跳动公差带的方向,理论上就是图样上公差框格指引线箭头所指示的方向。形状公差带的方向除与公差框格指引线箭头所指示的方向有关外,还与被测要素的实际状态有关。如图 3-16 中平面度公差带和平行度公差带,指引线的方向都是一样的,但是公差带的方向却不一定相同。

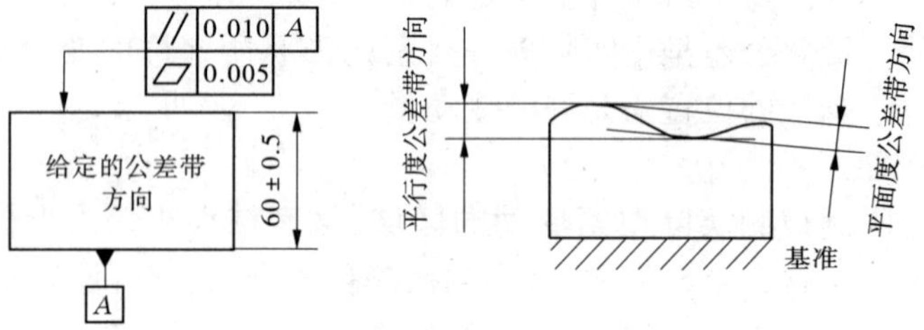

图 3-16　几何公差带的方向

4. 位置

几何公差带的位置分为两种情况:浮动和固定。形位公差带的位置可以随被测要素的变动而变动,没有对其他要素保持一定几何关系的要求,这时公差带的位置是浮动的;若形位公差带位置必须和基准保持一定的几何关系,不随被测要素的变动而变动,则称公差带的位置是固定的。

判断几何公差带是固定或浮动的方法是:如果公差带与基准之间由理论正确尺寸定位,则公差带位置固定;若由尺寸公差定位,则公差带位置在尺寸公差带内浮动。

一般来说,形状公差带的方向和位置是浮动的;方向公差带的方向是固定的,而位置是浮动的;位置(位置度除外)和跳动公差带的方向和位置都是固定的。

请同学们自己查找一下各几何公差项目的公差带情况。

二、形状公差及公差带

(一)直线度(—)

直线度公差是实际直线对理想直线的允许变动量,限制了加工面或线在某个方向上的偏差,如果直线度超差,有可能导致该工件安装时无法准确装入工艺文件规定的位置。

1. 给定平面内的直线度公差

如图 3-17 所示标注含义:被测表面投影后为一接近直线的"波浪线",见图 3-17(b),该"波浪线"的变化范围应该在距离为公差值 t(t=0. 1)的两平行直线之间。

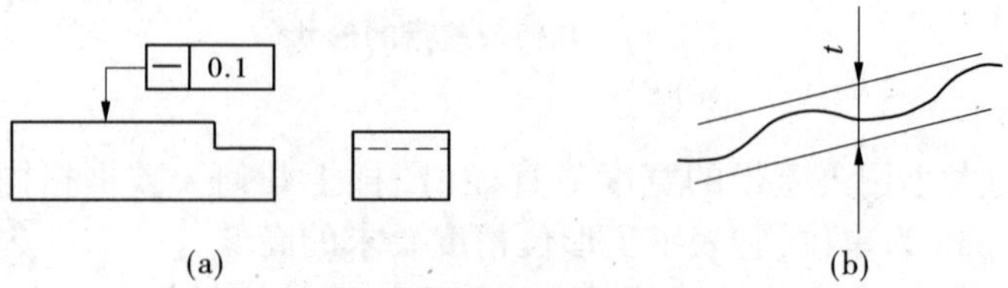

图 3-17　给定平面内的直线度公差带

2. 给定方向上的直线度公差

给定方向上的直线度公差是距离为 t 的两平行平面之间的区域，如图 3-18 所示。

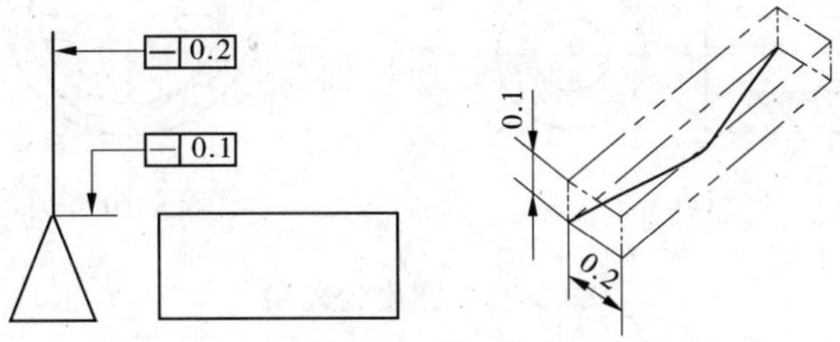

图 3-18　给定方向上的直线度公差带

3. 任意方向上的直线度公差

任意方向上的直线度公差带是直径为公差值 t 的圆柱面内的区域，如图 3-19 所示。

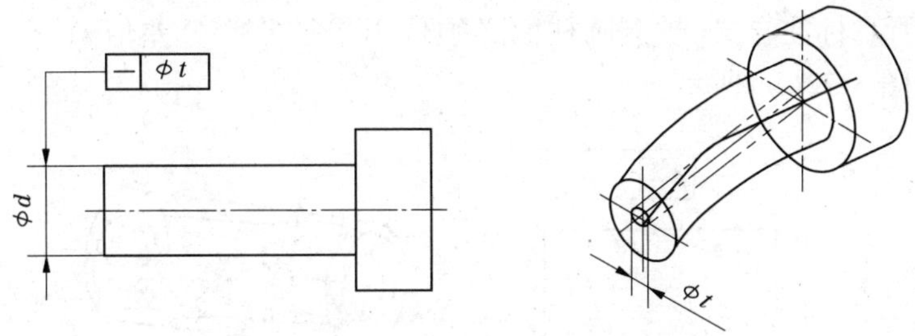

图 3-19　任意方向上的直线度公差带

（二）平面度（▱）

平面度表示面的平整程度，指测量平面具有的宏观凹凸高度相对理想平面的偏差，一般来讲，有平面度要求的就不必有直线度要求了，因为平面度包括了面上各个方向的直线度。

如图 3-20 所示标注含义：被测加工表面必须位于距离为公差值 t（$t=0.01$）的两平行平面内，如图 3-20（b）所示区域。

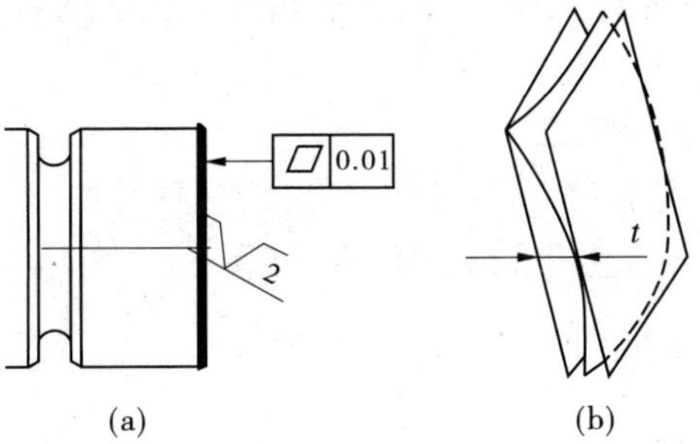

图 3-20　平面度公差带

（三）圆度（○）

圆度，是指工件横截面接近理论圆的程度，工件加工后的投影圆应在圆度要求的公差范围之内。

如图 3-21 所示标注含义：被测圆柱面的任意截面的圆周必须位于半径差为公差值 t（$t=0.025$）的两同心圆之内，如图 3-21（b）所示区域。

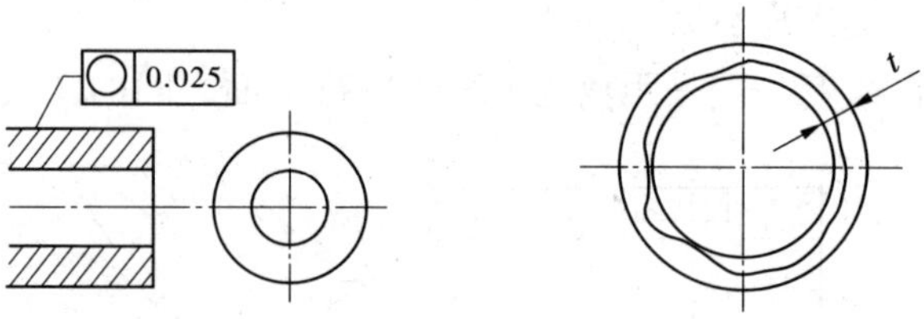

(a)　　(b)

图 3-21　圆度公差带

(四)圆柱度(⌭)

圆柱度,是指工件圆柱表面所有垂直截面中最大尺寸与最小尺寸之差,限制了被测圆柱面的形状误差,是圆柱的实际形状相对理想形状的最大允许变动量。

如图 3-22 所示标注含义:被测圆柱面必须位于半径差为公差值 t($t=0.1$)的两同轴圆柱面之间,如图 3-22(b)所示。

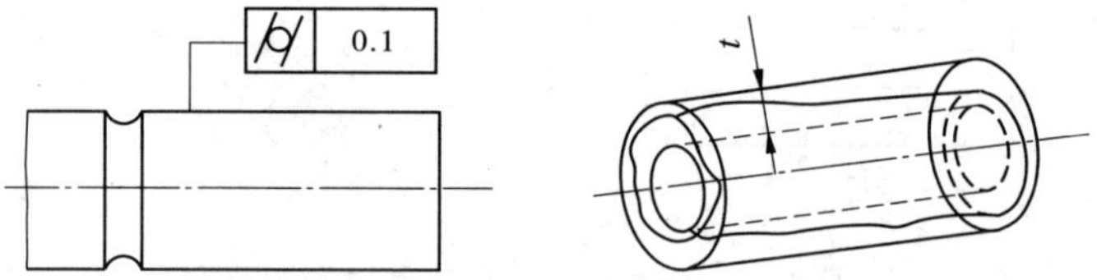

(a)　　(b)

图 3-22　圆柱度公差带

圆柱度和圆度的区别:圆柱度是相对于整个圆柱面而言的,圆度是相对于圆柱面截面的单个圆而言的,圆柱度包括圆度,控制好了圆柱度也就能保证圆度,但反过来不行。

圆柱度和圆度的作用:柴油机的结构中有多处规定了圆柱度和圆度,如发动机的活塞环,控制好活塞环的圆度可保证其密封性,而活塞的圆柱度则对于其在缸套中上下运动的顺畅性至关重要。

(五)线(面)轮廓度(⌒和⌓)

线(面)轮廓度公差带是包络一系列直径为公差值的圆(球)的两包络线(面)之间的区域,所有圆的圆心应位于理想轮廓线(面)上,如图 3-23 所示。

三、位置公差及公差带

(一)定向公差及公差带

1. 平行度(//)

(1)面对面的平行度公差。面对面的平行度公差带是距离为公差值 t,且平行于两基准平面的两平行平面间的区域,如图 3-24 所示。

(2)线对面的平行度公差。线对面的平行度公差带是距离为公差值 t,且平行于基准平面的两平行平面间的区域,如图 3-25 所示。

(3)面对线的平行度公差。面对线的平行度公差带是距离为公差值 t,且平行于基准

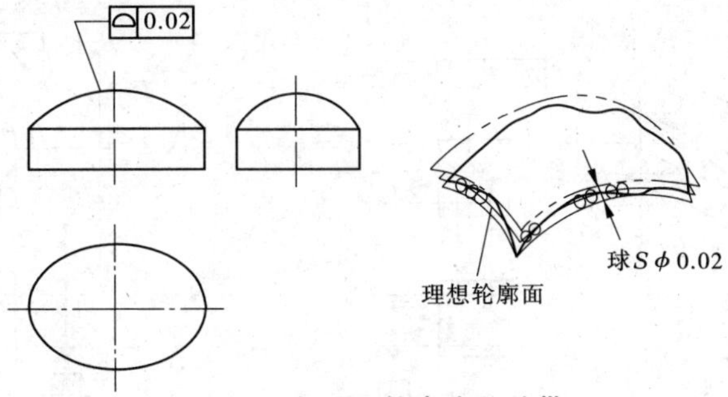

图 3-23 线(面)轮廓度公差带

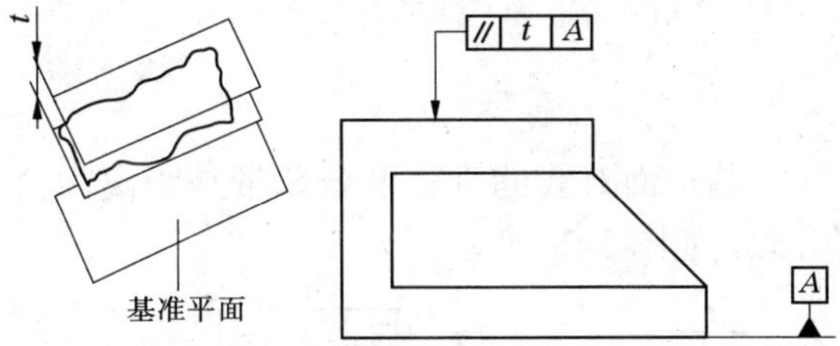

图 3-24 面对面的平行度公差带

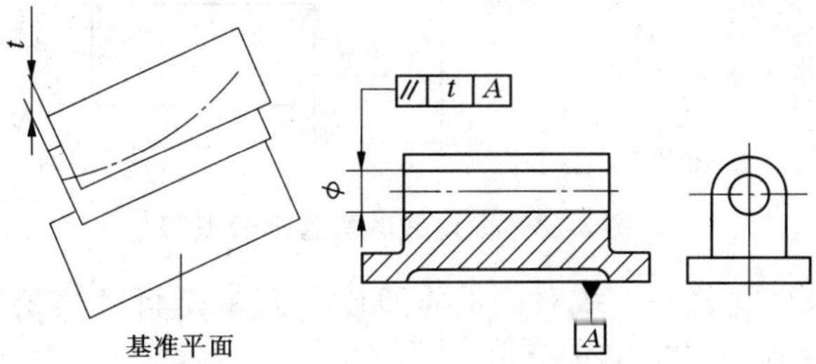

图 3-25 线对面的平行度公差带

轴线的两平行平面间的区域,如图 3-26 所示。

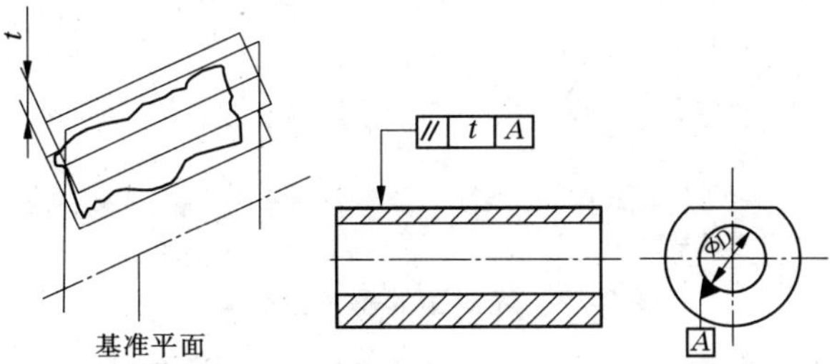

图 3-26 面对线的平行度公差带

(4)线对线的平行度公差。线对线的平行度公差带是距离为公差值 t,且平行于基准轴线,并位于给定方向上的两平行平面间的区域,如图 3-27 所示。

平行度,指两平面或者两直线平行的程度,即其中一平面(边)相对于另一平面(边)平行的误差最大允许值。

标注释义:被测轴线必须位于距离为公差值 t($t=0.1$),且在给定方向上平行于基准

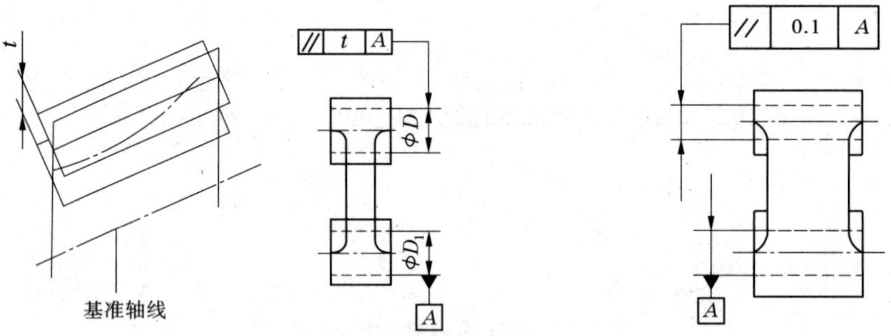

图 3-27　线对线的平行度公差带

轴线的两平行平面之间。

2. 垂直度(⊥)

(1)面对线的垂直度公差。面对线的垂直度公差带是距离为公差值 t,且垂直于基准轴线的两平行平面间的区域,如图 3-28 所示。

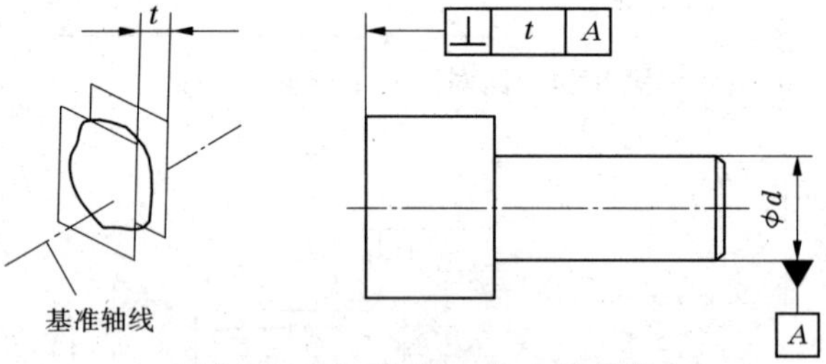

图 3-28　面对线的垂直度公差带

(2)线对面的垂直度公差。线对面的垂直度公差带是直径为公差值 t,且垂直于基准平面的圆柱面内的区域,如图 3-29 所示。

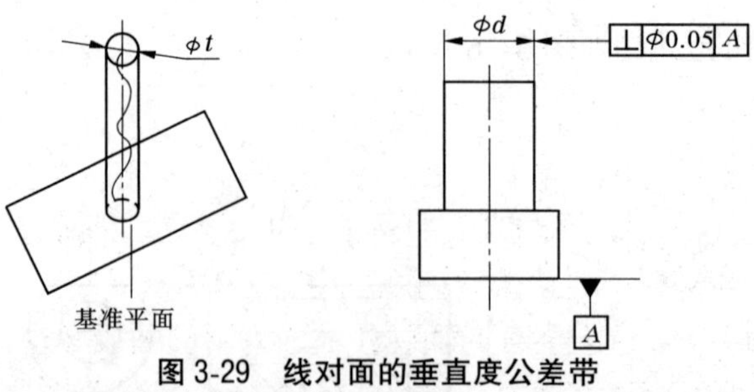

图 3-29　线对面的垂直度公差带

垂直度:用于评价直线之间、平面之间或平面与直线之间的垂直状态,公差带为垂直于基准线(面)的两个平行平面之间的区域,两个平行平面间的距离为 t(t=0. 06),被测线(面)必须位于这两个平面之间。

标注释义:被测孔的轴线必须位于距离为公差值 t(t=0. 06),且垂直于基准线 A(基准孔轴线)的两平行平面之间,其公差带是距离为公差值 t,且垂直于基准线的两平行平面之间的区域。

3. 倾斜度(∠)

倾斜度,与垂直度相似。

(1)面对面的倾斜度公差。面对面的倾斜度公差带是距离为公差值 t,且与基准平面(底区面)成理论正确角度的两平行平面间的区域,如图 3-30 所示。

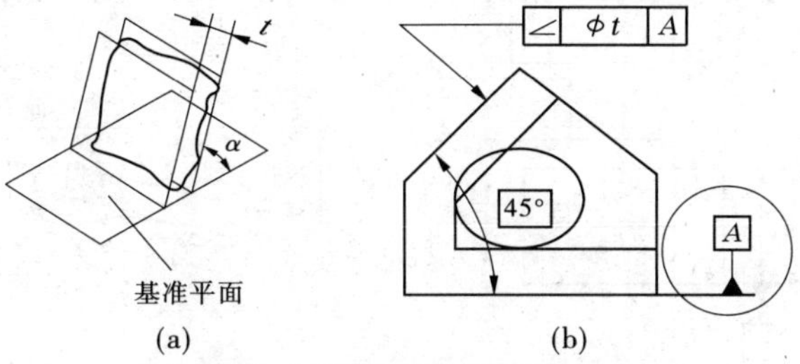

图 3-30　面对面的倾斜度公差带

(2)线对面的倾斜度公差。线对面的倾斜度公差带是直径为公差值 ϕt,且与基准平面底平面)成理论正确角度的圆柱面内的区域,如图 3-31 所示。

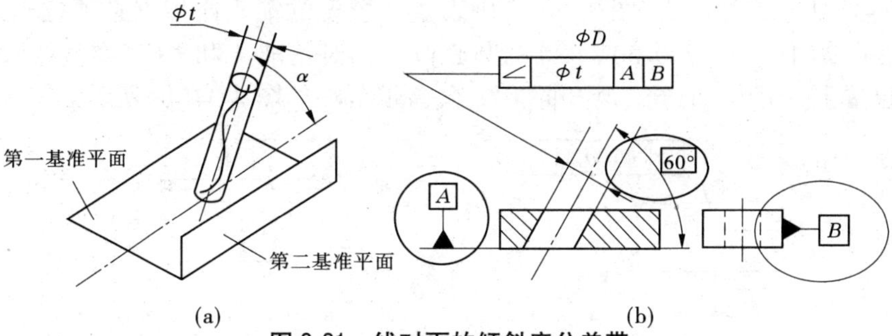

图 3-31　线对面的倾斜度公差带

标注释义:被测孔的轴线必须位于距离为公差值 t(t=0.08),且与 A—B 公共基准线成一理论正确角度 α(α=60°)的两平行平面之间,即如图 3-31(b)所示两平行平面之间的区域。

(二)定位公差及公差带

1. 同轴度(同心度 ◎)

同轴度,指工件要求的轴线偏离基准线所在直线的程度,即理论上应在同一直线上的两根轴线,它们发生了偏离,规定该偏离的最大值为 $t/2$。

如图 3-32 所示标注释义:图中有同轴度要求的大圆的轴线必须位于以公共基准轴线 A—B 为轴线,以公差值 t(t=0.08)为直径的圆柱内,其公差带范围如图 3-32 所示。

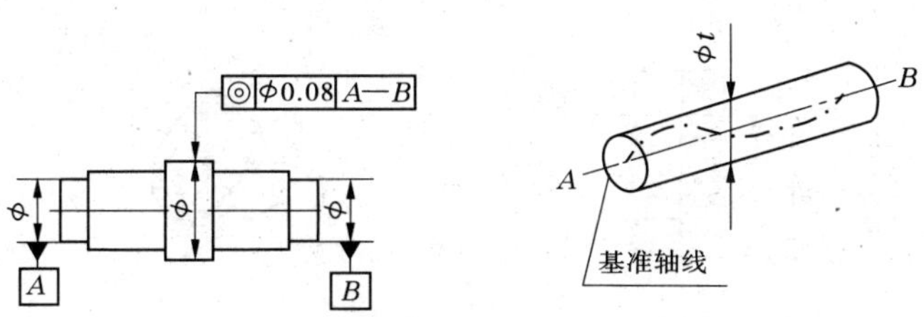

图 3-32　同轴度公差带

2. 对称度(⌯)

对称度,指加工两表面的中心平面偏离基准的程度,即要求的对称中心与实际对称中心保持在同一平面内的状况。

如图 3-33 所示标注释义:图中对称度图标所要表示的面为两加工面的中心平面,该中心平面必须位于距离为公差值 0.08,且相对于基准中心平面 A 对称分布的两平行平面之间。

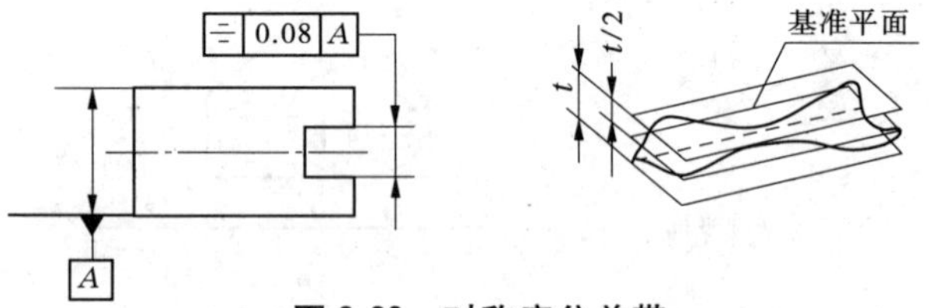

图 3-33 对称度公差带

3. 位置度(⌖)

位置度,用于形容测量点或线与其理论所在位置的偏差,公差带即为该偏差的大小。

如图 3-34 所示标注释义:图 3-34(a)中表示位置度的箭头所指点必须位于以公差值 0.3 为直径的圆内($\phi t=\phi 0.3$),该圆的圆心位于相对基准 A 和 B(基准直线)所确定的点的理想位置上,即距 A 面 68,距 B 面 100,公差带范围如图 3-34(b)所示。

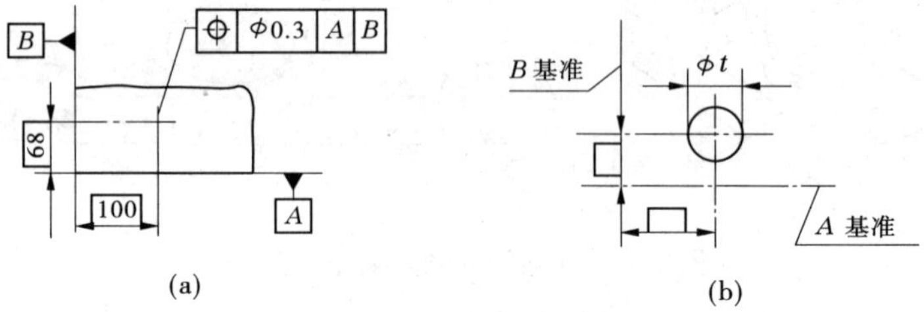

图 3-34 位置度公差带

(三)跳动公差及公差带

1. 圆跳动公差(↗)

圆跳动,指工件绕基准旋转一周,测量器具在固定位置的显示值的变动范围。

1)径向圆跳动

如图 3-35 所示标注释义:当被测圆柱表面绕基准线 $A—B$(公共基准轴线)旋转一周时,圆柱表面任一截面圆的径向跳动量均不得大于 t($t=0.1$)。

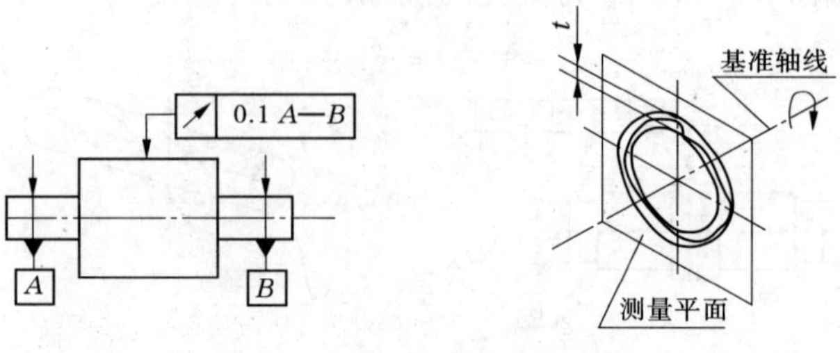

图 3-35 径向圆跳动公差带

2）端面圆跳动

如图 3-36 所示标注释义：被测端面绕基准 D（图中零件的轴线）旋转一周时，端面的任一点的轴向跳动量均不得大于 0.1，如图 3-36（b）所示，端面的移动范围必须在相距为 t（$t=0.1$）的两面之间。

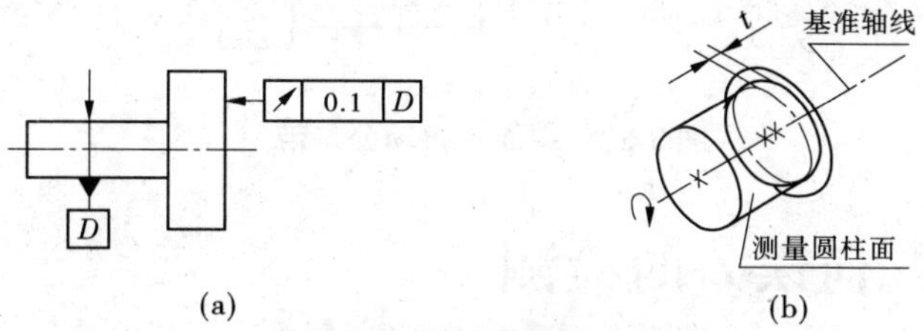

图 3-36　端面圆跳动公差带

区别：径向圆跳动测量的是圆柱外表面随圆柱绕基准的转动产生的径向跳动，而端面圆跳动测量的是圆柱的端面产生的轴向跳动。

3）斜向圆跳动公差

斜向圆跳动公差带是在与基准轴线同轴的任一测量圆锥面上，沿其母线方向宽度为公差值 t 的两圆内的区域，如图 3-37 所示。

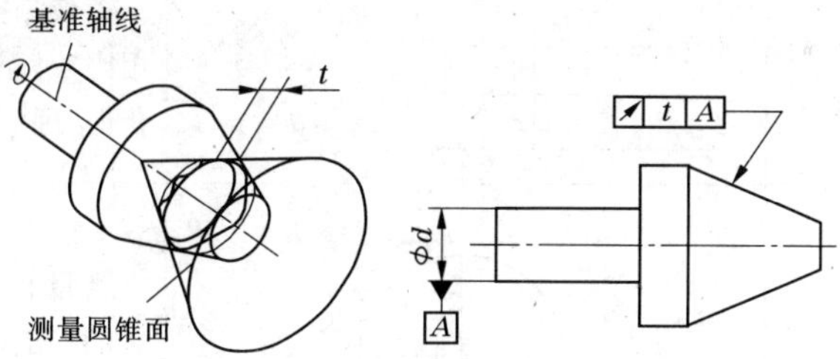

图 3-37　斜向圆跳动公差带

2. 全跳动公差

1）径向全跳动公差

径向全跳动公差带是半径差为公差值 t，与基准轴线同轴的两圆柱面之间的区域，如图 3-38 所示。

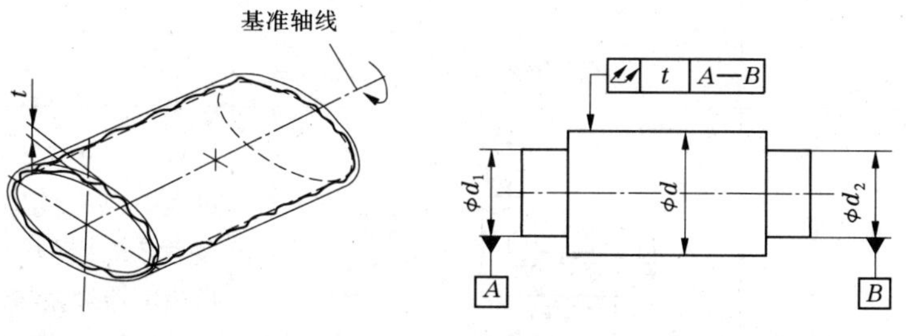

图 3-38　径向全跳动公差带

2）端面全跳动公差

端面全跳动公差带是距离为公差值 t，与基准轴线垂直的两平行平面之间的区域，如图 3-39 所示。

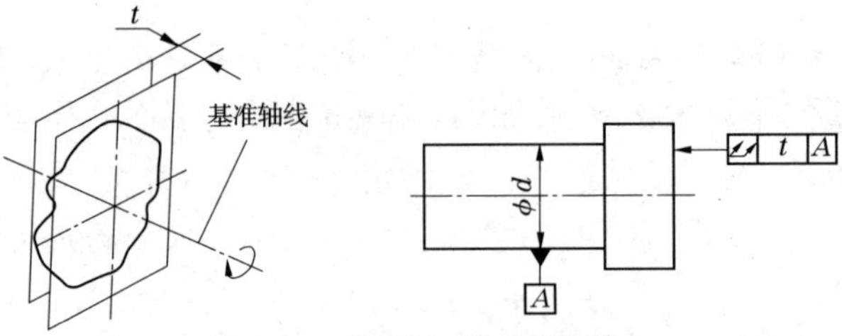

图 3-39　端面全跳动公差带

任务六　几何误差的检测

一、检测原则

常用的检测原则有 5 种，见表 3-2。

表 3-2　常用的检测原则

编号	检测原则名称	示例	说明
1	与理想要素比较原则	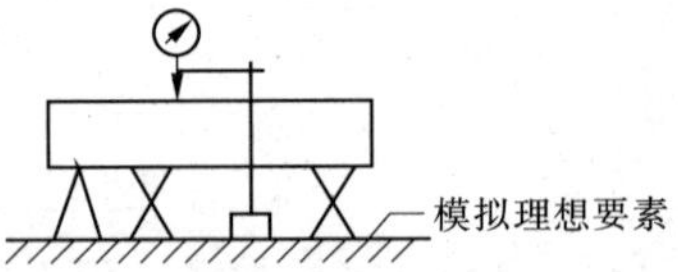	将被测实际要素与其理想要素相比较，量值由直接法或间接法获得，理想要素用模拟法获得
2	测量坐标值原则	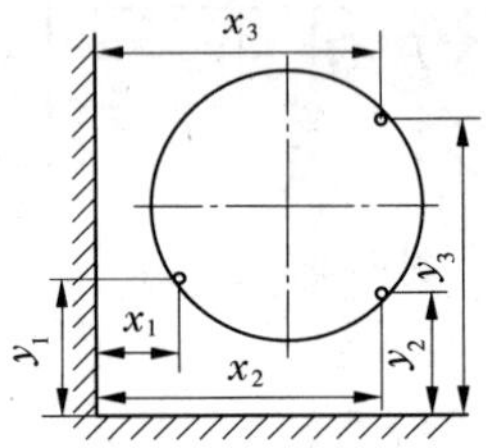	测量被测实际要素的坐标值（如直角坐标值、极坐标值、圆柱面坐标值），并经过数据处理获得形位误差值
3	测量特征参数原则	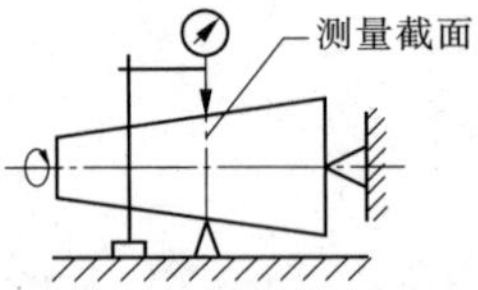	测量被测实际要素上具有代表性的参数（特征参数）来表示形位误差值
4	测量跳动原则	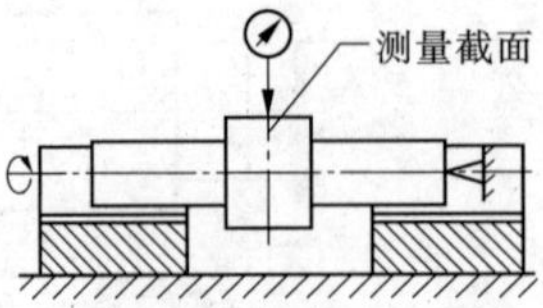	被测实际要素绕基准轴线回转过程中，沿给定方向测量其对某参考点或线的变动量，变动量是指指示器最大与最小读数之差
5	控制实效边界原则	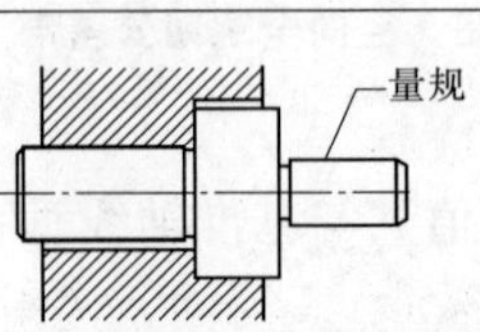	检验被测实际要素是否超过实效边界，以判断合格与否

二、检测方法

考虑到在实际生产中检测的方便性和实用性，国家标准进一步规定，除跳动公差外的其余项目的几何误差值，均可按其最小区域确定，不限测量方法。因此，在实际测量中，应将 5 条检测原则作为理论依据，根据零件的具体情况选择恰当合理的检测方法。

(一)直线度误差检测

1. 光隙法

光隙法适用于经磨削后较短平面上的直线度误差测量(给定方向上)。

使用器具：刀口尺和塞尺。

如图 3-40 所示，刀口尺的刃口呈现理想直线。测量时，将刃口与被测直线相接触，用肉眼观察透光量的情况，当最大光隙为最小时(最小条件)，即为直线度误差。光隙较小时，误差值按标准光隙估读，一般光隙在 0. 5~0. 8 mm 时呈蓝色，在 1. 25~1. 7 mm 时呈红色，大于 2. 5 mm 时呈白色。光隙较大时，误差值用塞尺测量。

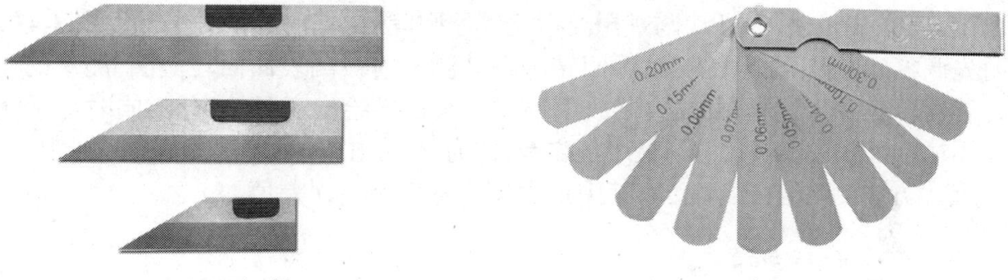

(a)刀口尺　　(b)塞尺

图 3-40　刀口尺和塞尺

2. 指示表法

指示表法适用于轴套类零件轴线直线度的测量(任意方向上)。

使用器具：顶尖架、平板、带支架的指示表(百分表或千分表)等。

如图 3-41 所示，测量时将被测轴装夹在平行于平板的两顶尖之间，并将装在支架上的两个相对指示表的测量头调整在铅垂轴截面内，沿最高、最低两条素线测量，同时分别记录两指示表的读数值 M_1 和 M_2，各测点读数差之半$\frac{M_1-M_2}{2}$值中的最大值即为该截面内轴线的直线度误差。

转动轴按上述方法测量若干个截面，取其中最大值作为零件轴线的直线度误差。

3. 节距法

节距法适用于计量相对较长零件表面直线度的测量。

(二)平面度误差检测

使用器具：平板、支撑、带支架的指示表等。

测量时将被测平面支撑在平板(作为测量基准)上，用指示表测量被测平面上具有代表性的测点的数值，如图 3-42 所示，再用适当的方法评定出平面度误差值。如理想平面法(对角线法)、最小区域法等。

(三)圆度、圆柱度误差检测

圆度、圆柱度误差的检测方法分为两类：一类是用专用量仪进行测量，如圆度仪、坐标测量仪等;另一类是用通用量具进行测量。

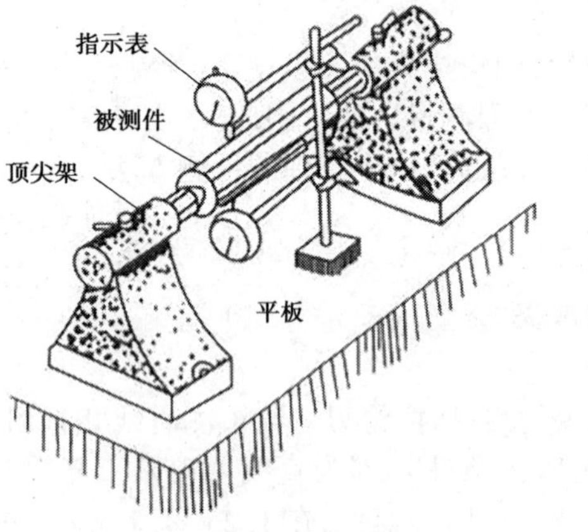

图 3-41 轴线直线度测量

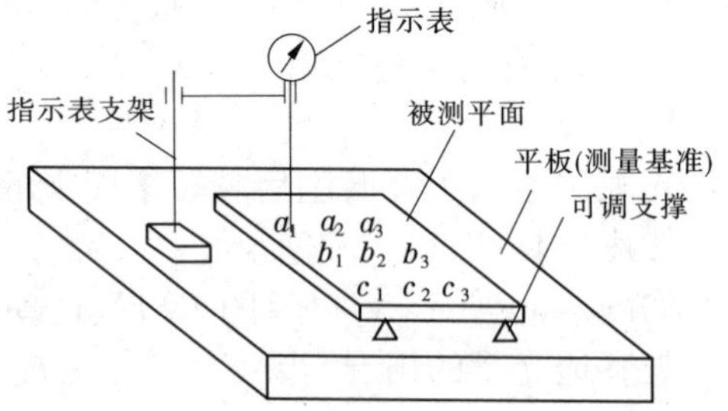

图 3-42 用指示表测量平面度误差

1. 圆度误差检测

(1)圆度仪测量法。是以“与理想要素比较原则”为依据的测量方法。如图 3-43 所示,实测时先调零(为理想圆半径),然后回转轴带动测头沿被测表面回转一圈,测头的径向位移由传感器转变为电信号,由放大器放大推动记录仪描绘出实际轮廓线,同时显示测得数值。应用最小区域法取最大值与最小值之差,即为该截面内的圆度误差值。

用上述方法测量若干截面,取其中最大值为零件圆度误差值。

图 3-43 圆度仪测量圆度误差

(2)通用量具测量法。用通用量具测量圆度,实际上是选用直径作为特征参数,通过测量被测零件正截面内直径的变化来近似评定圆度误差。有两点法和三点法两种。

两点法:用游标卡尺、千分尺(与零件形成两点接触)测量零件正截面内不同方向的实际直径值,最大差值的一半就是该截面内的圆度误差值。

三点法:如图 3-44 所示,将零件放置在 V 形铁上,指示器测头置于铅垂轴截面内(与零件形成三点接触),并固定轴向位置。将零件回转一周,指示器显示的最大差值的一半就是该截面内的圆度误差值。

2. 圆柱度误差检测

(1)圆度仪法测量圆柱度误差,是在测量圆度的基础上,同时将测头沿被测轴的轴向做均匀、精确的移动,取测得数据中的最大差值,即为该轴的圆柱度误差。

(2)两点法和三点法是沿圆柱轴向取若干位置重复圆度的测量,取测得值中最大差

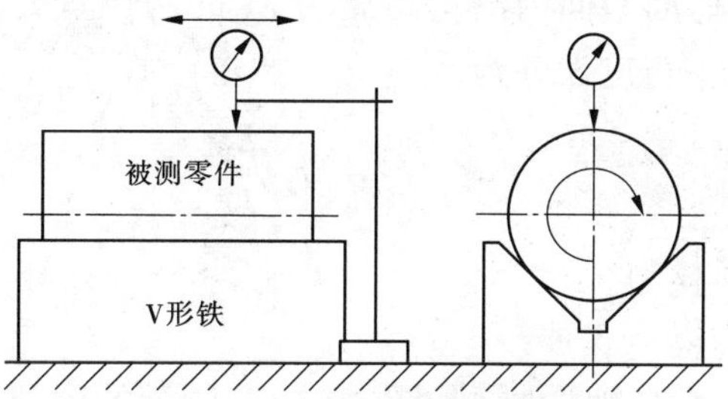

图 3-44　三点法测量圆度

值的一半，即为该轴的圆柱度误差。

(四)平行度误差检测

使用器具：平板、带支架的指示表、可胀式心轴、V 形架等。

1. 面对面平行度误差检测

如图 3-45(a)所示，将被测零件放置在平板(模拟为基准)上，使指示表测头在被测表面上多点位移动，指示表最大值与最小值之差即为零件上表面相对于底面的平行度误差：

$$f=\left|M_{\max}-M_{\min}\right| \tag{3-1}$$

2. 线对面平行度误差检测

如图 3-45(b)所示，将被测零件(长度为 L_1)放置在平板上，被测轴线由可胀式心轴模

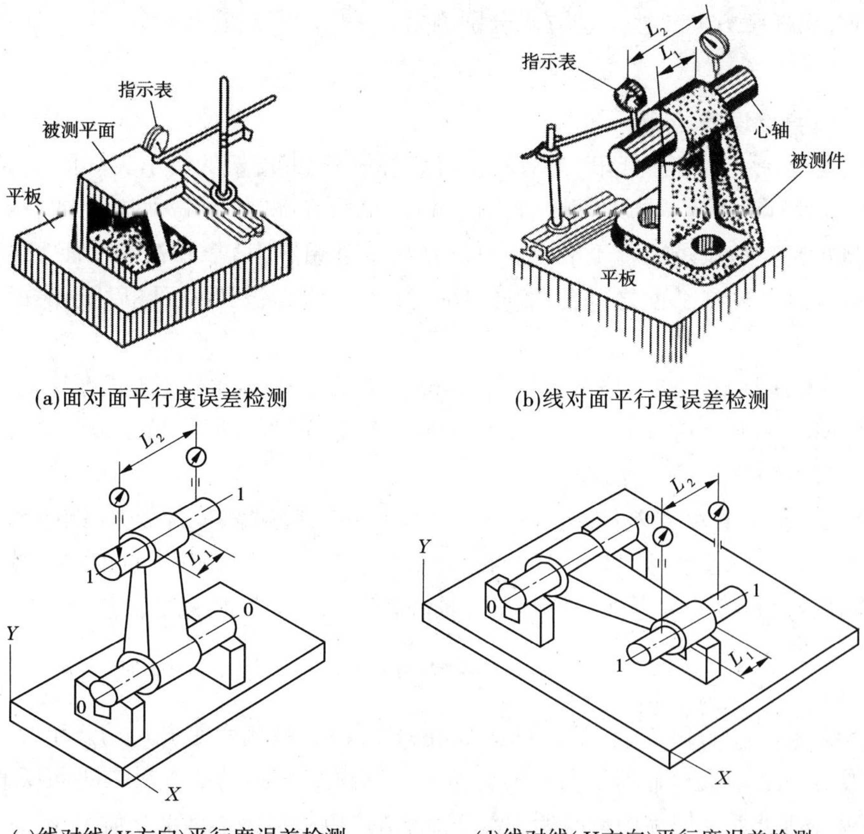

图 3-45　平行度误差检测

拟,将指示表测头置于铅垂轴截面内测量距离为 L_2 的两位置处,测得读数分别为 M_1 和 M_2,则轴线相对于底面的平行度误差为:

$$f = |M_1 - M_2| \frac{L_1}{L_2} \tag{3-2}$$

3. 线对线平行度误差检测

根据检测方向可分为以下 3 种:

(1)要求一个方向。将被测零件在如图 3-45(c)所示的位置放置,被测轴线 1—1(长度为 L_1)和基准轴线 0—0 均由可胀式心轴模拟,将指示表测头置于被测心轴铅垂轴截面内测量距离为 L_2 的两位置处,测得读数分别为 M_1 和 M_2,则被测轴线 1—1 相对于基准轴线 0—0 在 Y 方向的平行度误差为:

$$f_Y = |M_1 - M_2| \frac{L_1}{L_2} \tag{3-3}$$

(2)要求互相垂直的两个方向。首先测量出 f_Y 后,再在如图 3-45(d)所示的位置放置,进行 X 方向测量,得:

$$f_X = |M_1 - M_2| \frac{L_1}{L_2} \tag{3-4}$$

(3)要求任意方向。按上述方法分别测出 f_X 和 f_Y 后,计算得:

$$f = \sqrt{f_X^2 + f_Y^2} \tag{3-5}$$

(五)垂直度误差检测

使用器具:平板、精密直角尺、塞尺、转台、直角座、带支架的指示表、可胀式心轴等。

(1)面对面垂直度误差检测。如图 3-46(a)所示,将被测零件放置在平板(模拟基准)上,将精密直角尺短边置于平板上,长边(模拟理想平面)靠在被测平面上。用塞尺测量直角尺长边与被测平面之间的最大间隙,其数值即为被测平面相对于底面的垂直度误差。

(2)面对线垂直度误差检测。如图 3-46(b)所示,将被测零件放置在导向块内,基准轴线由导向块模拟。用指示表测量被测零件上表面,其最大值与最小值之差即为零件表面相对于基准轴线的垂直度误差。

(3)线对面垂直度误差检测。如图 3-46(c)所示,将被测零件放置在转台(其底面模拟基准平面)上,并使被测零件轴线与转台轴线同轴。使转台旋转,同时测头沿零件轴向移动,读数最大差值的一半即为被测零件轴线相对于底面的垂直度误差。

$$f = \frac{1}{2}(M_{max} - M_{min}) \tag{3-6}$$

(4)线对线垂直度误差检测。如图 3-46(d)所示,被测水平孔(长度为 L_1)与基准竖直孔轴线分别由可胀式心轴 1 和心轴 2 模拟。调整基准心轴 2 使其与平板垂直,将测头置于被测心轴铅垂轴切面内测量距离为 L_2 的两位置处,测得读数分别为 M_1 和 M_2,则水平孔相对于竖直孔轴线的垂直度误差为:

$$f = |M_1 - M_2|\frac{L_1}{L_2} \tag{3-7}$$

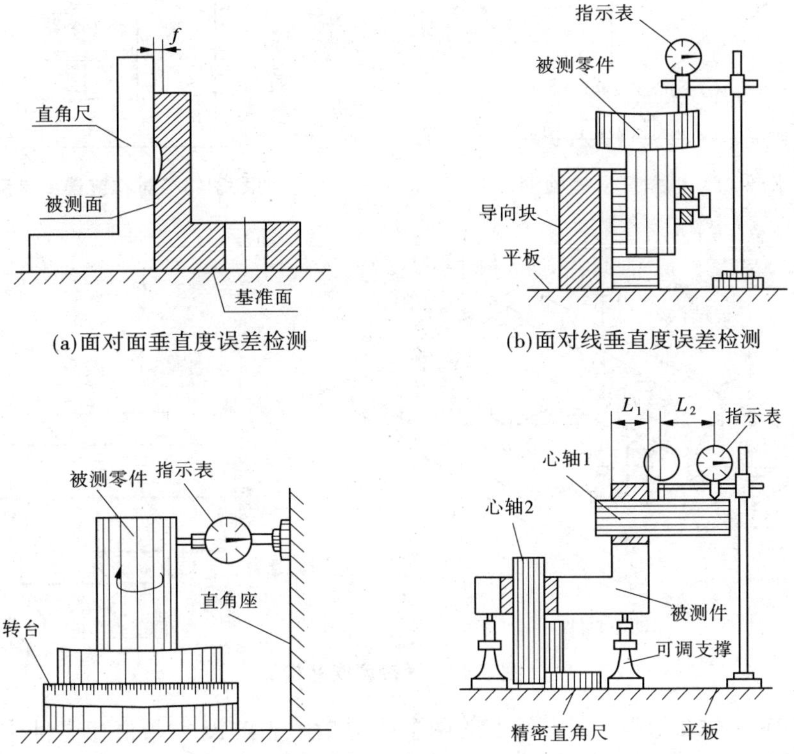

(a)面对面垂直度误差检测　(b)面对线垂直度误差检测

(c)线对面垂直度误差检测　(d)线对线垂直度误差检测

图 3-46　垂直度误差检测

(六)倾斜度误差检测

使用器具:平板、定角座、带支架的指示表等。

如图 3-47 所示,将被测零件放置在定角座(其底面模拟基准平面)上,指示表读数的最大值与最小值之差即为被测斜面相对于底面的倾斜度误差。

$$f = |M_{max} - M_{min}| \tag{3-8}$$

(七)对称度误差检测

使用器具:平板、带支架的指示表等。

如图 3-48 所示,将被测零件放置在平板上,测量①槽面上各测点的高度。然后翻转零件,测量②槽面上各对应点的高度,各对应两测点数值的最大差值即为槽两侧面相对于零件中心平面的对称度误差。

(八)同轴度误差检测

使用器具:心轴、V 形铁、顶尖、带支架的指示表等。

(1)阶梯轴零件。如图 3-49(a)所示,将阶梯轴零件的两端(作为公共基准)放置在

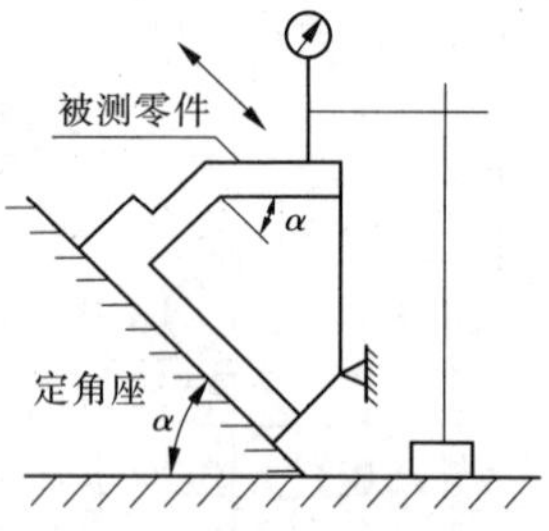

图 3-47　倾斜度误差检测

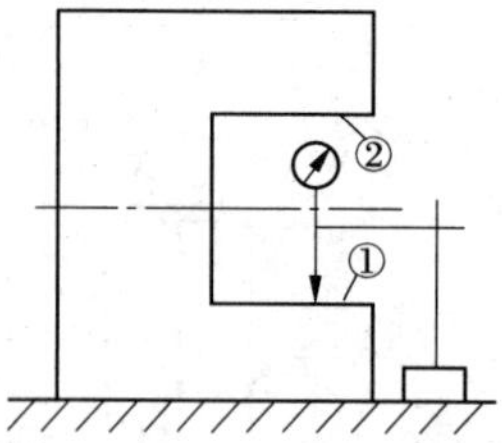

图 3-48　对称度误差检测

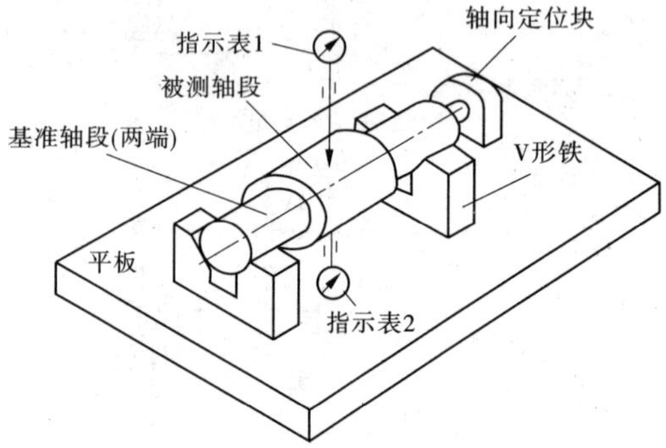

(a)轴类零件

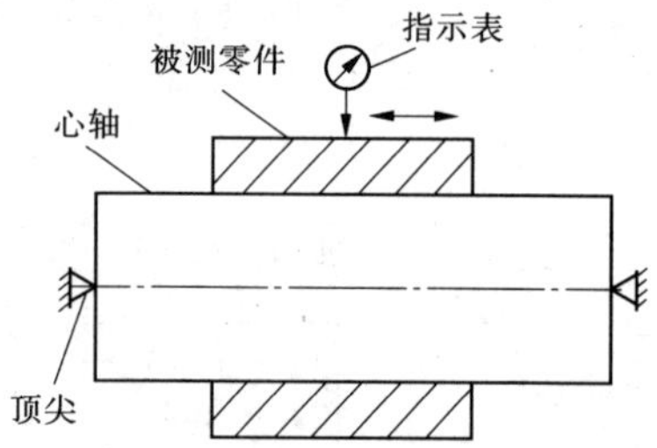

(b)套类零件

图 3-49　同轴度误差检测

两个等高的 V 形铁上,将装在支架上的两个相对指示表的测头调整在零件中间被测部分的铅垂轴截面内,并沿轴向移动,读数差的最大值即为该截面内中间阶梯轴部分相对于两端部分的同轴度误差。

$$f = |M_1 - M_2| \tag{3-9}$$

转动零件测量若干个轴截面,读数差的最大值为中间阶梯轴部分相对于两端部分的同轴度误差。

(2)套类零件。如图 3-49(b)所示,将套类零件通过可胀式心轴装在两同轴顶尖(中心线体现基准轴线)之间,将指示表的测头调整在零件铅垂轴截面内。测量时,零件连续旋转,同时指示表沿轴向移动,读数差的最大值即为轴套孔轴线相对于基准轴线的同轴度误差。

(九)跳动误差检测

使用器具:平板、V 形铁、定位套、带支架的指示表等。

跳动公差测量的对象仅是轴套类零件,基准是零件轴线。

(1)测量径向跳动。如图 3-50(a)所示,将被测轴装在两同轴顶尖(中心线体现基准轴线)之间,将指示表的测头调整在零件铅垂轴截面内。当被测轴回转一周时,指示表的最大读数与最小读数之差,即是径向圆跳动误差。

零件连续旋转,同时指示表沿轴向匀速移动,指示表的最大读数与最小读数之差,即是径向全跳动误差。

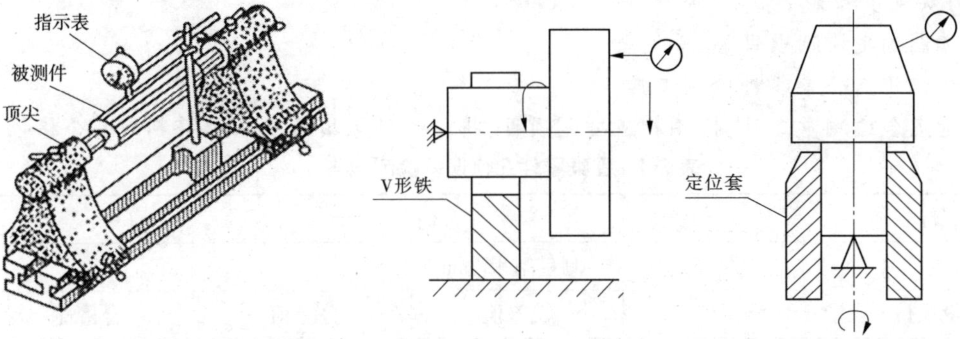

(a)径向跳动 (b)端面跳动 (c)斜向圆跳动

图 3-50 跳动误差检测

(2)测量端面跳动。如图 3-50(b)所示,将被测轴放置在 V 形铁上,左端用顶尖顶住,指示表测头(平行于轴线)置在右端面距圆心为 R 处,当被测轴回转一周时,指示表的最大读数与最小读数之差,即是距圆心为 R 处的端面圆跳动误差。

零件连续旋转,同时指示表沿半径线向圆心匀速移动,指示表的最大读数与最小读数之差,即是端面全跳动误差。

(3)测量斜向圆跳动。如图 3-50(c)所示,将被测锥轴放置在定位套中,下端用顶尖顶住,指示表测头(垂直于素线)置在圆锥面上,当被测轴回转一周时,指示表的最大读数与最小读数之差即是圆锥面的斜向圆跳动误差。

注意:由于跳动误差检测的经济实用性,故在实际生产中常用来代替一些难度大的检测项目。如用径向全跳动代替圆柱度、同轴度的测量,端面全跳动代替端面相对于轴线垂直度的测量等。

任务实施

(1)在实训室,以班级为单位分成若干小组,每个小组一张零件图。

(2)读图并按照图纸要求进行检测(见表 3-3)并填写检测报告,判断零件的几何公差要求是否合格。

表 3-3 图纸零件检测方案

零件图几何公差要求	见图纸
计量器具、辅助装置及其规格	根据被测零件的精度等级确定测量工具
如何调整校对计量器具	自定
测量部位、测量次数	自定
测量数据的处理方式	自定
所测参数合格性的判断依据	各参数形位公差值
检测场地	机械加工实训室

(3)实施步骤如下:

①读图确定检测项目。

②认识几何公差各种检测工具。

③选定合适测量工具,检测相应公差项目,将检测数据填入表3-4,并判断其合格性。

表3-4 图纸零件几何误差检测报告

被测零件名称				
测量结果/mm				
测量项目	测量值	误差值	公差值	合格性
测量方法			测量日期	
合格判断				

(4)评价。检测结束后,学生首先自己检查测量结果;测量工具选用是否正确;能否正确使用测量工具和进行数据处理,根据检测数据对零件的合格性判断是否正确等,具体评价结果请填写表3-5。

表3-5 几何公差检测结果评价

学习内容			班级		姓名		学号	
教师评价	1	基础知识技能水平评价						
	2	检测方案评价						
	3	检测工具操作水平评价						
	4	检测数据评价	检测数据与尺寸真值有小于10%的偏差		检测数据与尺寸真值有大于10%且小于20%的偏差		检测数据与尺寸真值有大于20%的偏差	
		评价等级	A		B		C	
对自己不足和进步的认识								
同学的综合评价和建议								
综合评定意见								

习　题

一、填空题

1. 国家标准中，几何公差的项目共有________项。

2. 跳动公差分为________和________两种。

3. 位置公差分为位置度、同轴度和________。

4. 方向公差带相对于基准的方向是固定的，在此基础上________是浮动的。

5. 几何误差是________的控制对象。

6. 几何误差是被测实际要素相对于________变动量。

7. 位置公差带可同时限制被测要素的________、方向和________。

8. 端面全跳动公差带控制端面对基准轴线的________误差，同时它也控制了端面的________误差。

9. 几何公差的基准代号中的字母一定要________ 书写。

二、改错题

改正图 3-51 中标注错误，不允许改变几何公差项目符号。

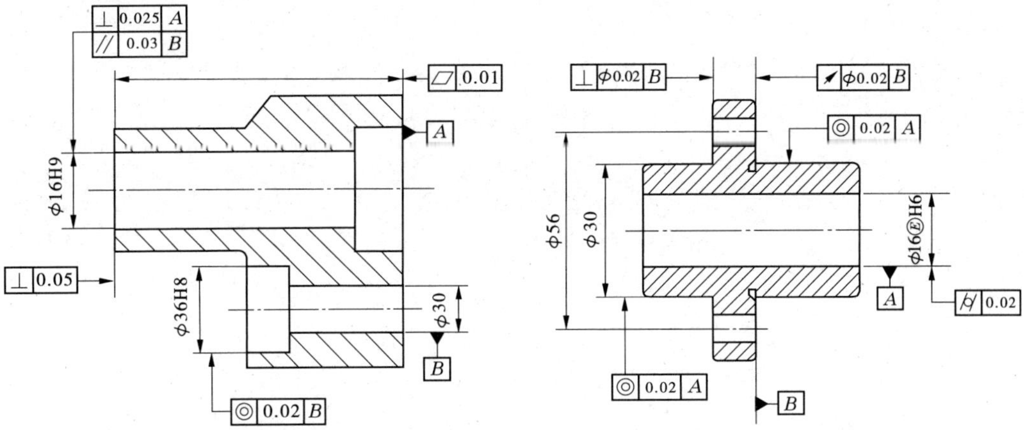

(a)　　　　(b)

图 3-51　改错题

三、绘图题

1. 将下列精度要求标注在图 3-52 上。

(1) 内孔尺寸为 φ 30H7。

(2) 圆锥面的圆度公差为 0.01 mm，母线的直线度公差为 0.01 mm。

(3) 圆锥面对内孔的轴线的斜向圆跳动公差为 0.02 mm。

(4) 内孔的轴线对右端面垂直度公差为 0.01 mm。

(5) 左端面对右端面的平行度公差为 0. 02 mm。

2. 将下列精度要求标注在图 3-53 上。

(1) 大端圆柱面公称尺寸为 50 mm,极限上偏差为 0,极限下偏差为- 0. 025 mm。

(2) 小端圆柱面轴线对大端圆柱面轴线的同轴度公差为 0. 03 mm。

(3) 大端圆柱右端面对大端圆柱轴线的垂直度公差为 0. 02 mm。

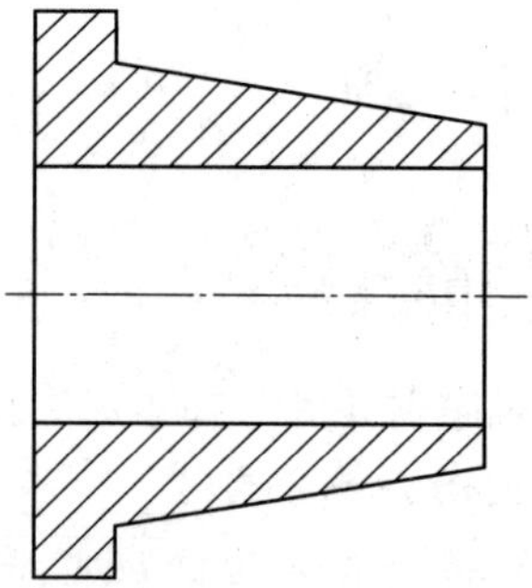

图 3-52　锥套

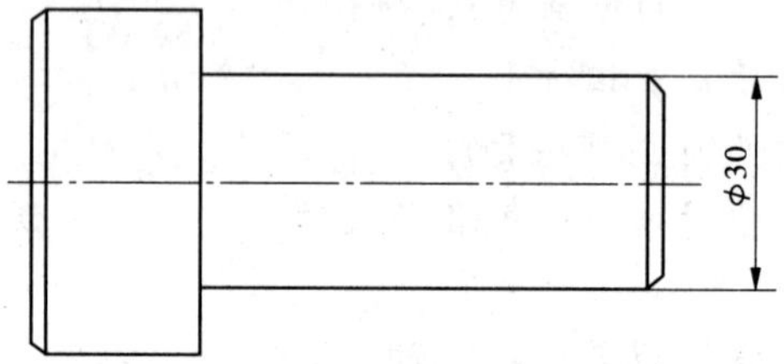

图 3-53　圆柱台阶

项目四 表面粗糙度识图与检测

【知识目标】

1. 掌握表面粗糙度定义及其对机械零件使用性能的影响。
2. 了解表面粗糙度基本术语、评定参数及其参数值的规定。
3. 掌握表面粗糙度评定参数的名称、代号及其在图样上的标注方法。
4. 掌握表面粗糙度检测设备和检测方法。

【能力目标】

1. 能够正确认识表面粗糙度标注含义。
2. 能够正确进行零件表面粗糙度参数标注。
3. 能够正确使用国家标准对表面粗糙度规定并能查阅相关标准。
4. 能够运用比较样块和电动轮廓仪进行零件表面粗糙度 *Ra* 值检测。

任务描述

如图 4-1 所示为轴承套零件图,试用比较样块检测零件表面粗糙度 *Ra* 值,判断该零件表面结构是否合格,并出具该零件表面粗糙度检测报告。

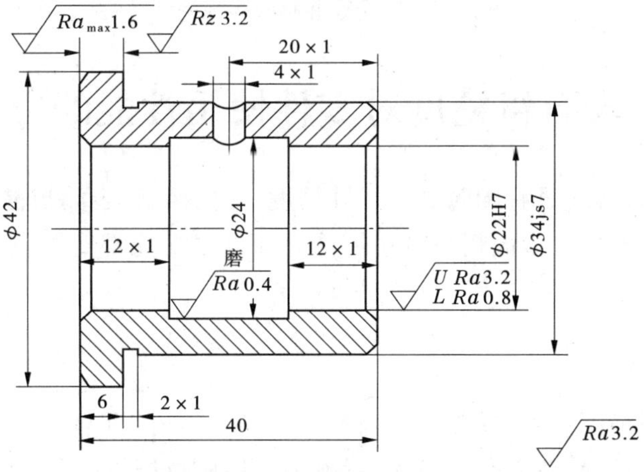

图 4-1 轴承套零件图

知识准备

任务一 表面粗糙度的概念

在切削加工过程中,由于刀痕、切屑分离时的变形、刀具和已加工表面间的摩擦及工艺系统的高频振动等,在零件已加工表面上总会出现较小间距和微小峰谷所组成的微观几何形状特征,此特征称为表面粗糙度。表面粗糙度也称为微观不平度,是一种微观几何形状误差,如图 4-2 所示。

表面粗糙度反映的是实际零件表面几何形状误差的微观特征,而形状误差表述的则是零件几何要素的宏观特征,介于两者之间的是表面波纹度。对于表面粗糙度与表面波纹度、表面形状误差的区别,通常是用一定的波距 λ 与波高 h 之比来划分,如图 4-3 所示。如图 4-3(d)所示,λ/h 的值大于 1 000 为形状误差;如图 4-3(b)所示,λ/h 的值小于 40 为表面粗糙度;如图 4-3(c)所示,λ/h 的值介于两者之间的为表面波纹度。

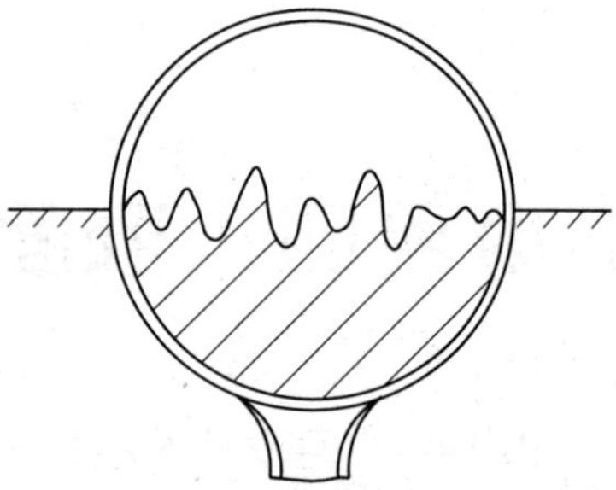

图 4-2　表面粗糙度示意图

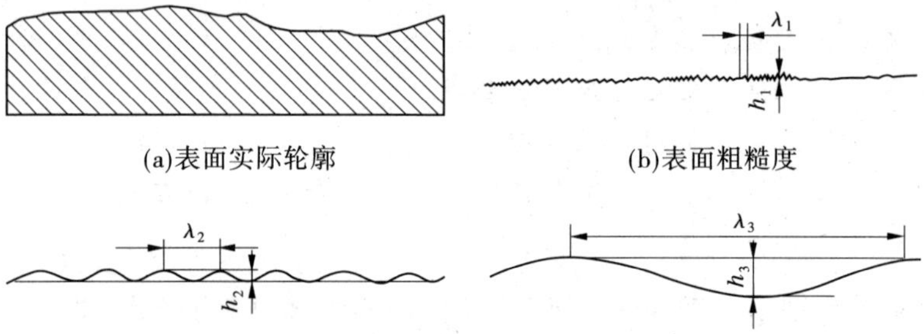

(a)表面实际轮廓　(b)表面粗糙度

(c)表面波纹度　(d)形状误差

图 4-3　零件的截面轮廓形状

任务二　表面粗糙度对零件使用性能的影响

对于已完工的零件,只有同时满足尺寸精度、几何精度、表面粗糙度的要求,才能保证零件几何参数的互换性。表面粗糙度对零件表面许多功能都有影响,主要表现在以下几个方面。

一、配合性质

零件的表面粗糙度对各类配合均有较大的影响。间隙配合:两个表面粗糙的零件在相对运动时会迅速磨损,造成间隙增大,影响配合性质。过盈配合:在装配时,表面上微观凸峰极易被挤平,产生塑性变形,使装配后的实际有效过盈量减小,降低了联结强度。过渡配合:零件多用压力及锤敲装配,表面粗糙度发生磨损,使配合变松,降低了定位和导向的精度。

二、耐磨性

相互接触的表面由于存在微观几何形状误差,只能在轮廓峰顶处接触,表面越粗糙,实际有效接触面积减小,摩擦系数就越大,相对运动的表面磨损得越快。然而,表面过于光滑,润滑油被挤出或分子间的吸附作用等原因,也会使摩擦阻力增大而加剧磨损。

三、耐腐蚀性

粗糙表面的微观凹谷处易存积腐蚀性物质，久而久之，这些腐蚀性物质就会渗入金属内层，造成表面锈蚀，因此零件表面越粗糙，波谷越深，腐蚀越严重。

四、抗疲劳强度

零件粗糙表面的波谷处，在交变载荷、重载荷作用下易引起应力集中，使抗疲劳强度降低。

此外，表面粗糙度对接触刚度、结合面的密封性、零件的外观、零件表面导电性等都有影响。因此，为保证零件的使用性能和互换性，在设计零件几何精度时，必须提出合理的表面粗糙度要求，以保证机械零件的使用性能。

任务三　表面粗糙度的评定标准

一、表面粗糙度评定的基本术语

（一）实际轮廓

实际轮廓是指平面与实际表面相交所得的轮廓线，如图 4-4 所示。按相截方向不同，实际轮廓分为横向实际轮廓和纵向实际轮廓。横向实际轮廓是指垂直于表面加工纹理方向的表面与表面相交所得的实际轮廓线，纵向实际轮廓是指平行于表面加工纹理方向的平面与表面相交所得的实际轮廓线。在评定表面粗糙度时，除非特别指明，否则通常指横向实际轮廓，即与加工纹理方向垂直的轮廓。对于车削、刨削等加工来说，这条轮廓线反映了切削刀痕及走刀量引起的表面粗糙度。

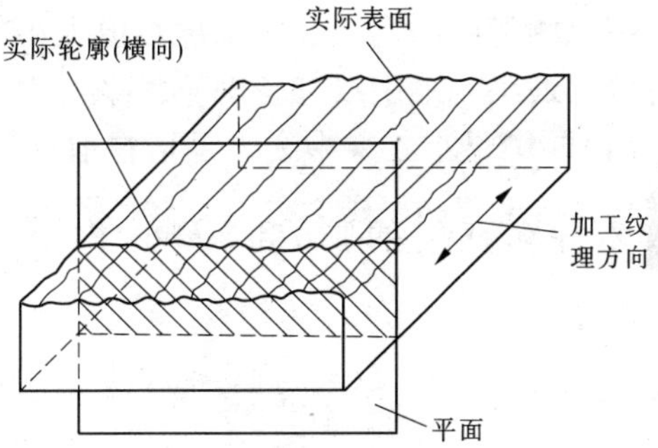

图 4-4　实际轮廓

（二）取样长度 lr

取样长度是指用于判别具有表面粗糙度特征的一段基准线长度，如图 4-5 所示。国家标准规定，取样长度按表面粗糙程度合理取值，通常应包含至少 5 个轮廓峰和轮廓谷。规定和选择这段长度是为了限制和减弱表面波纹度对表面粗糙度测量结果的影响，又要客观、真实地反映零件表面粗糙度的实际情况，因此表面越粗糙，则取样长度应越大。

（三）评定长度 ln

评定长度是指评定轮廓表面粗糙度所需的一段长度，一般可包含一个或几个取样长度。国家标准 GB/T 10610—2009 规定，一般取评定长度 $ln=5lr$，如图 4-5 所示（若被测表面均匀，可取 $ln<5lr$；若被测表面均匀性较差，可取 $ln>5lr$）。评定长度是为了克服零件加工表面的不均匀性，单一取样长度上的测量和评定不足以反映整个零件表面的粗糙度，因此需要在零件表面上取几个取样长度分别测量，取其平均值作为测量结果，这样能够客观地反映零件表面结构的真实情况。取样长度和评定长度数值见表 4-1。

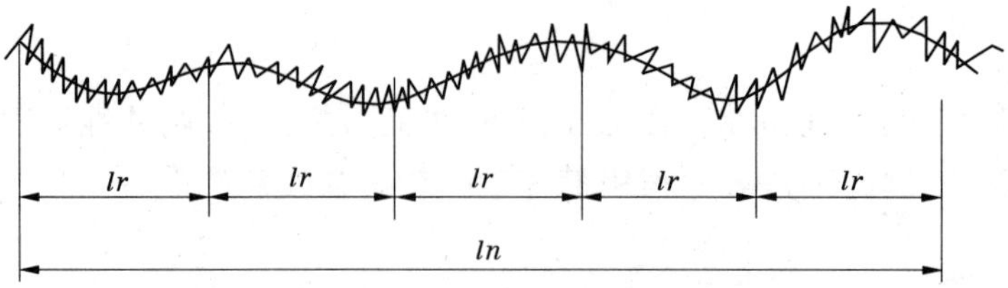

图 4-5　取样长度和评定长度

表 4-1　取样长度和评定长度数值(摘自 GB/T 1031—2009)

Ra/μm	≥0.008~0.02	>0.02~0.1	>0.1~2.0	>2.0~10.0	>10.0~80.0
Rz/μm	≥0.025~0.1	>0.1~0.5	>0.5~10.0	>10.0~50.0	>50.0~320
lr/mm	0.08	0.25	0.8	2.5	8.0
ln/mm	0.4	1.25	4.0	12.5	40.0

(四)基准线(中线 m)

用以测量或评定表面粗糙度数值大小的一条参考线称为基准线,也叫中线,基准线通常有轮廓最小二乘中线和轮廓算术平均中线两种。

(1)轮廓最小二乘中线。是指在取样长度内,实际被测轮廓线上各点至一条直线的距离 Z(轮廓偏差)的平方和为最小,即 $\sum_{i=1}^{n} Z_i^2$ 最小,这条直线就是轮廓最小二乘中线,如图 4-6 所示。

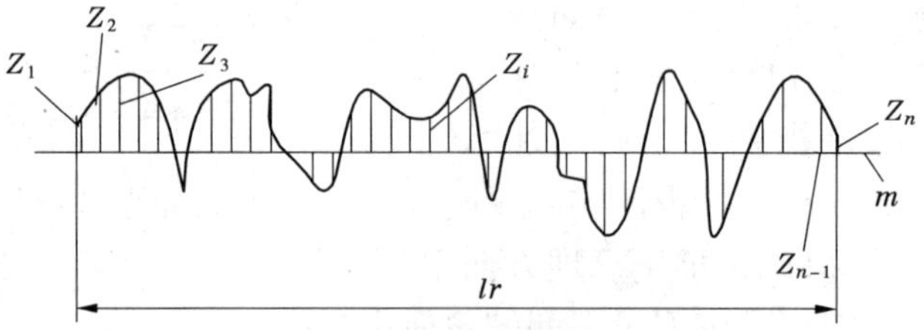

图 4-6　轮廓最小二乘中线

(2)轮廓算术平均中线。是指在取样长度内,将实际轮廓线分为上、下两个部分,使上、下两个部分面积相等的直线,即

$$\sum_{i=1}^{n} |F_i| = \sum_{i=1}^{m} |G_i| \tag{4-1}$$

这条直线就是轮廓算术平均中线,如图 4-7 所示。

一般情况下,在实际轮廓图形上确定轮廓最小二乘中线的位置比较困难,所以实际工作中可用轮廓算术平均中线代替轮廓最小二乘中线,且两者相差不大。

二、表面粗糙度的主要评定参数

表面粗糙度的主要评定参数主要是与高度特性有关的参数,即幅度参数。

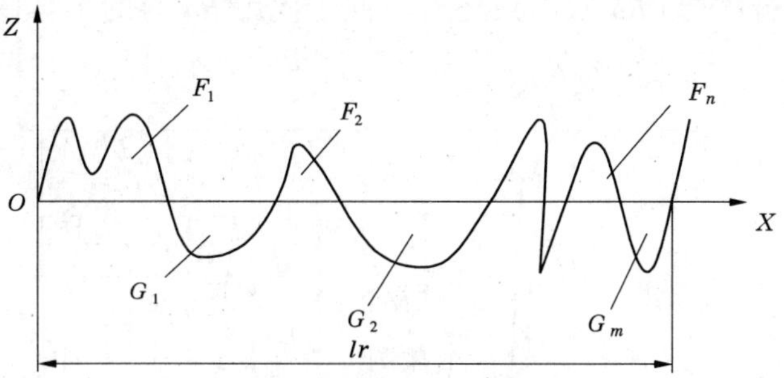

图 4-7　轮廓算术平均中线

(一)轮廓算术平均偏差 *Ra*

在一个取样长度 *lr* 内,被测表面轮廓上各点至基准线距离的绝对值的算术平均值为轮廓算术平均偏差,如图 4-8 所示。公式表示为

$$Ra = \frac{1}{lr}\int_0^{lr} |Z(x)|\mathrm{d}x \tag{4-2}$$

其近似值为

$$Ra = \frac{1}{n}\sum_{i=1}^{n} |Z_i| \tag{4-3}$$

式中　$Z(x)$ ——表面轮廓上的点到基准线的距离;

Z_i ——表面轮廓上第 i 点到基准线的距离;

n ——取样数。

Ra 越大,表面越粗糙。*Ra* 值能客观地反映表面微观几何形状特性,且测量比较方便,因而被标准定为首选参数,在生产中广泛采用,但过于粗糙、太光滑的表面或面积很小时不便采用。

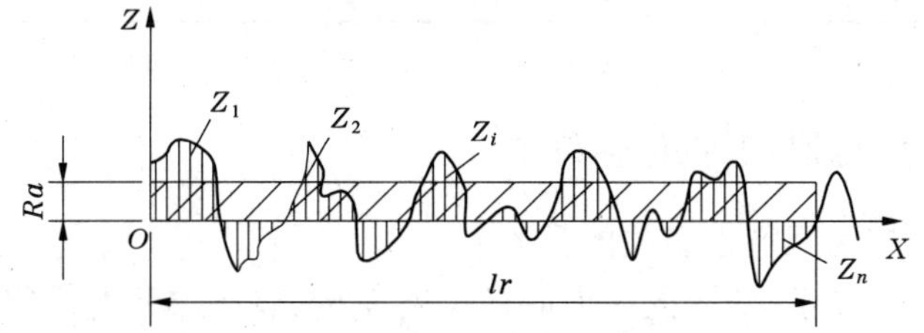

图 4-8　轮廓算术平均偏差

(二)轮廓最大高度 *Rz*

在一个取样长度 *lr* 内,轮廓的峰顶线与轮廓谷底线之间的距离称为轮廓最大高度 *Rz*,如图 4-9 所示。公式表示为

$$Rz = |Z_{pmax}| + |Z_{vmax}| \tag{4-4}$$

式中　Z_{pmax}——最大轮廓峰高;

Z_{vmax}——最大轮廓谷深。

Rz 参数对不允许出现较深加工痕迹的表面和小零件的表面质量有着重要意义,尤其是在交变载荷作用下,是防止出现疲劳破坏源的一项保证措施。因此,*Rz* 主要应用于有

交变载荷作用的场合(常与 *Ra* 联用),还有不便于使用 *Ra* 时的小零件表面、太光滑或粗糙的表面。

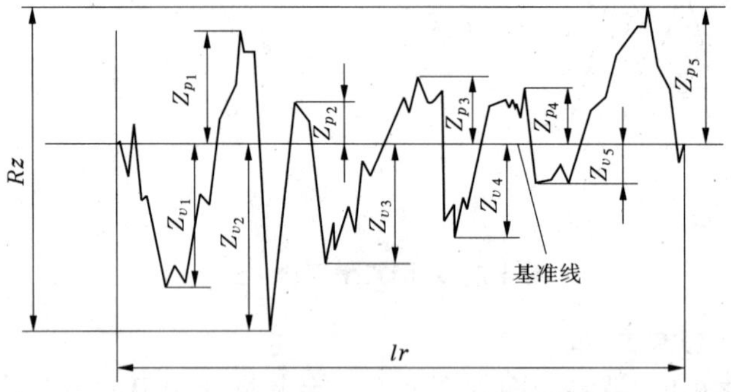

图 4-9　轮廓最大高度

国家标准规定幅度参数 *Ra* 和 *Rz* 是主要评定参数,设计时应按国家标准规定的参数值系列选取,如表 4-2、表 4-3 所示。

表 4-2　轮廓算数平均偏差 *Ra* 数值(摘自 GB/T 1031—2009)　　单位:μm

0. 012	0. 05	0. 2	0. 8	3. 2	12. 5	50
0. 025	0. 1	0. 4	1. 6	6. 3	25	100

表 4-3　轮廓最大高度 *Rz* 数值(摘自 GB/T 1031—2009)　　单位:μm

0. 025	0. 1	0. 4	1. 6	6. 3	25	100	400	1 600
0. 05	0. 2	0. 8	3. 2	12. 5	50	200	800	

三、表面粗糙度的附加评定参数值

(一)间距参数(与间距特性有关的参数)

轮廓单元平均宽度 *Rsm* 是指在一个取样长度 *lr* 内,轮廓单元宽度 Xs_i 的平均值,而轮廓单元是指一个轮廓峰和一个轮廓谷的组合,如图 4-10 所示。公式表示为

$$Rsm = \frac{1}{m}\sum_{i=1}^{m} Xs_i \tag{4-5}$$

式中　Xs_i——第 i 个轮廓单元的宽度;

m——轮廓单元的个数。

Rsm 反映轮廓表面峰谷的疏密程度,*Rsm* 值越大,峰谷越稀,密封性越差,因此有密封功能要求的工作表面应附加此参数。

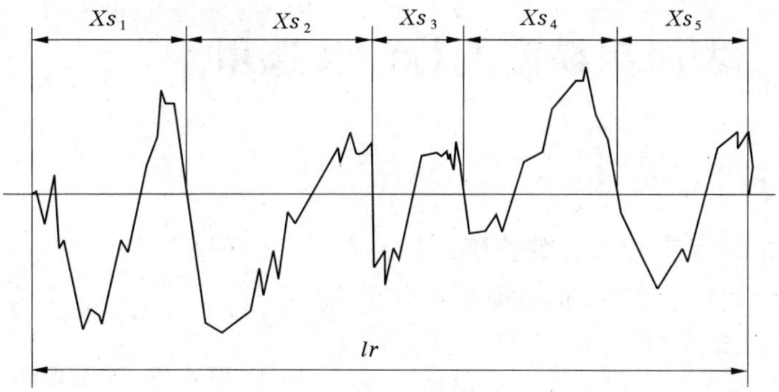

图 4-10　轮廓单元宽度

(二)曲线参数(与形状特性有关的参数)

轮廓支承长度率 $Rmr(c)$ 即在一个取样评定长度 ln 内,给定水平截面高度 c 上的轮廓实体材料长度 $Ml(c)$ 与评定长度 ln 的比率,如图 4-11 所示。公式表示为

$$Rmr(c)=\frac{Ml(c)}{ln} \tag{4-6}$$

式中　$Ml(c)$——轮廓实体材料长度,是一平行于基准线的直线从峰顶向下移一水平截距 c 时,与轮廓相截所得各截线长度之和,即

$$Ml(c)=Ml_1+Ml_2+\cdots+Ml_n=\sum_{i=1}^{n}|Ml_i| \tag{4-7}$$

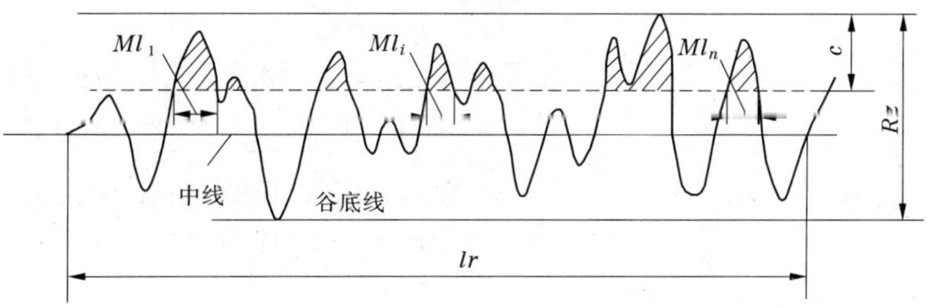

图 4-11　轮廓实体材料长度

轮廓支承长度率 $Rmr(c)$ 与表面轮廓形状有关,是反映表面耐磨性能的指标。如图 4-12 所示,当给定水平位置 c 时,$Rmr(c)$ 值越大,表示零件表面实体材料部分越大,承载面积就越大,支承能力和耐磨性就越好。如图 4-12(a)所示表面的耐磨性较好,图 4-12(b)所示表面的耐磨性较差。

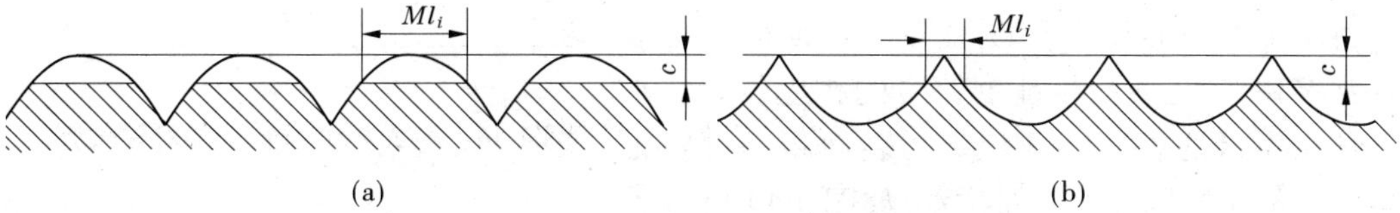

图 4-12　不同实际轮辐形状的实体材料长度

任务四　表面粗糙度的标注及选用

一、表面粗糙度的符号

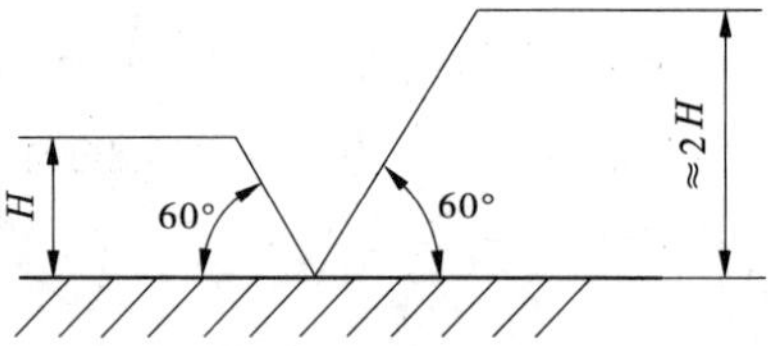

图 4-13　表面粗糙度符号画法

表面粗糙度的评定参数及其数值确定后，应按 GB/T 131—2006 的规定，把表面粗糙度要求正确地标注在零件图上，表面粗糙度在图样上用细实线画出，符号画法如图 4-13 所示。表面粗糙度的符号在同一张图样上，每一个表面一般只标注一次，其大小应一致。

当零件表面仅需要加工，但对表面粗糙度的其他规定没有要求时，允许在图样上只注写表面粗糙度符号，图样上所标注的表面粗糙度符号见表 4-4。

表 4-4　表面粗糙度的符号

名称	符号	含义
基本图形符号		表示表面可用任何方法获得，当不加注表面粗糙度参数值或有关补充说明（如表面处理、局部热处理状况等）时，仅适用于简化代号标注
扩展图形符号		表示指定表面用去除材料的方法获得，如通过机械加工获得的表面（车、铣、钻、磨、剪切、抛光、腐蚀、电火花加工等）
		表示指定表面用不去除材料的方法获得，如铸、锻、冲压变形、热轧、冷轧、粉末冶金等
完整图形符号		在基本图形符号和扩展图形符号的长边上加一横线，用于标注表面粗糙度特征的有关参数和说明
工件轮廓各表面的图形符号	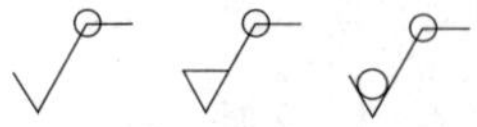	在完整图形符号上加一圆圈，表示投影面上构成封闭轮廓的各个表面具有相同的表面粗糙度要求

二、表面粗糙度的标注

（一）表面图形符号的特征组成

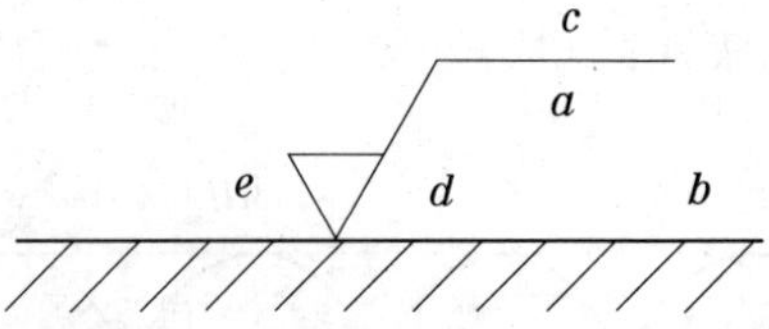

图 4-14　表面粗糙度特征的标注位置

当需要表示的加工表面对表面特征的其他规定有要求时，应在表面粗糙度符号的相应位置注上若干必要项目的表面特征规定。表面粗糙度特征的各项规定在符号中的注写位置，如图 4-14 所示。

a—注写表面结构单一要求，包括粗糙度幅度参数代号（*Ra*、*Rz*）、参数极限值（单位为 μm）和传输带或取样长度［其标注顺序及规定如下：传输带数值/评定长度/幅度参数代

号(空格)幅度参数数值]。

b—注写第二个(或多个)表面结构要求,附加评定参数(如 *Rsm*,单位为 mm)。

c—加工方法。

d—加工纹理方向的符号。

e—加工余量,mm。

(二)极限值及其判断规则的标注

图形符号组成特征的标注除“取样长度”和“评定长度”外,还应标注“极限值及其判断规则、传输带、加工方法或相关信息、表面纹理和加工余量”等信息。

极限值是指图样上给定的粗糙度参数值(单向上限值、下限值、最大值或双向上限值和下限值)。极限值的判断规则是指在完工零件表面上测出实测值后,如何与给定值比较,以判断其是否合格的规则。极限值的判断规则有以下两种。

(1)16%规则:指在同一评定长度范围内,幅度参数所有的实测值中,允许 16%测得值超过规定值则认为合格。16%规则是所有表面粗糙度要求标注的默认规则,若采用,则图样上无须注出。

(2)最大规则:指在幅度参数符号 *Ra* 和 *Rz* 的后面标注一个“max”的标记。它表示整个所有实测值不得超过规定值。

当标注单向极限要求时,一般是指参数的上限值(16%规则或最大规则的极限值),此时不必加注说明;如果是指参数的下限值,则应在参数代号前加“*L*”,例如 *LRa*6.3(16%规则)、Ra_{max}1.6(最大规则)。

表示双向极限时应标注极限代号,上限值在上方用 *U* 表示,下限值在下方用 *L* 表示。如果同一参数具有双向极限要求,在不会引起歧义的情况下,可以不加 *U*、*L*。极限值及其判断规则的注法如图 4-15 所示。

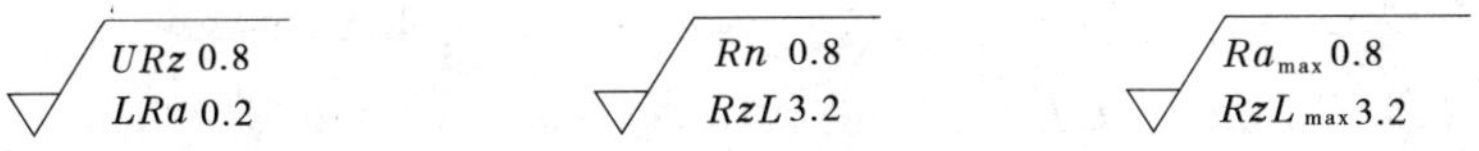

(a)双向极限的注法　　(b)16%规则　　(c)最大规则

图 4-15　极限值及其判断规则的标注

(三)传输带和取样长度、评定长度的标注

传输带是指两个长、短波滤波器之间的波长范围,即评定时的波长范围。传输带被一个截止短波滤波器和另一个截止长波的长波滤波器所限制。滤波器由截止波长值表示,而长波滤波器的截止波长值即为取样长度。传输带(单位为 mm)标注在幅度参数符号的前面,并用斜线“/”隔开,如图 4-16 所示。图 4-16(a)中,*c*=0.002 5 mm,*lr*=0.8 mm。

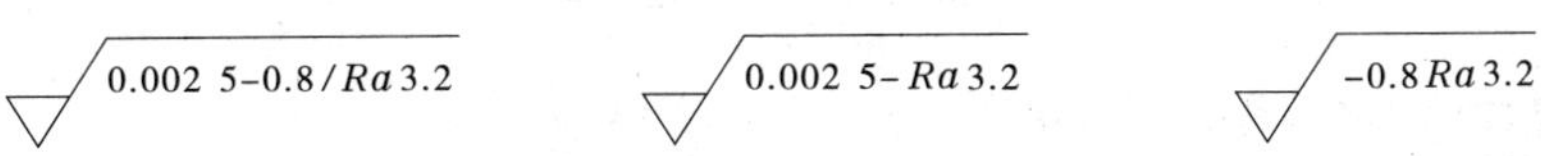

(a)　　(b)　　(c)

图 4-16　传输带的标注

需要指定评定长度时,则应在幅度参数符号的后面注写取样长度的个数,如图 4-17

所示。如图 4-17(a)所示的标注中,$ln=3lr$,$c=lr=1$ mm,s 默认为标准化值 0.002 5 mm,判断规则默认为 16%规则;图 4-17(b)所示的标注中,$ln=6lr$,传输带为 0.008~1 mm,判断规则采用最大规则。

(a)16%规则　　(b)最大规则

图 4-17　评定长度的标注

(四)表面纹理方向的标注

纹理方向是指表面纹理的主要方向,通常由加工工艺决定。需要标注表面纹理及其方向时,则应采用规定的符号(摘自 GB/T 131—2006)进行标注。表面纹理标注符号如图 4-18 所示。

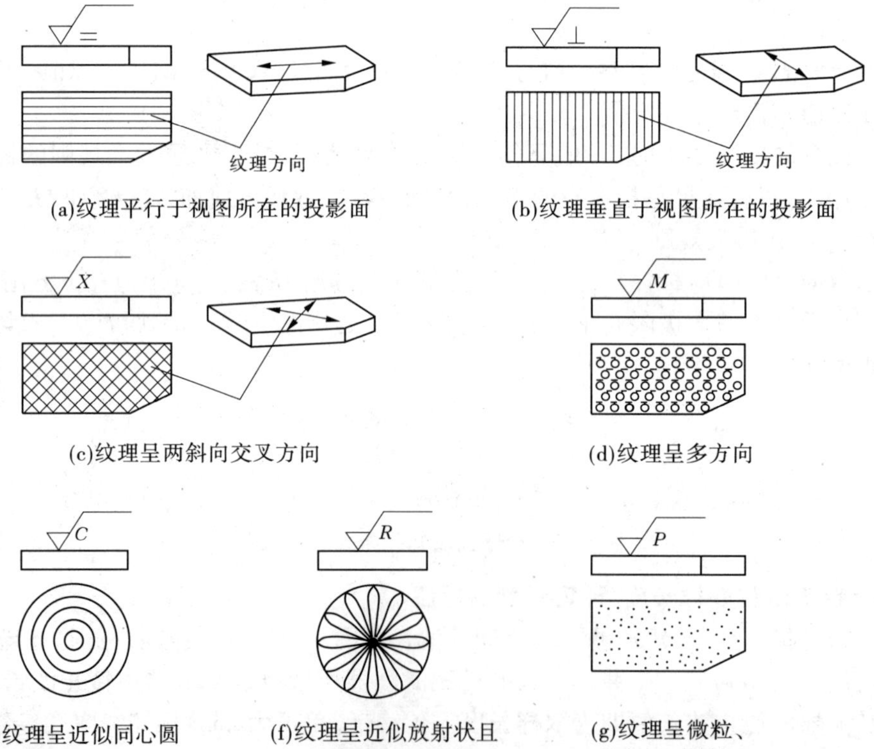

(a)纹理平行于视图所在的投影面　　(b)纹理垂直于视图所在的投影面

(c)纹理呈两斜向交叉方向　　(d)纹理呈多方向

(e)纹理呈近似同心圆且圆心与表面中心相关　　(f)纹理呈近似放射状且与表面中心相关　　(g)纹理呈微粒、凸起、无方向

图 4-18　常见的加工纹理方向符号

(五)间距、形状特征参数的标注

若需要标注 Rsm、$Rmr(c)$ 值,将其符号注在加工纹理的旁边,数值写在代号的后面。如图 4-19 所示,用磨削的方法获得的表面的幅度参数 Ra 上限值为 1.6 μm(采用最大原则),下限值为 0.2 μm(默认 16%规则),传输带皆采用 $s=0.008$ mm,$c=r=1$ mm,评定长度值采用默认的标准化值 5;附加了间距参数 Rsm0.05 mm,加工纹理垂直于视图所在的

投影面。

(六)加工余量的标注

在零件图上标注的表面粗糙度轮廓技术要求都是针对完工表面的要求,因此不需要标注加工余量。但对于有多个加工工序的表面可以标注加工余量,如图 4-20 所示,加工余量的标注表示车削工序的直径方向加工余量为 0.4 mm。

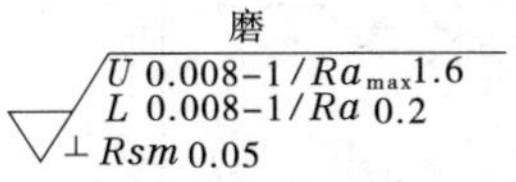

图 4-19　间距、形状特征参数的标注

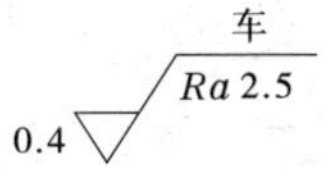

图 4-20　加工余量的标注

(七)表面粗糙度标注示例

表面粗糙度标注示例见表 4-5。

表 4-5　表面粗糙度标注示例

代号	含义/解释
$Ra1.6$	表示任意加工方法,单向上限值,默认传输带,*R* 轮廓,算数平均偏差为 1.6 μm,评定长度为 5 个取样长度(默认),16%规则(默认)
$Rz0.4$(不允许去除材料)	表示不允许去除材料,单向上限值,默认传输带,*R* 轮廓,表面粗糙度的最大高度为 0.4 μm,评定长度为 5 个取样长度(默认),16%规则(默认)
$Rz_{max}0.2$	表示去除材料,单向上限值,默认传输带,*R* 轮廓,表面粗糙度最大高度的轮廓值为 0.2 μm,评定长度为 5 个取样长度(默认),最大规则
0.008-0.8/Ra 3.2	表示去除材料,单向上限值,传输带 0.008～0.8 mm,*R* 轮廓,算数平均偏差为 3.2 μm,评定长度为 5 个取样长度(默认),16%规则(默认)
U Ra_{max} 3.2 L Ra 0.8(不允许去除材料)	表示不允许去除材料,双向极限值,两极限值均为默认传输带,*R* 轮廓,上限值:算数平均偏差 3.2 μm,评定长度为 5 个取样长度(默认),最大规则;下限值:算数平均偏差 0.8 μm,评定长度为 5 个取样长度(默认),16%规则(默认)
铣 Ra0.8 -0.8/Rz3.2 ⊥	表示去除材料,双向极限值:①默认传输带和评定长度,算数平均偏差为 0.8 μm,16%规则(默认);②传输带为 0.008～0.8 mm,默认评定长度,轮廓的最大高度为 3.2 μm,16%规则(默认)。表面纹理垂直于视图的投影面,加工方法为铣削

三、表面粗糙度的标注方法

表面粗糙度在图样上的标注,总的原则根据 GB/T 4458.4—2003 的规定,使表面粗糙度的注写和读取方向与尺寸注写和读取方向一致。表面粗糙度符号、代号一般标注在可见轮廓线、尺寸界线、引出线或它们的延长线上,符号的尖端必须从材料外指向表面,如图 4-21 所示。

(1)表面粗糙度可标注在轮廓线上,其符号应从材料外指向并接触表面,如图 4-22 所示。必要时,也可用带箭头或黑点的指引线引出标注,如图 4-23 所示。

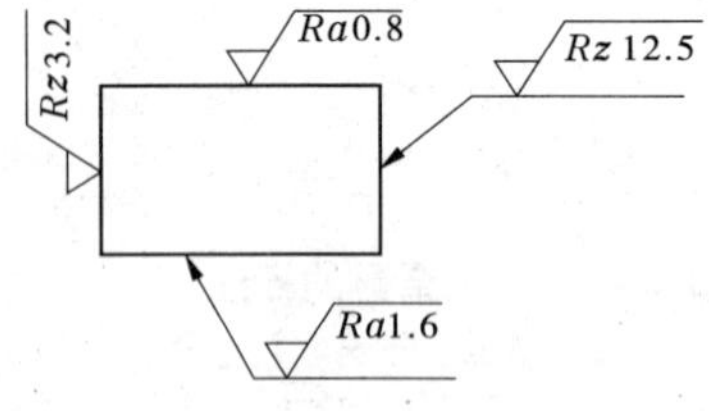

图 4-21 表面粗糙度要求的注写方向

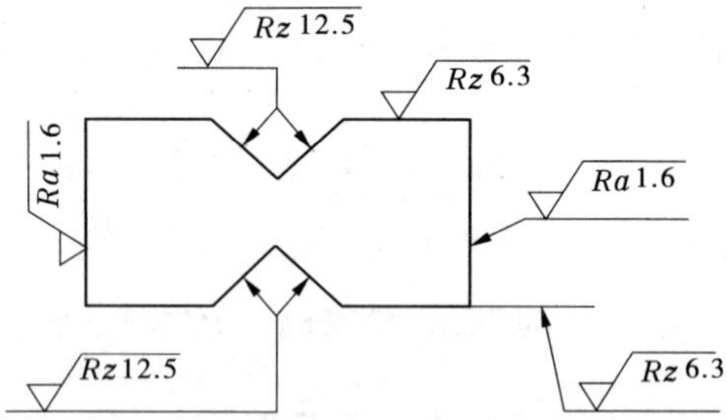

图 4-22 表面粗糙度代号在图样上的标注

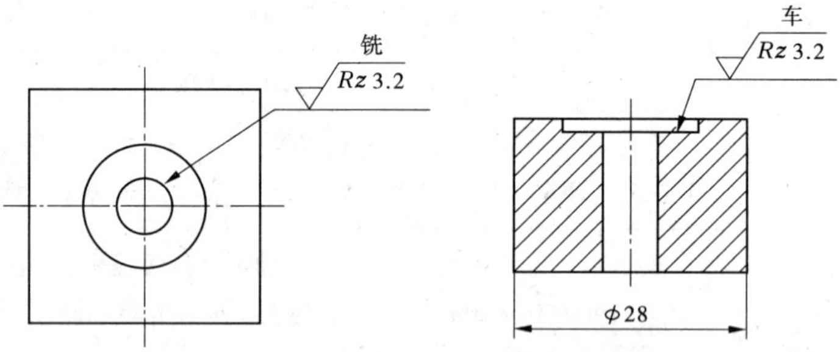

(a)标注形式(一) (b)标注形式(二)

图 4-23 指引线引出标注表面粗糙度示例

(2)在不至引起误解时,表面粗糙度可以注写在给定的尺寸线上,如图 4-24 所示。

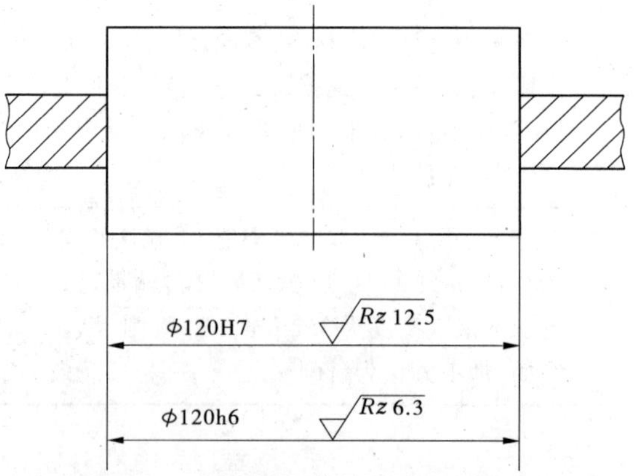

图 4-24 表面粗糙度注写在尺寸线上

(3)表面粗糙度可以标注在形位公差框格上方,如图 4-25 所示。

(4)表面粗糙度可以直接标注在延长线上,或用带箭头的指引线引出标注,如图 4-26 所示。

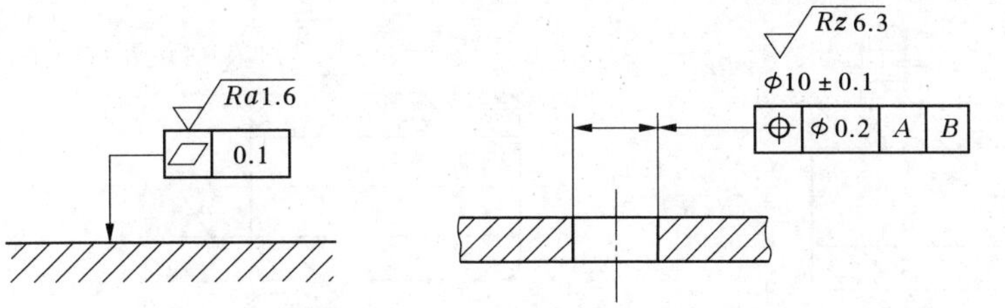

(a)标注在几何公差上方　　(b)标注在尺寸公差上方

图 4-25　表面粗糙度标注在形位公差框格上方

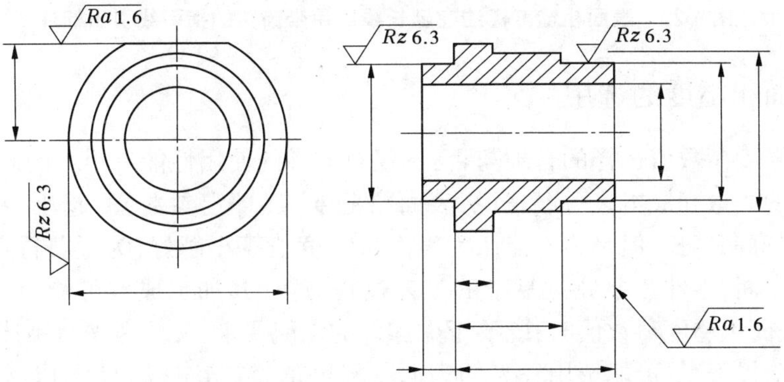

(a)标注在延长线(尺寸界线)　　(b)标注在指引线上

图 4-26　表面粗糙度标注在延长线或用带箭头的指引线引出标注

(5)表面粗糙度可以标注在圆柱和棱柱表面上,圆柱和棱柱表面的表面粗糙度要求只标注一次。如果每个棱柱表面有不同的表面结构要求,则应分别单独标注,如图 4-27 所示。

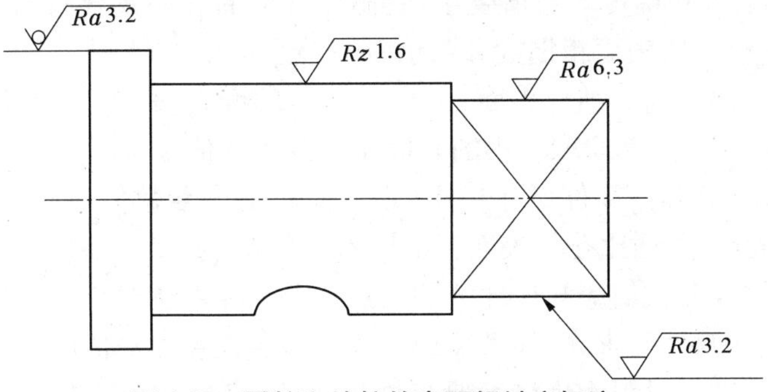

图 4-27　圆柱和棱柱的表面粗糙度标注

(6)简化标注。当零件的某些表面或多数表面具有相同的技术要求时,对这些表面的技术要求可以用特定符号统一标注在零件图的标题栏附近。该表面粗糙度要求符号后面应有圆括号,说明该要求的适用范围。如图 4-28(a)所示,括号内给出无任何其他标注的基本符号;如图 4-28(b)所示,在括号内给出粗糙度不同的表面粗糙度要求。

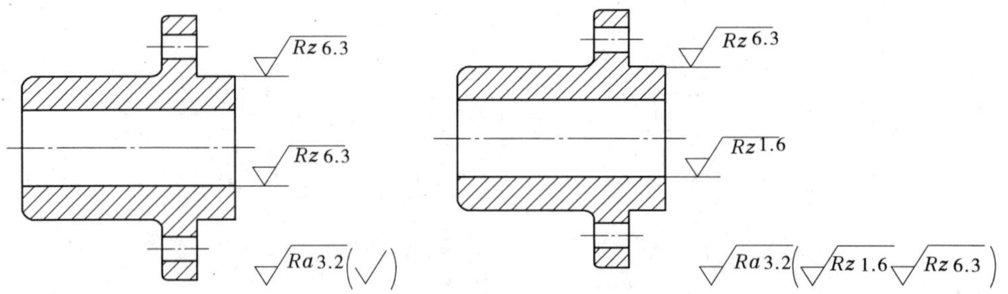

(a)含义为“其他”的简化标注　　(b)含义为“除(括号内参数)以外”的简化标注

图 4-28　表面粗糙度标注在延长线或用带箭头的指引线引出标注

四、表面粗糙度的选用

表面粗糙度参数值选择的合理与否，不仅对零件的使用性能有很大的影响，而且直接关系到零件的质量和成本。一般来说，表面粗糙度值（评定参数值）越小，零件的工作性能越好，使用寿命越长，但是绝不能认为表面粗糙度值越小越好，为了获得零件表面粗糙度值较小的表面，零件需要经过复杂的工艺过程，这样其加工成本可能会随之增高。因此，在选择表面粗糙度参数值时，既要考虑零件的功能要求，又要考虑其制造成本，在满足功能要求的前提下，尽可能选用较大的表面粗糙度值［除 $Rmr(c)$ 外］，以减小加工困难、降低成本。

（一）一般选择原则

（1）同一零件上，工作表面的粗糙度参数值小于非工作表面的。

（2）摩擦表面的粗糙度参数值比非摩擦表面小；滚动摩擦表面的粗糙度参数值比滑动摩擦表面小；运动速度高、单位面积压力大的摩擦表面，应比运动速度低、单位面积压力小的摩擦表面的表面粗糙度参数值要小；受循环载荷的表面及容易引起应力集中的部分（如零件上圆角、沟槽），表面粗糙度参数值都应该小。

（3）配合性质要求高的结合表面，配合间隙小的配合表面，以及要求连接可靠、受重载荷的过盈配合表面等，都应取较小的表面粗糙度参数值。

（4）配合性质相同时，零件尺寸越小，则表面粗糙度参数值应越小；同一公差精度等级时，小尺寸比大尺寸、轴比孔的表面粗糙度参数值要小。

（5）表面粗糙度参数值应与尺寸公差及形状公差相协调。

（6）防腐性、密封性要求高，外表美观等表面的粗糙度参数值应较小。

（7）凡有关标准已对表面粗糙度要求做出规定，则应按标准规定的表面粗糙度参数值选用。

（二）参数值的选用方法

在选择表面粗糙度参数值时，通常可参照一些经过验证的实例，用类比法来确定。表 4-6 中给出了表面粗糙度的表面特征、经济加工方法及应用举例，可供设计时参考。

一般来说，尺寸公差和形状公差小的表面，其表面粗糙度参数值也应小。即尺寸公差等级高，表面粗糙度要求也高。然而，在实际生产中尺寸公差、形状公差要求很大，但表面

表 4-6　表面粗糙度的表面特征、经济加工方法及应用举例

表面微观特性		Ra/μm	Rz/μm	加工方法	应用举例
粗糙表面	可见刀痕	>20~40	>80~160	粗车、粗刨、粗铣、钻、毛锉、锯断	半成品粗加工过的表面，非配合的表面，如轴端面、倒角、钻孔、齿轮、带轮侧面、键槽底面、垫圈接触面等
	微见刀痕	>10~20	>40~80		
半光表面	可见加工痕迹	>5~10	>20~40	车、刨、铣、镗、钻、粗铰	轴上不安装轴承、齿轮处的非配合表面，紧固件的自由装配表面，轴和孔的退刀槽等
	微见加工痕迹	>2. 5~5	>10~20	车、刨、铣、镗、磨、拉、粗刮、滚压	半精加工表面，箱体、支架、盖面、套筒等和其他零件结合而无配合要求的表面，需要法兰的表面等
	不可见加工痕迹	>1. 25~2. 5	>6. 3~10	车、刨、铣、镗、磨、拉、刮、压、铣齿	接近于精加工表面，箱体上安装轴承的镗孔表面，齿轮的工作表面等
光表面	可见加工痕迹	>0. 63~1. 25	>3. 2~6. 3	车、镗、磨、拉、刮、精铰、磨齿、滚压	圆柱销、圆锥销与滚动轴承配合的表面，卧式车床导轨面，内、外花键定位表面等
	微见加工痕迹	>0. 32~0. 63	>1. 6~3. 2	精铰、精镗、磨刮、滚压	要求配合性质稳定的配合表面，工作时受交变应力的重要零件，较高精度车床的导轨面等
	不可见加工痕迹	>0. 16~0. 32	>0. 8~1. 6	精磨、珩磨、研磨、超精加工	精密机床主轴锥孔、顶尖圆锥面，发动机曲轴、凸轮轴工作表面，高精度齿轮齿面等

粗糙度参数值却要求很小，如机床手轮、医疗器械等的表面，对尺寸精度的要求不高，但却要求表面光滑。表 4-7 为常用表面粗糙度参数值。

一般情况下，它们之间有一定的对应关系。设表面形状公差值为 T，尺寸公差值为 IT，它们之间可参照如下对应关系：

若 $T \approx 0.6\mathrm{IT}$，则 $Ra \leqslant 0.05\mathrm{IT}$，$Rz \leqslant 0.2\mathrm{IT}$；

若 $T \approx 0.4\mathrm{IT}$，则 $Ra \leqslant 0.025\mathrm{IT}$，$Rz \leqslant 0.1\mathrm{IT}$；

若 $T \approx 0.25\mathrm{IT}$，则 $Ra \leqslant 0.012\mathrm{IT}$，$Rz \leqslant 0.05\mathrm{IT}$；

若 $T < 0.25\mathrm{IT}$，则 $Ra \leqslant 0.15\mathrm{IT}$，$Rz \leqslant 0.6\mathrm{IT}$。

表4-7 常用表面粗糙度 *Ra* 参数值(摘自 GB/T 1031—2009) 单位:μm

经常装配的配合表面				过盈配合的配合表面						定心精度高的配合表面			滑动轴承表面		
公差等级	表面	公称尺寸/mm		公差等级		表面	公称尺寸/mm			径向跳动	轴	孔	公差等级	表面	*Ra*
		~50	>50~500				~50	>50~120	>120~500						
		Ra					*Ra*				*Ra*				
IT5	轴	0.2	0.4	装配按机械压入法	IT5	轴	0.1~0.2	0.4	0.4	2.5	0.05	0.1	IT6~IT9	轴	0.4~0.8
	孔	0.4	0.8			孔	0.2~0.4	0.8	0.8	4	0.1	0.2		孔	0.8~1.6
IT6	轴	0.4	0.8		IT6~IT7	轴	0.4	0.8	1.6	6	0.1	0.2	IT10~IT12	轴	0.8~3.2
	孔	0.4~0.8	0.8~1.6			孔	0.8	1.6	1.6	10	0.2	0.4		孔	1.6~3.2
IT7	轴	0.4~0.8	0.8~1.6		IT8	轴	0.8	0.8~1.6	1.6~3.2	16	0.4	0.8	流体润滑	轴	0.1~0.4
	孔	0.8	1.6			孔	1.6	1.6~3.2	1.6~3.2	20	0.8	1.6		孔	0.2~0.8
IT8	轴	0.8	1.6	热装法		轴	1.6								
	孔	0.8~1.6	1.6~3.2			孔	1.6~3.2								

任务五 表面粗糙度的检测

表面粗糙度检测与一般长度检测相比较,具有被测量小、测量精度要求高等特点。检测表面粗糙度的仪器和形式多种多样,但从测量原理上看,目前常用的表面粗糙度检测方法有比较法、光切法、干涉法和触针法。

一、比较法

比较法是将被测零件表面与表面粗糙度比较样块(见图4-29),通过视觉、触感或其他方法进行比较后,对被检零件表面的粗糙度做出评定的方法。在实际生产中,经常使用包括车、铣、刨、磨、镗等机械加工用的表面粗糙度比较样块。

用比较法检测评定表面粗糙度,这种方法虽然不够准确,只能对表面粗糙度值进行大概范围的判断,但其器具简单、使用方便且能满足一般的生产要求,故常用于生产现场。

二、光切法

光切法是利用光切原理测量表面粗糙度的方法,常采用的仪器是光切显微镜(双管显微镜)，如图 4-30 所示。该仪器适宜测量车、铣、刨或其他类似方法加工的金属零件的平面或外圆表面。光切法通常适用于测量 $Rz=0.5\sim60$ μm 的表面。

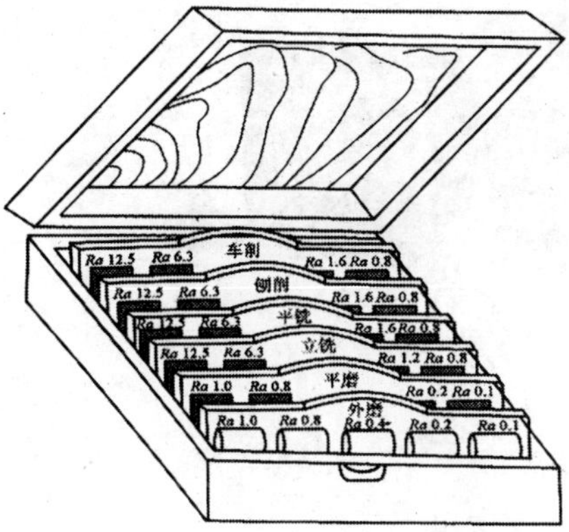

图 4-29　表面粗糙度比较样块

图 4-30　光切显微镜

三、干涉法

干涉法是利用光波干涉原理测量表面粗糙度的方法，常采用的仪器是干涉显微镜，原理是被测表面直接参与光路，用同一标准反射镜比较，以光波波长来度量干涉条纹弯曲程度，从而测得表面的粗糙度值。干涉法通常用于测量极光滑的表面，即 $Rz=0.025\sim0.8$ μm 的表面。

四、触针法

触针法是通过针尖(金刚石制成，半径为 2~3 μm 的针尖)感触微观不平整的截面轮廓的方法，它实际上是一种接触式电测量方法，即通过传感器将接触中的微量移动转换成电信号，并经过放大和处理，得到被测表面参数的相关数值，如图 4-31 所示。该方法所用的测量仪器一般称为电动轮廓仪，其实物如图 4-32 所示，它可测定 $Ra=0.025\sim5$ μm 的表面。此方法的特点是显示数值直观，可测量许多形状的被测表面，快速可靠、操作简便，并容易实现自动检测和计算机数据处理，但被测表面容易被触针划伤。

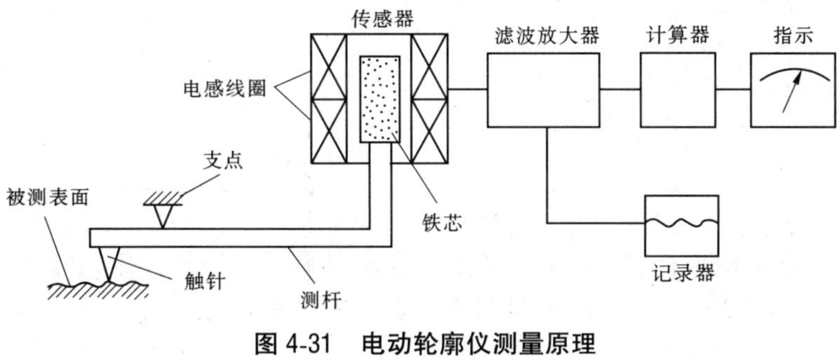

图 4-31　电动轮廓仪测量原理

图 4-32 电动轮廓仪

任务实施

(1)在实训室,以班级为单位分成若干小组,每个小组单独检测,通过实训指导教师示范和查看比较样块和电动轮廓仪使用手册,完成检测任务并填写检测报告,见表 4-8。

表 4-8 轴承套的表面粗糙度检测报告

被测零件名称			
测量结果/μm			
表面结构代号	理论值	实测值	合格性
零件合格性判断			
检测场地		检测日期	

(2)评价。检测结束后,学生首先自己检查测量结果;测量工具选用是否正确;能否正确使用测量工具和进行数据处理,根据检测数据对零件的合格性判断是否正确等,具体评价结果请填写在表 4-9 中。

表 4-9　轴承套检测结果评价

<table>
<tr><td>学习内容</td><td colspan="2"></td><td>班级</td><td></td><td>姓名</td><td></td><td>学号</td><td></td></tr>
<tr><td rowspan="5">教师评价</td><td>1</td><td>基础知识技能水平评价</td><td colspan="6"></td></tr>
<tr><td>2</td><td>检测方案评价</td><td colspan="6"></td></tr>
<tr><td>3</td><td>检测工具操作水平评价</td><td colspan="6"></td></tr>
<tr><td rowspan="2">4</td><td>检测数据评价</td><td colspan="2">检测数据与尺寸真值有小于10%的偏差</td><td colspan="2">检测数据与尺寸真值有大于10%且小于20%的偏差</td><td colspan="2">检测数据与尺寸真值有大于20%的偏差</td></tr>
<tr><td>评价等级</td><td colspan="2">A</td><td colspan="2">B</td><td colspan="2">C</td></tr>
<tr><td>对自己不足和进步的认识</td><td colspan="8"></td></tr>
<tr><td>同学的综合评价和建议</td><td colspan="8"></td></tr>
<tr><td>综合评定意见</td><td colspan="8"></td></tr>
</table>

习　题

一、填空题

1. 表面粗糙度是指__________所具有的__________和__________不平度。

2. 表面粗糙度的选用，应在满足表面功能要求的情况下，尽量选用__________的表面粗糙度数值。

3. 同一零件上，工作表面的粗糙度参数值__________非工作表面的粗糙度参数值。

4. 表面粗糙度基准线包括轮廓__________和轮廓__________中线。

5. 评定长度是指评定__________所必需的一段长度，它可以包含 5 个__________长度。

6. 轮廓算术平均偏差 *Ra* 是__________特征参数。

7. 轮廓支承长度率越大，表示表面零件承载面积__________。

二、判断题

1. 表面粗糙度反映的是零件加工表面上微观几何形状误差，它是由机床几何精度方面引起的。（　　）

2. 表面粗糙度的三类特征评定参数中，最常采用的是高度特性参数。（　　）

3. 选择表面粗糙度评定参数值应尽量小比较好。（　　）

4. 零件的尺寸精度越高，通常表面粗糙度值相应取得越小。（　　）

5. 要求配合精度高度的零件，其表面粗糙度数值应大。（　　）

6. 摩擦表面应比非摩擦表面的表面粗糙度数值小。 (　　)

三、选择题

1. 零件加工时产生表面粗糙度的主要原因是(　　)。
   A. 刀具装夹不准确而形成的误差
   B. 机床的几何精度方面的误差
   C. 机床—刀具—工件系统的振动、发热和运动不平衡
   D. 刀具和工件表面间的摩擦、切屑分离时表面层的塑性变形及工艺系统的高频振动
2. 能较全面地反映表面微观几何形状特征的参数是(　　)。
   A. 轮廓算术平均偏差　　B. 微观不平度+点高度
   C. 轮廓最大高度　　D. 轮廓单峰平均间距
3. 表面粗糙度数值越小,则零件的(　　)。
   A. 配合稳定性好　　B. 抗疲劳强度差
   C. 传动灵敏性差　　D. 加工容易
4. 表面粗糙度中,轮廓算术平均偏差的代号是(　　)。
   A. *Rz*　　B. *Ry*　　C. *Sm*　　D. *Ra*
5. 测量表面粗糙度时,规定取样长度是为了(　　)。
   A. 减少波纹度的影响　　B. 考虑加工表面的不均匀
   C. 使测量方便　　D. 能测量出波距

四、绘图

试将下列表面粗糙度要求标注在图 4-33 所示的图样上(各表面均采用去除材料法获得)。
1. 直径为 ϕ_1 的圆柱外表面粗糙度参数 *Ra* 的上限值为 3.2 μm。
2. 左端面的表面粗糙度参数 *Ra* 的最大值为 1.6 μm。
3. 右端面的表面粗糙度参数 *Ra* 的上限值为 1.6 μm。
4. 直径为 ϕ_2 的内孔表面粗糙度参数 *Rz* 的上限值为 0.8 μm。
5. 螺纹工作面的表面粗糙度参数 *Ra* 的上限值为 3.2 μm,下限值为 1.6 μm。
6. 其余各加工面的表面粗糙度参数 *Ra* 的上限值为 12.5 μm。

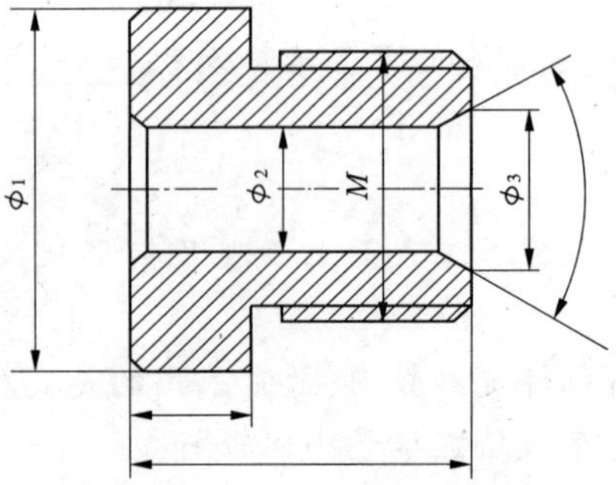

图 4-33　表面粗糙度标注

项目五　光滑极限量规与光滑工件尺寸检测

【知识目标】

1. 掌握光滑工件尺寸的验收原则、安全裕度和验收极限。
2. 掌握通用计量器具的选择。
3. 理解光滑极限量规的设计原理和工作量规的设计过程。

【能力目标】

能够正确选择计量器具检测光滑工件尺寸，并判断其合格性。

任务描述

如图 5-1 所示，试确定管连接件上轴用工作量规的尺寸，并判断该轴径是否合格。

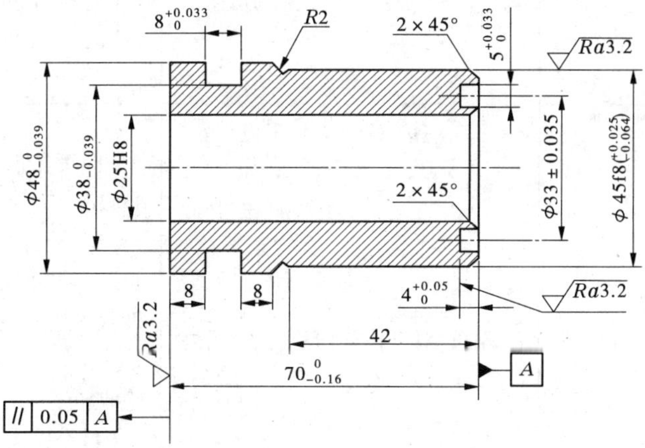

图 5-1　管件连接图

知识准备

任务一　光滑工件尺寸的检验

一、验收极限的确定

在机械加工车间环境条件下，使用通用计量器具测量零件尺寸时，通常采用两点法测量，测得的值为轴、孔的局部实际尺寸。计量器具存在测量误差、轴或孔的形状误差、测量条件偏离标准规定范围等，使测量结果偏离被测真值。因此，当测得值在工件最大、最小极限尺寸附近时，就有可能将本来处在公差带之内的合格品判为废品（误废），或将本来在公差带之外的废品判为合格品（误收）。

为了保证足够的测量精度，实现零件的互换性，必须按国家标准《光滑工件尺寸的检验》(GB/T 3177—2009)规定的验收原则及要求验收工件，并正确、合理地选择计量器具。

国家标准通过安全裕度来防止因测量不确定度的影响而造成工件“误收”和“误废”，即设置验收极限，以执行标准规定的“验收原则”。

验收极限的确定有两种方法，如表 5-1 所示。

表 5-1　光滑工件尺寸的验收极限

方法	验收极限	说明	适用的场合
方法 1	上验收极限=最大极限尺寸−安全裕度 A 下验收极限=最小极限尺寸+安全裕度 A	由于验收极限向工件的公差之内移动，为了保证验收时合格，在生产时工件不能按原有的极限尺寸加工，应按由验收极限所确定的范围生产，这个范围称为“生产公差”，如图 5-2 所示	(1)符合包容要求、公差等级高的尺寸验收。 (2)呈偏态分布的实际尺寸的验收，对“实际尺寸偏向边”的验收极限采用内缩一个安全裕度作为验收极限。 (3)符合包容要求且工艺能力指数 $c_p \geqslant 1$ 的尺寸验收
方法 2	上验收极限=最大极限尺寸 下验收极限=最小极限尺寸	安全裕度 A 等于零	(1)工艺能力指数≥1 的尺寸验收。 (2)符合包容要求的尺寸验收。其最小实体尺寸一边的验收极限采用不内缩方式。 (3)非配合尺寸和一般的尺寸验收。 (4)呈偏态分布的实际尺寸验收。对“实际尺寸非偏向边”的验收极限采用不内缩方式

注：工艺能力指数 c_p 值是工件公差值 T 与加工设备工艺能力 $c\sigma$ 的比值。c 为常数，工件尺寸遵循正态分布时 $c=6$；σ 为加工设备的标准偏差，$c_p = T/(6\sigma)$。

(1)验收原则——所用验收方法应只接收位于规定的极限尺寸之内的工件。即允许有误废而不允许有误收。

(2)安全裕度(A)——测量不确定度的允许值。它由被测工件的尺寸公差值确定，一般取工件尺寸公差值的 10%左右，其数值如表 5-2 所示。

安全裕度和验收极限如图 5-2 所示。

(3)验收极限——检验工件尺寸时判断合格与否的尺寸界限。

表 5-2　安全裕度(A)与计量器具的测量不确定允许值(u_1)　　单位:μm

公称等级		IT6					IT7					IT8					IT9				
基本尺寸/mm		T	A	u_1			T	A	u_1			T	A	u_1			T	A	u_1		
大于	至			Ⅰ	Ⅱ	Ⅲ			Ⅰ	Ⅱ	Ⅲ			Ⅰ	Ⅱ	Ⅲ			Ⅰ	Ⅱ	Ⅲ
—	3	6	0.6	0.54	0.9	1.4	10	1.0	0.9	1.5	2.3	14	1.4	1.3	2.1	3.2	25	2.5	2.3	3.8	5.6
3	6	8	0.8	0.72	1.2	1.8	12	1.2	1.1	1.8	2.7	18	1.8	1.6	2.7	4.1	30	3.0	2.7	4.5	6.8
6	10	9	0.9	0.81	1.4	2.0	15	1.5	1.4	2.3	3.4	22	2.2	2.0	3.3	5.0	36	3.6	3.3	5.4	8.1
10	18	11	1.1	1.0	1.7	2.5	18	1.8	1.7	2.7	4.1	27	2.7	2.4	4.1	6.1	43	4.3	3.9	6.5	9.7
18	30	13	1.3	1.2	2.0	2.9	21	2.1	1.9	3.2	4.7	33	3.3	3.0	5.0	7.4	52	5.2	4.7	7.8	12
30	50	16	1.6	1.4	2.4	3.6	25	2.5	2.3	3.8	5.6	39	3.9	3.5	5.9	8.8	62	6.2	5.6	9.3	14
50	80	19	1.9	1.7	2.9	4.3	30	3.0	2.7	4.5	6.8	46	4.6	4.1	6.9	10	74	7.4	6.7	11	17
80	120	22	2.2	2.0	3.3	5.0	35	3.5	3.2	5.3	7.9	54	5.4	4.9	8.1	12	87	8.7	7.8	13	20
120	180	25	2.5	2.3	3.8	5.6	40	4.0	3.6	6.0	9.0	63	6.3	5.7	9.5	14	100	10	9.0	15	23
180	250	29	2.9	2.6	4.4	6.5	46	4.6	4.1	6.9	10	72	7.2	6.5	11	16	115	12	10	17	26
250	315	32	3.2	2.9	4.8	7.2	52	5.2	4.7	7.8	12	81	8.1	7.3	12	18	130	13	12	19	29
315	400	36	3.6	3.2	5.4	8.1	57	5.7	5.1	8.4	13	89	8.9	8.0	13	20	140	14	13	21	32
400	500	40	4.0	3.6	6.0	9.0	63	6.3	5.7	9.5	14	97	9.7	8.7	15	22	155	16	14	23	35

公称等级		IT10					IT11					IT12				IT13			
基本尺寸/mm		T	A	u_1			T	A	u_1			T	A	u_1		T	A	u_1	
大于	至			Ⅰ	Ⅱ	Ⅲ			Ⅰ	Ⅱ	Ⅲ			Ⅰ	Ⅱ			Ⅰ	Ⅱ
—	3	40	4.0	3.6	6.0	9.0	60	6.0	5.4	9.0	14	100	10	9	15	140	14	13	21
3	6	48	4.8	4.3	7.2	11	75	7.5	6.8	11	17	120	12	11	18	180	18	16	27
6	10	58	5.8	5.2	8.7	13	90	9.0	8.1	14	20	150	15	14	23	220	22	20	33
10	18	70	7.0	6.3	11	16	110	11	10	17	25	180	18	16	27	270	27	24	41
18	30	84	8.4	7.6	13	19	130	13	12	20	29	210	21	19	32	330	33	30	50
30	50	100	10	9	15	23	160	16	14	24	36	250	25	23	38	390	39	35	59
50	80	120	12	11	18	27	190	19	17	29	43	300	30	27	45	460	46	41	69
80	120	140	14	13	21	32	220	22	20	33	50	350	35	32	53	540	54	49	81
120	180	160	16	15	24	36	250	25	23	38	56	400	40	36	60	630	63	57	95
180	250	185	18	17	28	42	290	29	26	44	65	460	46	41	69	720	72	65	110
250	315	210	21	19	32	47	320	32	29	48	72	520	52	47	78	810	81	73	120
315	400	230	23	21	35	52	360	36	32	54	81	570	57	51	80	890	89	80	130
400	500	250	25	23	38	56	400	40	36	60	90	630	63	57	95	970	97	87	150

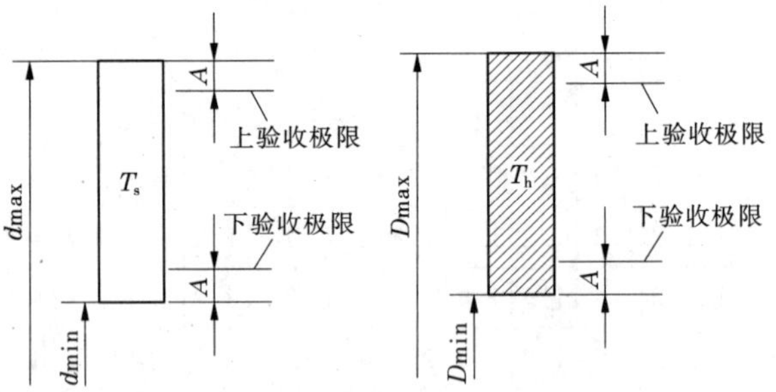

图 5-2　安全裕度和验收极限

二、计量器具的选择

由于被测工件的形状、大小、精度要求和使用场合不同,因而采用的测量器具也不同。单件或小批量生产常采用通用游标卡尺、千分尺等来测量;对于大批量生产,为提高检测效率,多采用光滑极限量规进行检测。为了克服这些检测方法上存在的问题,用普通的测量器具检测工件,应参照国家标准《产品几何技术规范(GPS) 光滑工件尺寸的检验》(GB/T 3177—2009)。

计量器具的选择主要取决于计量器具的技术指标和经济指标,选用时应考虑以下几点:

(1)选择的计量器具应与被测工件的外形位置、尺寸的大小及被测参数特性相适应,使所选计量器具的测量范围能满足工件的要求。

(2)选择的计量器具应考虑工件的尺寸公差,使所选计量器具的不确定度既要保证测量精度要求,又要符合经济性要求。工件公差小,计量器具精度要高;工件公差大,计量器具精度应低。

(3)选择的计量器具还应考虑计量器具所导致的测量不确定度(简称计量器具的测量不确定度)的允许值 u_1。在选择时,应使所选用计量器具的测量不确定度数值等于或小于选定的 u_1 值。

为了保证测量的可靠性和量值的统一,国家标准规定:按照计量器具的测量不确定度允许值 u_1 选择计量器具,见表 5-2。u_1 值分为Ⅰ、Ⅱ、Ⅲ三档,分别约为工件公差的 1/10、1/6 和 1/4。一般情况下,优先选用Ⅰ档,其次选用Ⅱ、Ⅲ档。选用计量器具时,应使所选测量器具的不确定度 u'_1 等于或小于表 5-2 所列的 u_1 值。常用的游标卡尺、千分尺、比较仪和指示表的不确定度 u'_1 见表 5-3~表 5-5。

表 5-3　游标卡尺和千分尺的不确定度　　单位：mm

<table>
<tr><th colspan="2" rowspan="2">尺寸范围</th><th colspan="4">计量器具类型</th></tr>
<tr><th>分度值 0.01
外径千分尺</th><th>分度值 0.01
内径千分尺</th><th>分度值 0.02
游标卡尺</th><th>分度值 0.05
游标卡尺</th></tr>
<tr><th>大于</th><th>至</th><th colspan="4">不确定度 u'_1</th></tr>
<tr><td>0</td><td>50</td><td>0.004</td><td rowspan="3">0.008</td><td rowspan="6">0.020</td><td rowspan="4">0.05</td></tr>
<tr><td>50</td><td>100</td><td>0.005</td></tr>
<tr><td>100</td><td>150</td><td>0.006</td></tr>
<tr><td>150</td><td>200</td><td>0.007</td><td rowspan="3">0.013</td></tr>
<tr><td>200</td><td>250</td><td>0.008</td><td rowspan="8">0.100</td></tr>
<tr><td>250</td><td>300</td><td>0.009</td></tr>
<tr><td>300</td><td>350</td><td>0.010</td><td rowspan="3">0.020</td><td rowspan="7"></td></tr>
<tr><td>350</td><td>400</td><td>0.011</td></tr>
<tr><td>400</td><td>450</td><td>0.012</td></tr>
<tr><td>450</td><td>500</td><td>0.013</td><td>0.025</td></tr>
<tr><td>500</td><td>600</td><td></td><td rowspan="3">0.030</td></tr>
<tr><td>600</td><td>700</td><td></td></tr>
<tr><td>700</td><td>1 000</td><td></td><td>0.150</td></tr>
</table>

表 5-4　比较仪的不确定度　　单位：mm

<table>
<tr><th colspan="2" rowspan="2">尺寸范围</th><th colspan="4">所使用的计量器具</th></tr>
<tr><th>分度值为 0.000 5
（相当于放大倍数
2 000 倍）的比较仪</th><th>分度值为 0.001
（相当于放大倍数
1 000 倍）的比较仪</th><th>分度值为 0.002
（相当于放大倍数
400 倍）的比较仪</th><th>分度值为 0.005
（相当于放大倍数
250 倍）的比较仪</th></tr>
<tr><th>大于</th><th>至</th><th colspan="4">不确定度 u'_1</th></tr>
<tr><td></td><td>25</td><td>0.000 6</td><td rowspan="2">0.001 0</td><td>0.001 7</td><td rowspan="6">0.003 0</td></tr>
<tr><td>25</td><td>40</td><td>0.000 7</td><td rowspan="3">0.001 8</td></tr>
<tr><td>40</td><td>65</td><td>0.000 8</td><td rowspan="2">0.001 1</td></tr>
<tr><td>65</td><td>90</td><td>0.000 8</td></tr>
<tr><td>90</td><td>115</td><td>0.000 9</td><td>0.001 2</td><td rowspan="2">0.001 9</td></tr>
<tr><td>115</td><td>165</td><td>0.001 0</td><td>0.001 3</td></tr>
<tr><td>165</td><td>215</td><td>0.001 2</td><td>0.001 4</td><td>0.002 0</td><td rowspan="3">0.003 5</td></tr>
<tr><td>215</td><td>265</td><td>0.001 4</td><td>0.001 6</td><td>0.002 1</td></tr>
<tr><td>265</td><td>315</td><td>0.001 6</td><td>0.001 7</td><td>0.002 2</td></tr>
</table>

表 5-5 指示表的不确定度

<table>
<tr><th colspan="2" rowspan="2">尺寸范围</th><th colspan="4">所使用的计量器具</th></tr>
<tr><th>分度值为 0.01 mm 的千分表(0 级在全程范围内)(1 级在 0.2 mm 内)分度值为 0.002 mm 的千分表(在 1 转范围内)</th><th>分度值为 0.001 mm、0.002 mm、0.005 mm 的千分表(1 级在全程范围内)分度值为 0.01 mm 的百分表(0 级在任意 1 mm 内)</th><th>分度值为 0.01 mm 的百分表(0 级在全程范围内)(1 级在任意 1 mm 内)</th><th>分度值为 0.01 mm 的百分表(1 级在全程范围内)</th></tr>
<tr><th>大于</th><th>至</th><th colspan="4">不确定度 u'_1/mm</th></tr>
<tr><td></td><td>25</td><td rowspan="5">0.005</td><td rowspan="9">0.010</td><td rowspan="9">0.018</td><td rowspan="9">0.030</td></tr>
<tr><td>25</td><td>40</td></tr>
<tr><td>40</td><td>65</td></tr>
<tr><td>65</td><td>90</td></tr>
<tr><td>90</td><td>115</td></tr>
<tr><td>115</td><td>165</td><td rowspan="4">0.006</td></tr>
<tr><td>165</td><td>215</td></tr>
<tr><td>215</td><td>265</td></tr>
<tr><td>265</td><td>315</td></tr>
</table>

注:当现有测量器具的不确定度(u'_1)达不到"小于或等于Ⅰ档允许值(u_1)"这一要求时,可选取表 5-2 中的第Ⅱ档(u_1),重新选择测量器具,否则还可选择第Ⅲ档。

【例 5-1】 工件在图样上的标注为 ϕ 130h9,求安全裕度、验收极限及计量器具的选择。

解:1. 安全裕度。根据 ϕ 130h9,查表 5-2 得

工件公差 T=100 μm,安全裕度 A=10 μm

计量器具的不确定度允许值Ⅰ档 u_1=9.0 μm。

2. 验收极限。如图 5-3 所示

上验收极限尺寸=上极限尺寸−A=130 mm−0.010 mm=129.99 mm

下验收极限尺寸=下极限尺寸+A=129.9 mm+0.010 mm=129.91 mm

3. 计量器具的选择

根据工件尺寸 ϕ 130 mm 查表 5-3,分度值为 0.01 mm 的外径千分尺的不确定度为 0.006 mm,小于 u_1=0.009 mm,可以选用。

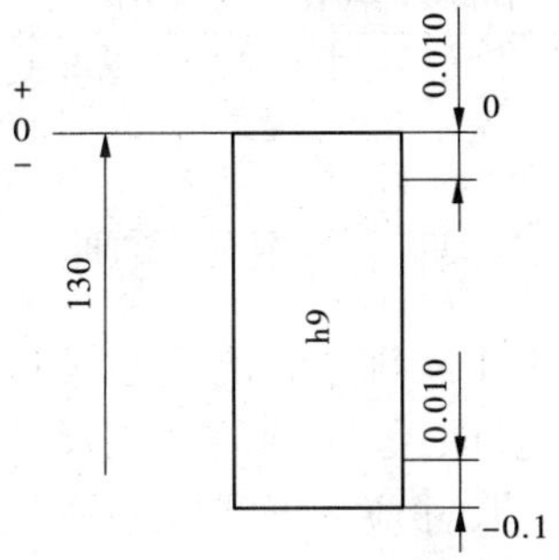

图 5-3　零件的验收极限

任务二　光滑极限量规

光滑极限量规是指被检验工件为光滑孔或光滑轴所用的极限量规的总称，是一种无刻度、成对使用的专用检验器具，它适用于大批量生产、遵守包容要求的轴、孔检验。用光滑极限量规检验零件时，只能判断零件是否在规定的验收极限范围内，而不能测出零件实际尺寸和形位误差的数值。量规结构设计简单，使用方便、可靠，检验零件的效率高。

一、光滑极限量规分类

（一）按被检工件类型分

（1）塞规。指用以检验被测工件为孔的量规。

（2）卡规。指用以检验被测工件为轴的量规。

量规有通规和止规，应成对使用，如图 5-4 所示。通规用来模拟最大实体边界，检验孔或轴的实际轮廓（实际尺寸和形状误差的综合结果）是否超出最大实体边界，即检验孔、轴的体外作用尺寸是否超出最大实体尺寸；止规用来模拟最小实体边界，检验孔、轴的实际尺寸是否超出最小实体尺寸。检验时，通规通过，止规通不过，工件合格；反之，工件不合格。

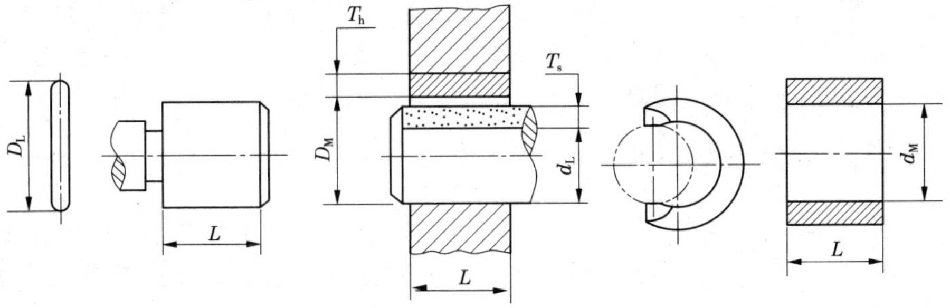

图 5-4　光滑极限量规

（二）按量规用途分

（1）工作量规。指在加工工件的过程中用于检验工件的量规，由操作者使用。

（2）验收量规。指验收者（检验员或购买机械产品的客户代表）用以验收工件的量规。

(3)校对量规。专门用于校对轴工件用的工作量规——卡规或环规的量规。

卡规和环规的工作尺寸属于孔尺寸,由于尺寸精度高,难以用一般计量器具测量,故标准规定了校对量规。

二、光滑极限量规的设计原则——泰勒原则

泰勒原则:孔的作用尺寸应大于或等于孔的最小极限尺寸,并在任何位置上孔的最大实际尺寸应小于或等于孔的最大极限尺寸;轴的作用尺寸应小于或等于轴的最大极限尺寸,并在任何位置上轴的最小实际尺寸应大于或等于轴的最小极限尺寸。

符合泰勒原则的量规形式如下:

(1)通规用于控制零件的作用尺寸,它的测量面理论上应具有与孔或轴相对应的完整表面(全形量规),其尺寸等于孔或轴的最大实体尺寸,且量规的长度等于配合长度。

(2)止规用于控制零件的实际尺寸,它的测量面理论上应为点状的(不全形止规),其尺寸等于孔或轴的最小实体尺寸,如图 5-5 所示。

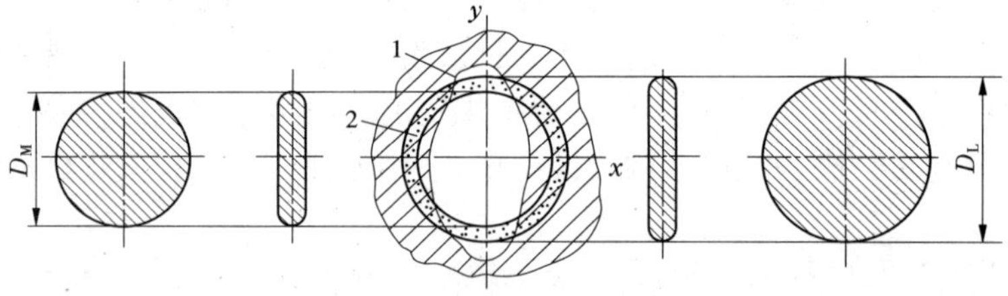

(a)全形通规 (b)两点状通规 (c)工件 (d)两点状止规 (e)全形止规

1—实际孔;2—孔公差带。

图 5-5 量规形状对检验结果的影响

(3)由于量规在制造和使用方面某些原因的影响,要求量规形式完全符合泰勒原则会有困难,有时甚至不能实现,因而不得不允许量规形式在一定条件下偏离泰勒原则。例如:为采用标准量规,通规的长度可能短于工件的配合长度,检验曲轴轴颈的通规无法用全形的环规,而用卡规代替;点状止规,检验中点接触易于磨损,往往改用小平面或球面来代替。

(4)当量规形式不符合泰勒原则时,有可能将不合格品判为合格品,为此,应该在保证被检验的孔、轴的形状误差(尤其是轴线的直线度、圆度)不致影响配合性质条件下,才能允许使用偏离泰勒原则的量规。

三、光滑极限量规的公差

量规的制造精度比工件高得多,但也会产生误差,因此需要对量规规定制造公差。

工作量规“通规”通过工件会产生磨损,需要规定磨损极限;工作量规“止规”磨损少,不规定磨损极限。

(一)工作量规的公差

为了确保产品质量与互换性,防止产生误收,国家标准 GB/T 1957—2006 规定量规的公差带不得超越工件的公差带。孔用和轴用工作量规公差带分布分别如图 5-6 所示。图中 T 为量规的制造公差,Z 为通规尺寸公差带的中心到工件最大实体尺寸之间的距离,称

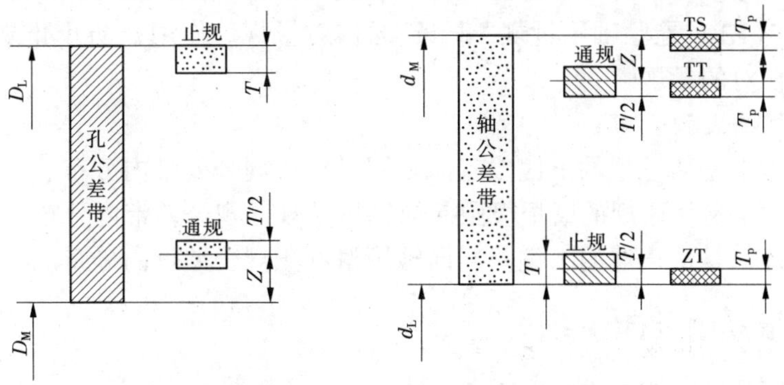

图 5-6　量规公差带分布

为位置要素。通规在使用过程中会逐渐磨损，为了使它具有一定的寿命，需要留出适当的磨损量，即磨损极限，其磨损极限等于被检验工件的最大实体尺寸。

因为止规不经常通过工件，磨损较少，所以在给定公差带内，不必留磨损量和另行规定磨损极限。

由图 5-6 可知，量规公差 T 和位置要素 Z 的数值越大，对工件的加工越不利；T 越小则量规制造困难，Z 越小则量规使用寿命短。因此，国家标准规定了量规制造公差 T 和公差带位置要素 Z 的数值，如表 5-6 所示。

表 5-6　IT6～IT10 级工作量规制造公差 T 和位置要素值 Z(摘自 GB/T 1957—2006)

工件基本尺寸	IT6			IT7			IT8			IT9			IT10		
D/mm	IT6	T	Z	IT7	T	Z	IT8	T	Z	IT9	T	Z	IT10	T	Z
至 3	6	1	1	10	1.2	1.6	14	1.6	2	25	2	3	40	2.4	4
大于 3 至 6	8	1.2	1.4	12	1.4	2	18	2	2.6	60	2.4	4	48	3	5
大于 6 至 10	9	1.4	1.6	15	1.8	2.4	22	2.4	3.2	36	2.8	5	58	3.6	6
大于 10 至 18	11	1.6	2	18	2	2.8	27	2.8	4	43	3.4	6	70	4	8
大于 18 至 30	13	2	2.4	2	2.4	3.4	33	3.4	5	52	4	7	84	5	9
大于 30 至 50	16	2.4	2.8	25	3	4	39	4	6	62	5	8	100	6	11
大于 50 至 80	19	2.8	3.4	60	3.6	4.6	46	4.6	7	74	6	9	120	7	13
大于 80 至 120	22	3.2	3.8	35	4.2	5.4	54	5.4	8	87	7	10	140	8	15
大于 120 至 180	25	3.8	4.4	40	4.8	6	63	6	9	100	8	12	160	9	18
大于 180 至 250	29	4.4	5	46	5.4	7	72	7	10	115	9	14	185	10	20
大于 250 至 315	32	4.8	5.6	52	6	8	81	8	11	130	10	16	320	12	22
大于 315 至 400	36	5.4	6.2	57	7	9	89	9	12	140	11	18	230	14	25
大于 400 至 500	40	6	7	63	8	10	97	10	14	155	12	20	250	16	28

(二)校对量规的公差

1. 校对量规的分类

“较通－通”(TT)：检验轴用量规“通规”的校对量规。作用是防止通规尺寸过小，检验时应通过被校对的量规。

“较通－损”(TS)：检验轴用旧的量规“通规”磨损极限的校对量规。作用是防止通规超出磨损极限尺寸。检验时若通过被校对的量规,说明已用到磨损极限,应作报废处理。

“较止-通”(ZT):检验轴用量规“止规”的校对量规。作用是防止止规尺寸过小,检验时应通过被校对的量规。

2. 校对量规公差带分布

(1)TT 公差带是从通规的下偏差起向轴用量规通规公差带内分布。

(2)TS 公差带是从通规的磨损极限起向轴用量规通规公差带内分布。

(3)ZT 公差带是从止规的下偏差起向轴用量规止规公差带内分布。

四、工作量规的设计

工作量规设计的主要内容有以下几项。

(一)量规结构形式的选择

量规的结构形式可根据实际需要,选用适当的结构。常用结构形式如图 5-7 和图 5-8 所示,具体尺寸见《螺纹量规和光滑极限量规 型式和尺寸》(GB/T 10920—2008)。

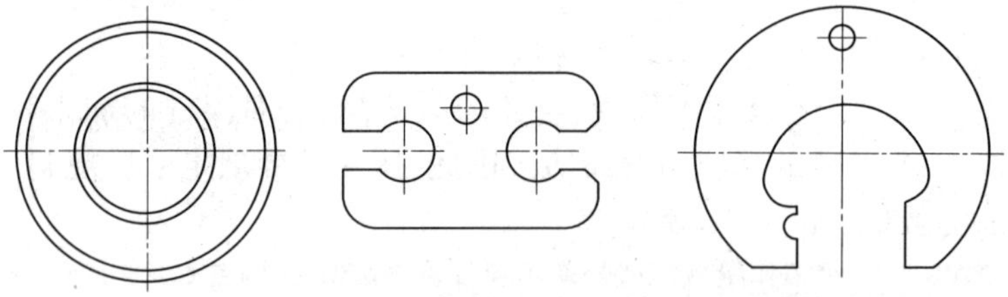

(a)环规　(b)双头卡规　(c)单头双极限卡规

图 5-7　常用轴用卡规的结构形式

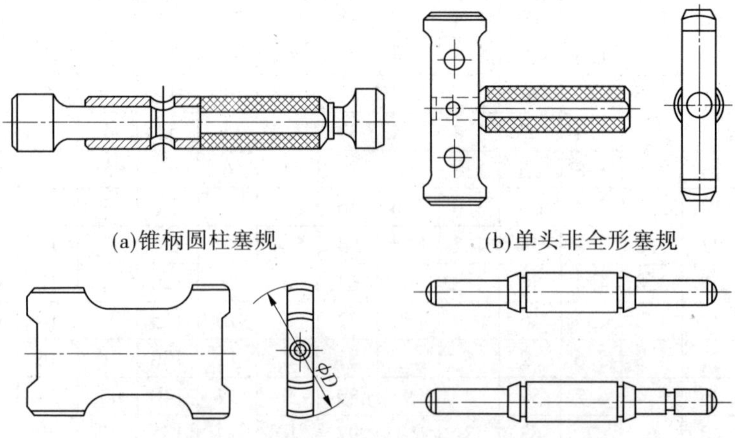

(a)锥柄圆柱塞规　(b)单头非全形塞规

(c)片形塞规　(d)球端杆规

图 5-8　常用孔用塞规的结构形式

(二)量规工作尺寸的计算

(1)从国家标准《公差与配合》中查出孔与轴的尺寸极限偏差。

(2)由表 5-6 查出量规制造公差 T 和位置要素 Z 值。按工作量规制造公差 T,确定工作量规的形状公差和校对量规的制造公差。

(3)计算各种量规的工作尺寸或极限偏差。

(三)量规的技术要求

(1)量规测量面的材料,可用渗碳钢、碳素工具钢、合金结构钢和合金工具钢等耐磨材料。测量规测量面的硬度,取决于被检验零件的基本尺寸、公差等级和粗糙度及量规的制造工艺水平。

(2)量规的形位公差应控制在尺寸公差带内,形位公差值不大于尺寸公差的50%,考虑到制造和测量的困难,当量规的尺寸公差小于或等于0.002 mm时,其形位公差仍取0.001 mm。

(3)量规表面粗糙度值的大小,随上述因素和量规结构形式的变化而异,一般不低于光滑极限量规国标推荐的表面粗糙度数值。参数 *Ra* 按表5-7选取。

表5-7　量规测量面的表面粗糙度参数 *Ra* 值

工作量规	工件基本尺寸/mm		
	≤120	>120~315	>315~500
	Ra/μm		
IT6级孔用量规	≤0.025	≤0.05	≤0.1
IT6至IT9级轴用量规 IT7至IT9级孔用量规	≤0.05	≤0.1	≤0.2
IT10至IT12级孔、轴用量规	≤0.1	≤0.2	≤0.4
IT13至IT16级孔、轴用量规	≤0.2	≤0.4	≤0.4

五、工作量规设计举例

例:配合 ϕ30H8/f7 中测量孔、轴用工作量规的设计及检验。

(1)确定被测孔、轴的极限偏差。

查极限与配合标准:

ϕ30H8 的上偏差 $ES=+0.033$ mm,下偏差 $EI=0$;

ϕ30f7 的上偏差 $es=-0.020$ mm,下偏差 $ei=-0.041$ mm。

(2)选择量规的结构形式分别为锥柄双头圆柱塞规和单头双极限圆形片状卡规。

(3)确定工作量规制造公差 T 和位置要素 Z,由表5-6查得。

塞规:$T=0.003\,4$ mm,$Z=0.005$ mm。

卡规:$T=0.002\,4$ mm,$Z=0.003\,4$ mm。

(4)计算工作量规的极限偏差。

ϕ30H8 孔用塞规:

通规　上偏差 $=EI+Z+\dfrac{T}{2}=\left(0+0.005+\dfrac{0.003\,4}{2}\right)\text{mm}=+0.006\,7\text{ mm}$

下偏差 $=EI+Z-\dfrac{T}{2}=\left(0+0.005-\dfrac{0.003\,4}{2}\right)\text{mm}=+0.003\,3\text{ mm}$

磨损极限 $=EI=0$

所以塞规通端尺寸为 $\phi 30^{+0.006\,7}_{+0.003\,3}$ mm,磨损极限尺寸为 ϕ30 mm。

止规　上偏差 = ES = + 0.033 mm

下偏差 = $ES - T$ = (+ 0.033 - 0.003 4) mm = 0.029 6 mm

所以塞规止端尺寸为 $\phi 30^{+0.033}_{+0.0296}$ mm。

ϕ 30f7 轴用卡规

通规　上偏差 = $es - Z + \frac{T}{2} = (-0.020 - 0.0034 + \frac{0.0024}{2})$ mm = -0.022 2 mm

下偏差 = $es - Z - \frac{T}{2} = (-0.020 - 0.0034 - \frac{0.0024}{2})$ mm = -0.024 6 mm

磨损极限 = es = - 0.020 mm

所以卡规通端尺寸为 $30^{-0.0222}_{-0.0246}$ mm，磨损极限尺寸为 29.980 mm。

止规　上偏差 = $ei + T$ = (- 0.041 + 0.002 4) mm = - 0.038 6 mm

下偏差 = ei = - 0.041 mm

所以卡规止端尺寸为 $30^{-0.0386}_{-0.041}$ mm。

(5) 绘制工作量规的公差带图，如图 5-9 所示。

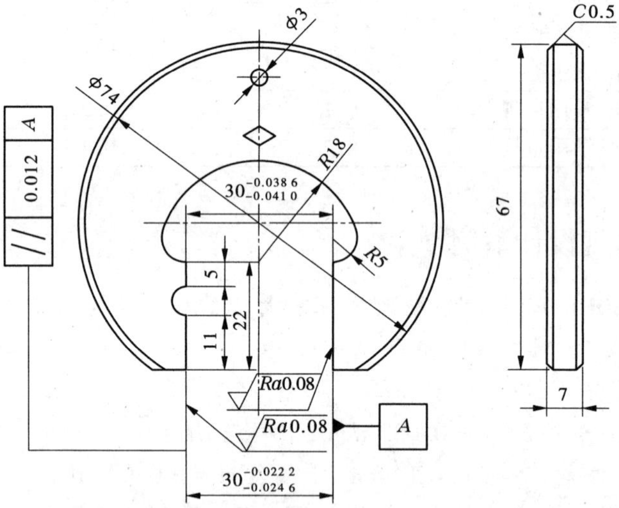

(a)

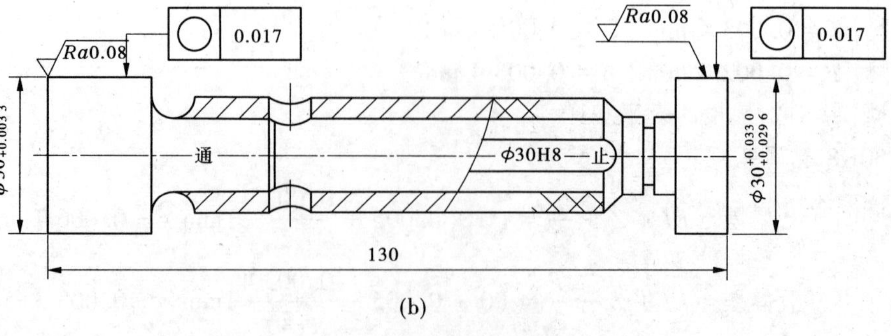

(b)

图 5-9　量规工作简图

(6)根据测量结果判断孔的合格性。

任务实施

(1)在实训室,以班级为单位分成若干个小组,每个小组单独检测,通过实训指导教师示范和查看计量器具使用手册,完成检测任务并填写检测报告表5-8。

表5-8　测量结果

被测零件	名称	尺寸标注	最大极限尺寸	最小极限尺寸	尺寸公差
	外径				
计量器具	名称	测量范围	示值范围	分度值	
	千分尺				
	名称	通规尺寸	止规尺寸	磨损极限尺寸	
	卡规				

测量简图

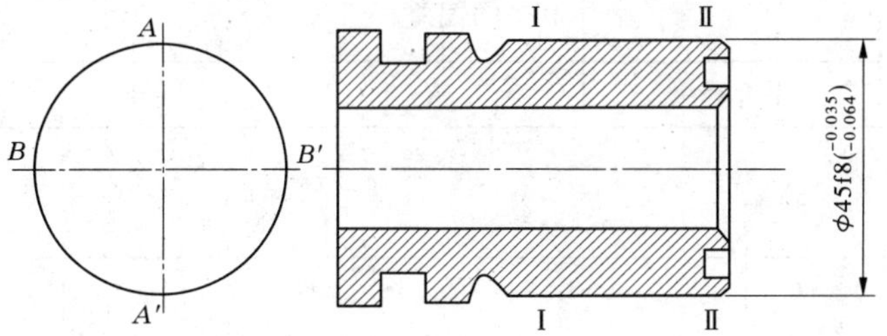

测量数据

测量截面		卡规测量		千分尺测量轴径读数	
		Ⅱ—Ⅰ	Ⅱ—Ⅰ	Ⅰ—Ⅰ	Ⅱ—Ⅱ
		卡规通规	卡规止规	量仪读数	实际尺寸
测量方向	$A—A'$				
	$B—B'$				
实际尺寸平均值					
合格性判断					

任务:ϕ 45f8 轴用量规尺寸的设计及检验。

实施步骤:

①查极限与配合标准,确定被轴的极限偏差。

②选择量规的结构形式。

③由表5-6查出工作量规制造公差 T 和位置要素 Z 。

④计算工作量规的极限偏差。

⑤绘制工作量规的公差带图。

⑥根据测量结果判断孔的合格性。

(2)评价。设计结束后,老师和学生应该针对本次设计做出评价和自我评价,具体评价结果请填写在表5-9中。

表5-9 工作量规设计结果评价

<table>
<tr><td>学习内容</td><td colspan="2"></td><td>班级</td><td></td><td>姓名</td><td></td><td>学号</td><td></td></tr>
<tr><td rowspan="5">教师评价</td><td>1</td><td>基础知识技能水平评价</td><td colspan="6"></td></tr>
<tr><td>2</td><td>检测方案评价</td><td colspan="6"></td></tr>
<tr><td>3</td><td>检测工具操作水平评价</td><td colspan="6"></td></tr>
<tr><td rowspan="2">4</td><td>检测数据评价</td><td colspan="2">检测数据与尺寸真值有小于10%的偏差</td><td colspan="2">检测数据与尺寸真值有大于10%且小于20%的偏差</td><td colspan="2">检测数据与尺寸真值有大于20%的偏差</td></tr>
<tr><td>评价等级</td><td colspan="2">A</td><td colspan="2">B</td><td colspan="2">C</td></tr>
<tr><td>对自己不足和进步的认识</td><td colspan="8"></td></tr>
<tr><td>同学的综合评价和建议</td><td colspan="8"></td></tr>
<tr><td>综合评定意见</td><td colspan="8"></td></tr>
</table>

习　题

一、选择题

1. 光滑极限量规通规的设计尺寸应为工件的(　　)。

A. 最大极限尺寸　　B. 最小极限尺寸

C. 最大实体尺寸　　D. 最小实体尺寸

2. 光滑极限量规止规的设计尺寸应为工件的(　　)。

A. 最大极限尺寸　　B. 最小极限尺寸

C. 最大实体尺寸　　D. 最小实体尺寸

3. 为了延长量规的使用寿命,国标除规定量规的制造公差外,对(　　)还规定了磨损公差。

A. 工作量规　　B. 验收量量规　　C. 校对量规

D. 止规　　E. 通规

4. 极限量规的通规是用来控制工件的(　　)。

A. 最大极限尺寸　　B. 最小极限尺寸　　C. 最大实体尺寸
D. 最小实体尺寸　　E. 作用尺寸　　F. 实效尺寸
G. 实际尺寸

5. 极限量规的止规是用来控制工件的(　　)。
A. 最大极限尺寸　　B. 最小极限尺寸　　C. 实际尺寸
D. 作用尺寸　　E. 最大实体尺寸　　F. 最小实体尺寸
G. 实效尺寸

6. 用符合光滑极限量规标准的量规检验工件时,如有争议,使用的通规尺寸应更接近(　　)。
A. 工件的最大极限尺寸　　B. 工件的最小极限尺寸
C. 工件的最小实体尺寸　　D. 工件的最大实体尺寸

二、填空题

1. 光滑极限量规是__________量具,用以判断孔、轴尺寸是否在__________范围以内。
2. 量规可分为__________、__________、__________三种。
3. 工作量规和验收量规的使用顺序是操作者应使用__________量规,验收量规应尽量接近工件__________尺寸。
4. 轴的工作量规是__________规,其通规是控制__________尺寸__________于__________尺寸,其止规是控制__________尺寸__________于__________尺寸。
5. 孔的工作量规是__________规,其通规是控制__________尺寸__________于__________尺寸,其止规是控制__________尺寸__________于__________尺寸。

三、问答题

计算 G7/h6 孔用和轴用工作量规的工作尺寸,并画出量规公差带图。

项目六 圆锥公差配合与检测

【知识目标】

1. 了解圆锥配合的特点、基本参数。
2. 了解锥度和锥角系列。
3. 理解圆锥配合的种类及几何参数误差对圆锥配合的影响。
4. 掌握圆锥公差项目和标注形式。
5. 掌握锥度和角度的检测工具和检测方法。

【能力目标】

1. 能够正确读出图纸上圆锥公差标注的含义。
2. 能够正确使用检测工具。
3. 能够熟练检测锥度和角度。

任务描述

如图 6-1 所示为圆锥塞规实物图,其零件图如图 6-2 所示。将锥度换算成锥角,并标注圆锥角公差 ±16″。用正弦规或万能角度尺测量圆锥塞规的锥角,判断圆锥塞规的圆锥角是否合格。

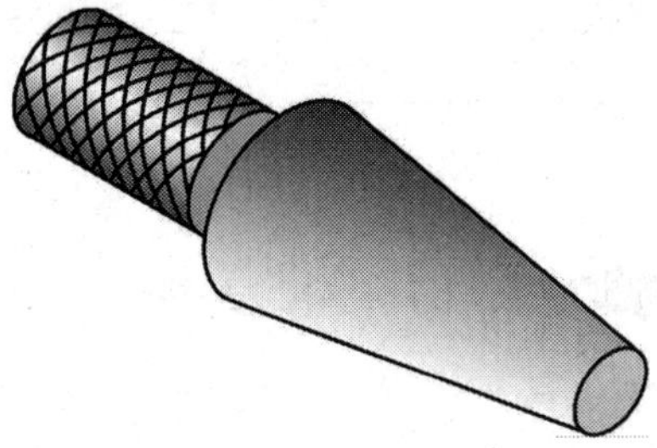

图 6-1 圆锥塞规实物图

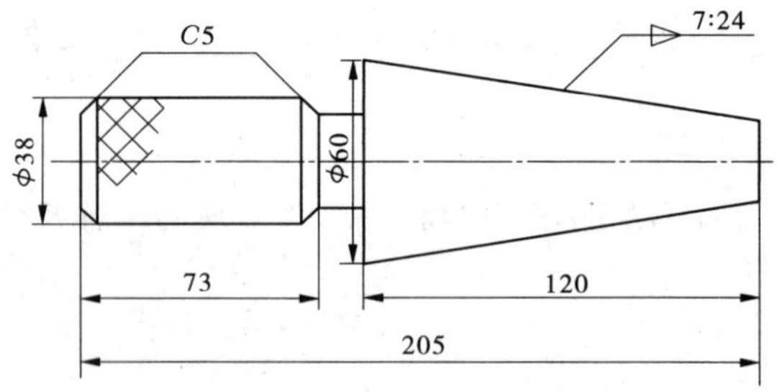

图 6-2 圆锥塞规零件图

知识准备

在机器结构中,圆锥配合应用很广。它要求具有较高的同轴度,能够保证多次重复装配而同轴度精度不改变,同时要求配合的自锁性和密封性好,可以自由调整间隙或过盈量的大小。但圆锥体的结构比较复杂,加工和检测较为困难。因此,锥度公差的标准化,是提高产品质量,保证圆锥配合的互换性所不可缺少的环节。

任务一　圆锥配合概述

一、圆锥配合的特点

圆锥配合是机械设备中常用的典型结构。圆锥配合的特点如下:

(1)内、外两圆锥体的配合,可以自动定心,容易保证内、外圆锥体的轴线具有较高的同轴度,而且能快速装拆。

(2)圆锥配合的间隙和过盈,可随内、外圆锥体的轴向相互位置不同而得到调整,而且能补偿零件的磨损,延长配合的使用寿命。但它不适宜孔、轴轴向相互位置要求较高的配合。

(3)圆锥体的配合具有较好的自锁性和密封性。

(4)内、外圆锥体的配合比较复杂,影响互换性的参数比较多,加工和检验也相对麻烦。

为保证圆锥结构的互换性,我国发布了一系列圆锥标准,如《产品几何量技术规范(GPS)圆锥的锥度和锥角系列》(GB/T 157—2001)、《产品几何量技术规范(GPS)圆锥公差》(GB/T 11334—2005)、《技术制图 圆锥的尺寸和公差注法》(GB/T 15754—1995)等国家标准。

二、圆锥配合的基本参数

如图 6-3 所示为圆锥的主要几何参数。

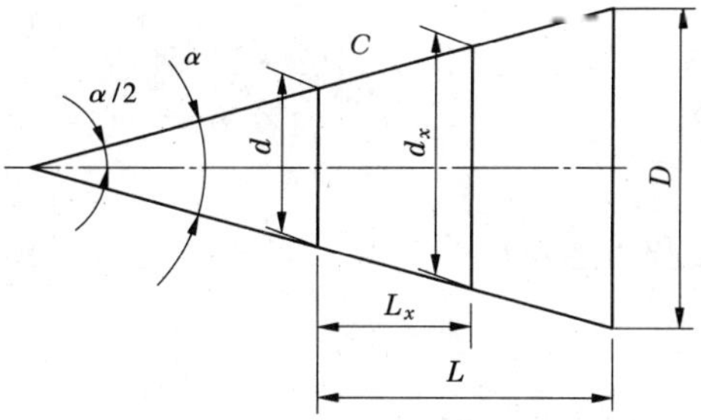

图 6-3　圆锥的主要几何参数

(一)圆锥角

通过圆锥轴线的截面内两条素线间的夹角称为圆锥角。圆锥角的代号为 α,圆锥半角的代号为 $\alpha/2$。

(二)圆锥直径

圆锥在垂直于其轴线的截面上的直径为圆锥直径。常用的圆锥直径有最大圆锥直径 D、最小圆锥直径 d、给定截面内圆锥直径 d_x。

(三)圆锥长度

圆锥长度为最大圆锥直径截面与最小圆锥直径截面之间的轴向距离,用符号 L 表示。

给定截面与基准端面之间的距离，用符号 L_x 表示。

（四）锥度

锥度为两个垂直于圆锥轴线截面的圆锥直径之差与该两截面的轴向距离之比。例如，锥度 C 为最大圆锥直径 D 与最小圆锥直径 d 之差对圆锥长度 L 之比，即

$$C=\frac{D-d}{L}=2\tan\frac{\alpha}{2}=1:\frac{1}{2}\cot\frac{\alpha}{2}$$

锥度关系式反映了圆锥直径、圆锥长度、圆锥角和锥度之间的相互关系，是圆锥的基本关系式。

（五）基面距（a）

基面距是外锥体基面（轴肩或轴端面）与内锥体基面（端面）之间的距离，如图 6-4 所示。基面距决定两配合锥体的轴向相对位置。

圆锥体配合的基本直径是指两锥体端缘截面上的公共直径。根据所选基本直径来决定基面距的位置，如以内圆锥的大端直径为基本直径，则基面距的位置在大端，如图 6-4(a)所示；如以外圆锥的小端直径为基本直径，则基面距的位置在小端，如图 6-4(b)所示。

（六）轴向位移（E_a）

轴向位移指相互配合的内、外圆锥从实际初始位置到终止位置移动的距离，如图 6-5 所示。用轴向位移可实现圆锥的各种不同配合。

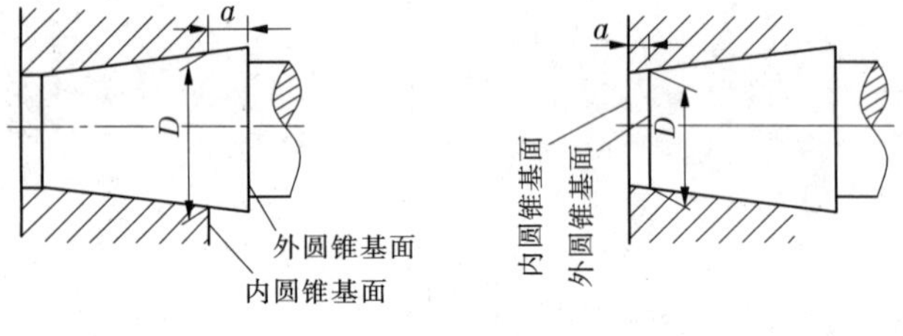

(a)　　(b)

图 6-4　圆锥的基面距

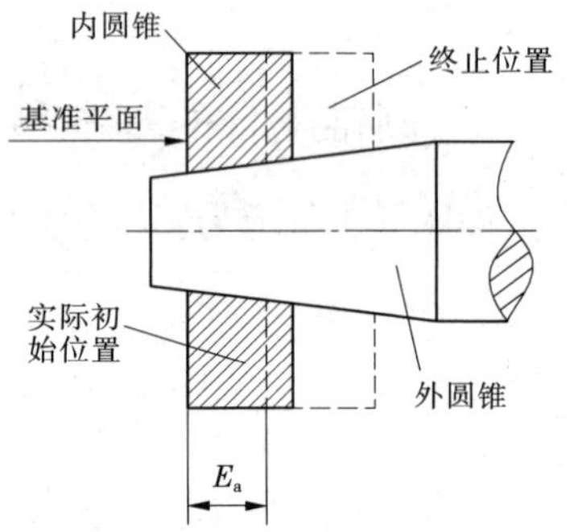

图 6-5　圆锥的轴向位移

任务二　锥度和锥角系列

为了减少加工圆锥体零件所用的专用刀具（定值刀）、量具种类和规格，圆锥的锥度和锥角采用国家标准的形式进行规定。查国标《产品几何量技术规范（GPS）圆锥的锥度和锥角系列》（GB/T 157—2001），一般用途圆锥的锥度和锥角系列见表 6-1，在选用时应当优先选用第一系列。特殊用途圆锥的锥度与锥角系列见表 6-2，仅适用于某些特殊行业。在机床、工具制造中，广泛使用莫氏锥度，常用的莫氏锥度共有 7 种：0 号至 6 号。使用时，只有相同号的莫氏内、外锥才能配合。

表 6-1　一般用途圆锥的锥度与锥角系列(GB/T 157—2001)

基本值		推算值			应用举例
系列 1	系列 2	圆锥角 α		锥度 C	
120°		—	—	1∶0. 288 675	节气阀、汽车、拖拉机阀门
90°		—	—	1∶0. 500 000	重型顶尖,重型中心孔,阀的阀销锥体、埋头螺钉、小于 100 mm 的丝锥
	75°	—	—	1∶0. 651 613	顶尖、中心孔、弹簧夹头、埋头钻埋头与半埋头铆钉
60°		—	—	1∶0. 866 025	摩擦轴节,弹簧卡头,平衡块
45°		—	—	1∶1. 207 107	受力方向垂直于轴线易拆开的连接
30°		—	—	1∶1. 866 025	受力方向垂直于轴线的连接,锥形摩擦离合器、磨床主轴
1∶3		18°55′28. 7″	18. 924 644°	—	重型机床主轴
	1∶4	14°15′0. 1″	14. 250 033°	—	受轴向力和扭转力的连接处,主轴承受轴向力调节套筒
1∶5		11°25′16. 3″	11. 421 186°	—	主轴齿轮连接处,受轴向力之机件连接处,如机车的十字轴头
	1∶6	9°31′38. 2″	9. 527 283°	—	机床主轴,刀具刀杆尾部,锥形绞刀,心轴 锥形绞刀,套式绞刀,扩孔钻的刀杆,主轴颈部 锥销,手柄端部,锥形绞刀,量具尾部 受振及静变负载不拆开的连接件,如心轴等 导轨镶条,受振及冲击负载不拆开的连接件
	1∶7	8°10′16. 4″	8. 171 234°	—	
	1∶8	7°9′9. 6″	7. 152 669°	—	
1∶10		5°43′29. 3″	5. 724 810°	—	
	1∶12	4°46′18. 8″	4. 771 888°	—	
	1∶15	3°49′15. 9″	3. 818 305°	—	
		2°51′51. 1″	2. 864 192°	—	
1∶20		1°54′34. 9″	1. 906 82°	—	
1∶30	1∶40	1°25′56. 4″	1. 432 302°	—	
1∶50		1°8′45. 2″	1. 145 877°		
1∶100		0°34′22. 6″	0. 572 953°	—	
1∶200		0°17′11. 3″	0. 286 478°	—	
1∶500		0°6′52. 5″	0. 114 592°	—	

表 6-2　特殊用途圆锥的锥度与锥角系列(GB/T 157—2001)

基本值	推算值			说明
	锥角 α		锥度 C	
18°30′	—	—	1:3.070 151	纺织机械和附件
11°54′	—	—	1:4.797 451	
8°40′	—	—	1:6.598 442	
7°40′	—	—	1:7.462 208	
7:24	16°35′39.4″	16.594 290°	1:3.428 571	机床主轴,工具配合
1:9	6°21′34.8″	6.359 660°	—	电池接头
1:16.666	3°26′12.7″	3.436 853°	—	医疗设备
1:12.262	4°40′12.2″	4.670 042°	—	莫氏锥度 No.2
1:12.927	4°24′52.9″	4.414 696°	—	莫氏锥度 No.1
1:15.748	3°38′13.4″	3.637 067°	—	莫氏锥度 No.3
1:18.779	3°3′1.2″	3.050 335°	—	莫氏锥度 No.3
1:19.264	2°58′24.9″	2.973 573°	—	莫氏锥度 No.6
1:20.288	2°49′24.8″	2.823 550°	—	莫氏锥度 No.0
1:19.002	3°0′52.4″	3.014 554°	—	莫氏锥度 No.5
1:19.180	2°59′11.7″	2.986 590°	—	莫氏锥度 No.6
1:19.212	2°58′53.8″	2.981 618°	—	莫氏锥度 No.0
1:19.254	2°58′30.4″	2.975 117°	—	莫氏锥度 No.4
1:19.922	2°52′31.5″	2.875 401°	—	莫氏锥度 No.3
1:20.020	2°51′40.8″	2.861 332°	—	莫氏锥度 No.2
1:20.047	2°51′26.9″	2.857 480°	—	莫氏锥度 No.1

任务三　圆锥几何参数误差对圆锥配合的影响

制造时,圆锥的直径、长度和锥角均会产生误差。因此,在装配时,将会引起基面距的变化和表面接触状况不好。基面距过大,会减小配合长度;基面距过小,又会使补偿磨损的轴向调节范围减小,从而影响圆锥配合的使用性能。影响基面距的主要因素是内、外圆锥的直径偏差和圆锥斜角偏差。

一、圆锥直径误差对基面距的影响

假设内、外圆锥的锥角无误差,只有直径误差,则内、外圆锥的大端直径和小端直径的误差各自相等且分别为 ΔD_K 、ΔD_Z 。若以内圆锥的最大圆锥直径 D 为配合直径,基面距 a 在大端,如图 6-6(a)所示,则基面距误差 Δa_1 为:

$$\Delta a_1 = -(\Delta D_K - \Delta D_Z)/2\tan(\frac{\alpha}{2}) = -(\Delta D_K - \Delta D_Z)/C \qquad (6\text{-}1)$$

式中　$\frac{\alpha}{2}$——斜角；

C——锥度。

由图 6-6(a)可知，当 $\Delta D_K > \Delta D_Z$ 时，即内圆锥的实际直径比外圆锥的实际直径大，$\Delta D_K - \Delta D_Z$ 的值为正，Δa_1 为负值，则基面距 a 减小；同理由图 6-6(a)可知，当 $\Delta D_K < \Delta D_Z$ 时，即内圆锥的基本直径比外圆锥的基本直径小，$\Delta D_K - \Delta D_Z$ 的值为负，Δa_1 为正值，则基面距 a 增大。由于 Δa_1 与 $\Delta D_K - \Delta D_Z$ 值的符号相反，故式(6-1)带有负号。

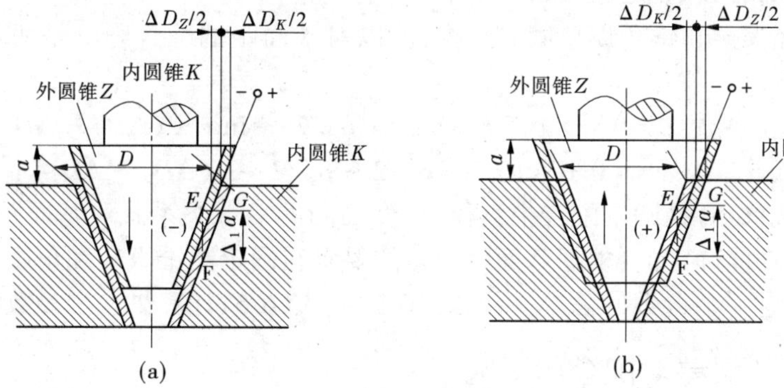

图 6-6　内、外圆锥的配合

二、圆锥角误差对基面距的影响

圆锥角误差对基面距也产生影响，若采用基面距在大端，并设直径无误差，有两种可能的情况：

(1)外圆锥斜角误差 $\Delta\alpha_Z/2$>内圆锥斜角误差 $\Delta\alpha_K/2$，即 $\Delta\alpha_Z/2 > \Delta\alpha_K/2$，如图 6-7(a)所示，此时内、外圆锥在大端处接触，对基面距的影响较小，可以略去不计。

(2)内圆锥斜角误差 $\Delta\alpha_K/2$>外圆锥斜角误差 $\Delta\alpha_Z/2$，即 $\Delta\alpha_K/2 > \Delta\alpha_Z/2$，如图 6-7(b)所示，此时内、外圆锥在小端处接触，对基面距的影响较大。

计算时，应考虑影响较大的情况，由图 6-7(b)可见：由于斜角误差的影响，使基面距 a 增大了 $\Delta_2 a$，从 ΔEFG 可得：

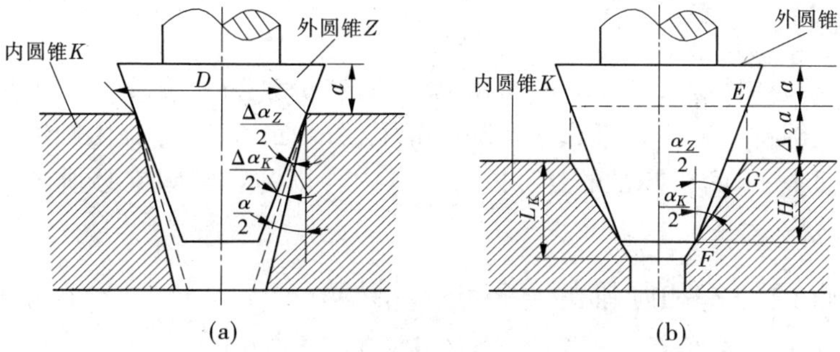

图 6-7　斜角误差对基面距的影响

$$\Delta_2 a = \frac{H\sin[(\alpha_K/2) - (\alpha_z/2)]}{\cos(\alpha_K/2)\sin(\alpha_Z/2)} \tag{6-2}$$

一般斜角误差很小,因此 $\alpha_K/2$ 及 $\alpha_Z/2$ 与斜角 $\alpha/2$ 的差别很小,所以:

$$\cos(\alpha_K/2) \approx \cos(\alpha/2) \quad \sin(\alpha_Z/2) \approx \sin(\alpha/2)$$

$$\sin[(\alpha_K/2) - (\alpha_Z/2)] \approx (\alpha_K/2) - (\alpha_Z/2)$$

将弧度化为分得:$\Delta_2 a = [0.6\times10^{-3}H(\alpha_K/2 - \alpha_Z/2)]/\sin\alpha$ (6-3)

若锥度 α 较小,还可进一步化简,可认为 $\sin\alpha \approx 2\tan(\alpha/2) = C$,则

$$\Delta_2 a = [0.6\times10^{-3}H(\alpha_K/2 - \alpha_Z/2)]/C \tag{6-4}$$

式中 H——锥体的配合长度,mm。

实际上,直径误差与锥角误差同时存在,所以对基面距的综合影响是两者的代数和,即

$$\Delta a = \Delta_1 a + \Delta_2 a = 0.6\times10^{-3}H(\alpha_K/2 - \alpha_Z/2)/\sin\alpha \pm (\Delta D_Z - \Delta D_K)C \tag{6-5}$$

或

$$\Delta a = \Delta_1 a + \Delta_2 a = [0.6\times10^{-3}H(\alpha_K/2 - \alpha_Z/2) \pm (\Delta D_Z - \Delta D_K)]/C \tag{6-6}$$

式(6-5)或式(6-6)是圆锥配合中直径、角度之间的一般关系式。基面距公差是根据圆锥配合的具体功能确定的,根据基面距公差的要求在确定圆锥直径和角度公差时,通常按工艺条件先选定一个参数的公差,再由式(6-5)或式(6-6)计算另一个参数的公差。

三、圆锥形状误差对配合的影响

圆锥形状误差包括圆锥素线直线度误差和截面圆度误差。圆锥形状误差不仅使内、外圆锥表面接触不均匀,对于有相对运动的圆锥配合会减小实际接触面积,使磨损加剧;对紧密圆锥配合会降低密封性,对具有过盈的圆锥配合会降低其所能传递的扭矩。

任务四 圆锥公差的术语和定义

一、公称圆锥

公称圆锥是由设计给定的理想形状的圆锥。公称圆锥可以用两种方式确定:给定两个公称圆锥直径(D 和 d)和一个公称圆锥长度 L;给定一个公称圆锥直径(D、d 或 d_x)、公称圆锥长度 L、公称圆锥角(或公称锥度 C)。

二、极限圆锥

极限圆锥是与公称圆锥共轴且圆锥角相等,直径分别为上极限直径和下极限直径的两个圆锥。极限圆锥是实际圆锥允许变动的界限,分为最大、最小极限圆锥。在垂直圆锥轴线的任一截面上,这两个圆锥的直径差都相等。合格的实际圆锥必须在两个极限圆锥限定的空间区域内。

三、圆锥直径公差和圆锥的直径公差带

圆锥直径的允许变动量称为圆锥直径公差,用符号 T_D 表示。其数值等于允许的上极

限圆锥直径与下极限圆锥直径之差。

$$T_D = D_{max} - D_{min} = d_{max} - d_{min} \tag{6-7}$$

圆锥直径公差在整个圆锥长度内都适用。两个极限圆锥所限定的区域称为圆锥直径公差带。如图 6-8 所示为极限圆锥和圆锥直径公差带。

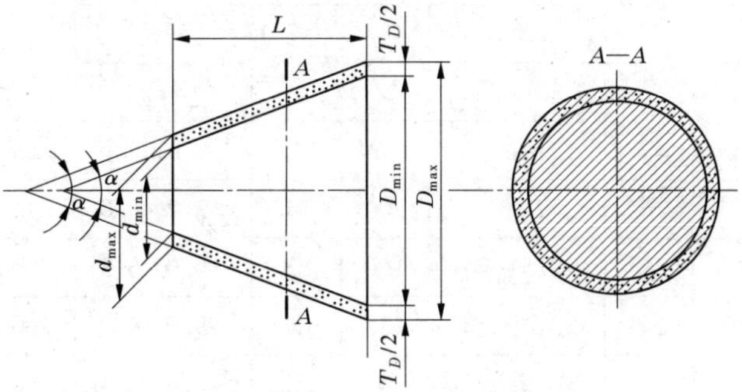

图 6-8　极限圆锥和圆锥直径公差带

四、圆锥角公差和圆锥角公差带

圆锥角公差是指圆锥角的允许变动量,符号为 AT 。圆锥角公差可用两种形式表示:AT_α ,以角度单位微弧度或度、分、秒表示,$AT_\alpha = (\alpha_{max} - \alpha_{min})$;AT_D ,用长度单位微米为单位。AT_α 和 AT_D 的关系为:

$$AT_D = AT_\alpha L \times 10^{-3} \tag{6-8}$$

式中:AT_D 的单位为 μm;AT_α 的单位为 μrad;L 的单位为 mm。如图 6-9 所示为极限圆锥角和圆锥角公差带。

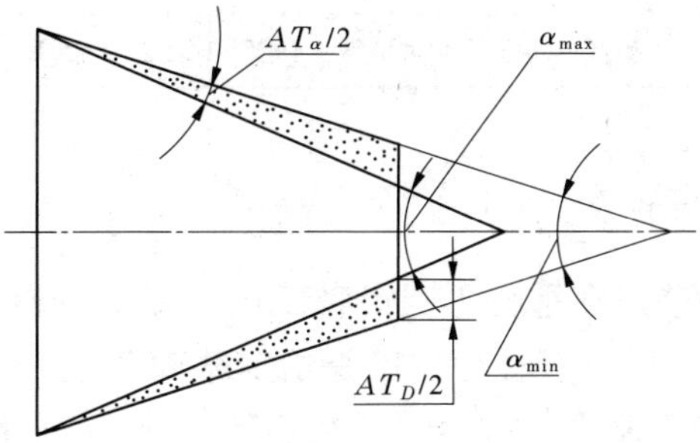

图 6-9　极限圆锥角和圆锥角公差带

由于同一加工方法对不同的圆锥长度所得的圆锥角度误差不同,长度越大,圆锥角度误差越小,所以在同一公差等级中,按基本圆锥长度的不同,规定了不同的角度公差值 AT_α 。圆锥角公差共分为 12 个公差等级,用 AT_1~ AT_{12} 表示,其中 AT_1 最高, AT_{12} 最低,例如 AT_6 表示 6 级圆锥角公差。各公差等级的圆锥角公差见表 6-3,表中数值用于棱体角度时,以该角短边长度作为 L 选取公差值。

常用的角度公差等级范围:4~6 级用于高精度的圆锥量规和角度样板;7~9 级用于

工具圆锥、圆锥销、传递大扭矩的摩擦圆锥;10~11 级用于圆锥套、圆锥齿轮等中等精度零件;12 级用于低精度零件。

表 6-3 圆锥角公差数值

基本圆锥长度		圆锥角公差等级								
		AT_4			AT_5			AT_6		
		AT_α		AT_D	AT_α		AT_D	AT_α		AT_D
大于	至	μard	″	μm	μard	″	μm	μard	′ ″	μm
16	25	125	26″	>2~3.2	200	41	>3.2~5.0	315	1′05″	>5.0~8.0
25	40	100	21″	>2.5~4.0	160	33	>4.0~6.3	250	52″	>6.3~10.0
40	63	80	16″	>3.2~5.0	125	26	>5.0~8.0	200	41″	>8.0~12.5
63	100	63	13″	>4.0~6.3	100	21	>6.3~10.0	160	33″	>10.0~16.0
100	160	50	10″	>5.0~8.0	80	16	>8.0~12.5	125	26″	>12.5~20.0

基本圆锥长度		圆锥角公差等级								
		AT_7			AT_8			AT_9		
		AT_α		AT_D	AT_α		AT_D	AT_α		AT_D
大于	至	μard	′ ″	μm	μard	′ ″	μm	μard	′ ″	μm
16	25	500	1′43″	>8.0~12.5	800	2′45″	>12.5~20.0	315	4′18″	>20~32
25	40	400	1′22″	>10.0~16.0	630	2′10″	>16.0~25.0	250	3′26″	>25~40
40	63	315	1′05″	>12.5~20.0	500	1′43″	>20.0~32.0	200	2′45″	>32~50
63	100	250	52″	>16.0~25.0	400	1′22″	>25.0~40.0	160	2′10″	>40~63
100	160	200	41″	>20.0~32.0	315	1′05″	>32.0~50.0	125	1′43″	>50~80

五、给定截面圆锥直径公差和直径公差区

给定截面圆锥直径公差是在垂直于圆锥轴线的给定截面内圆锥直径允许的变动量,用符号 T_{DS} 表示。给定截面圆锥直径公差区是给定截面圆锥直径公差带在给定的圆锥截面内由两个同心圆所限定的区域。

六、圆锥形状公差

圆锥的形状公差用符号 T_F 表示,包括圆锥素线直线度公差和截面圆度公差两类。

(1)圆锥素线直线度公差。在圆锥轴向平面内,允许实际素线形状的最大变动量为圆锥素线直线度公差。其公差带是在给定截面上距离为公差值 T_F 的两条平行直线之间的区域。

(2)截面圆度公差。在圆锥轴线法向截面上,允许截面形状的最大变动量为截面圆度公差。其公差带是半径差为公差值 T_F 的两同心圆间的区域。

任务五 圆锥公差的给定方法

对一个具体的圆锥工件，并不都需要给定上述几项公差，而是根据工件的功能要求和工艺特点来提出公差项目。

GB/T 11334—2005 中规定了两种圆锥公差的给定方法。

(1)给出圆锥的理论正确圆锥角 α（或锥度 C）和圆锥直径公差 T_D，由 T_D 确定两个极限圆锥。此时，圆锥角误差和圆锥的形状误差均应在极限圆锥所限定的区域内。图 6-10(a)为此种给定方法的标注示例，图 6-10(b)为其公差带。

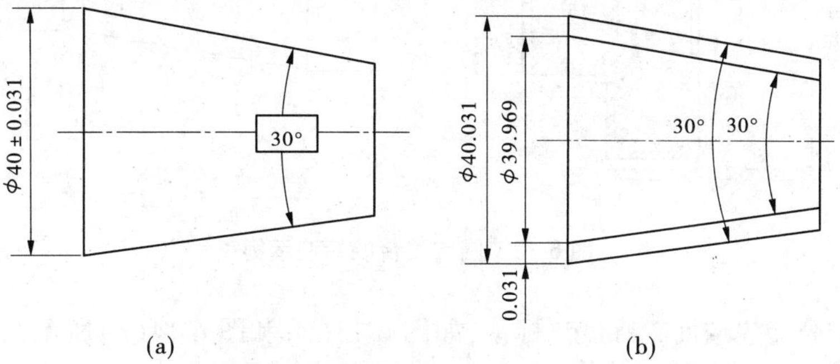

图 6-10 第一种公差给定方法的标注示例

当对圆锥角公差、形状公差有更高要求时，可再给出圆锥角公差 A_T、形状公差 T_F。此时，A_T、T_F 仅占 T_D 的一部分。此种给定公差的方法通常运用于有配合要求的内、外圆锥。

(2)给出给定截面圆锥直径公差 T_{DS} 和圆锥角公差 A_T。此时，T_{DS} 和 A_T 是相互独立的，应分别满足公差要求。标注示例如图 6-11(a)所示，公差带如图 6-11(b)所示。

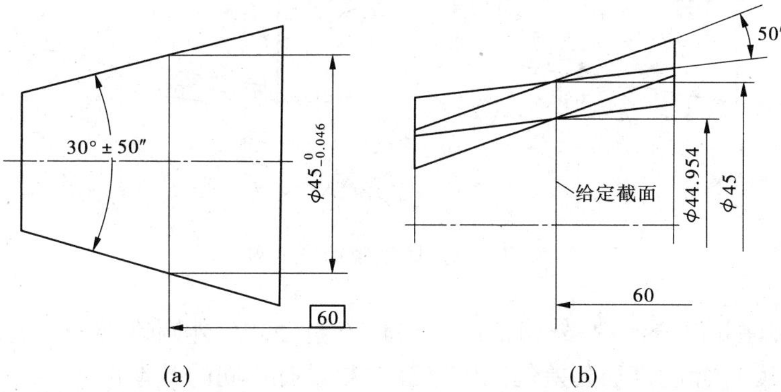

图 6-11 第二种公差给定方法的标注示例

圆锥公差除按上述两种给定方法标注外，制图标准还规定可以按面轮廓度标注。

按《技术制图 圆锥的尺寸和公差注法》(GB/T 15754—1995)标准中的规定，若锥度和圆锥的形状公差都控制在直径公差带内,标注时应在圆锥直径的极限偏差后面加注带圆圈的符号 T,如 ϕ 30±0. 015 Ⓣ,如图 6-12 所示。

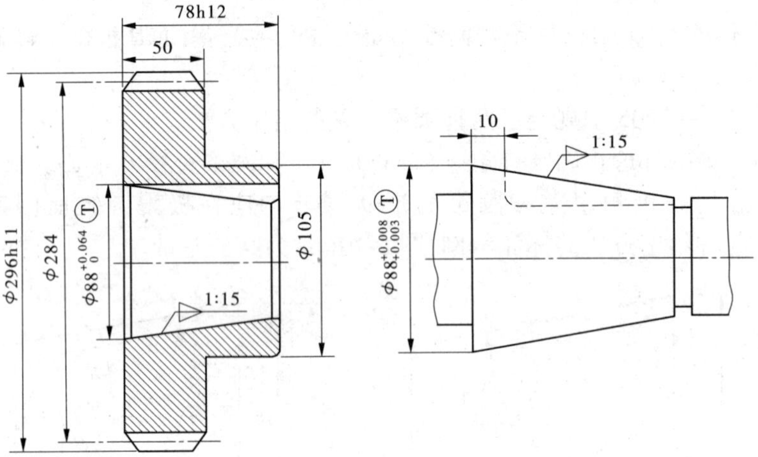

图 6-12　圆锥配合的标注示例

通常圆锥公差应按面轮廓度法标注,如图 6-13(a)和图 6-14(a)所示,它们的公差带分别如图 6-13(b)和图 6-14(b)所示。必要时还可以给出附加的形位公差要求,但只占面轮廓度公差的一部分,形位误差在面轮廓度公差带内浮动。

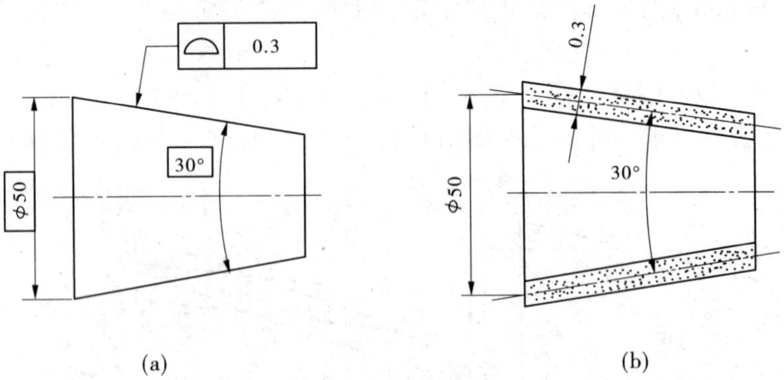

图 6-13　给定圆锥角标注示例

在图样上标注相配合的内、外圆锥的尺寸和公差时,内、外圆锥必须具有相同的公称圆锥角(公称锥度),标注直径公差的圆锥直径必须具有相同的基本尺寸。

任务六　圆锥配合

圆锥配合是由相同尺寸(公称圆锥直径、公称圆锥角或公称锥度)的内、外圆锥形成

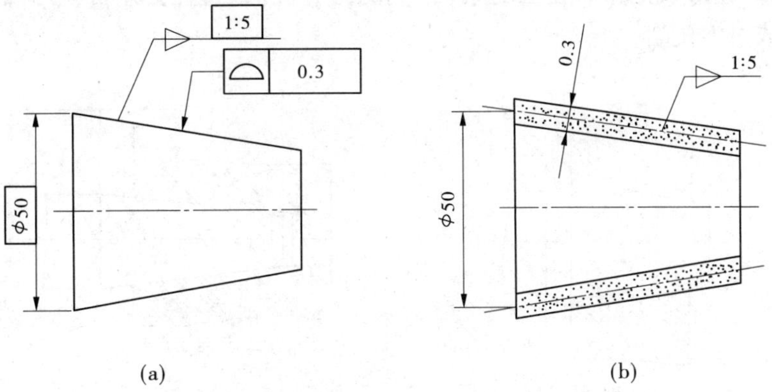

图 6-14　给定锥度标注示例

配合。公差带数值按大径 D 确定,其间隙或过盈在垂直于轴线方向上形成,与锥角大小无关。

一、圆锥配合的种类

根据内、外圆锥相对于轴线位置的不同,可以获得间隙配合、过盈配合或过渡配合等不同配合性质的配合。

(一)间隙配合

这类配合具有间隙,而且在装配和使用过程中间隙大小可以调整。常用于有相对运动的机构中,如某些车床主轴的圆锥轴颈与圆锥滑动轴承衬套的配合。

(二)过盈配合

这类配合具有过盈,它能借助于相互配合的圆锥面间的自锁,产生较大的摩擦力来传递转矩,如钻头(或铰刀)的圆锥柄与机床主轴圆锥孔的配合、圆锥形摩擦离合器中的配合等。

(三)过渡配合

这类配合很紧密,间隙为零或略小于零。主要用于定心或密封场合,如锥形旋塞、发动机中的气阀与阀座的配合等。通常要将内、外锥成对研磨,故这类配合一般没有互换性。

二、圆锥配合的形式

(一)结构型圆锥配合

由圆锥的结构形成的配合,称为结构型配合。如图 6-15(a)所示为结构型圆锥配合的第一种,这种配合要求外圆锥的台阶面与内圆锥的端面相贴紧,配合的性质就可确定。图 6-15(a)中所示是获得间隙配合的例子。图 6-15(b)是第二种由结构形成配合的例子,它要求装配后,内、外圆锥的基准面间的距离(基面距)为 a ,则配合的性质就能确定。图 6-15(b)中所示是获得过盈配合的例子。

由圆锥的结构形成的两种配合，选择不同的内、外圆锥直径公差带就可以获得间隙配合、过盈配合或过渡配合。

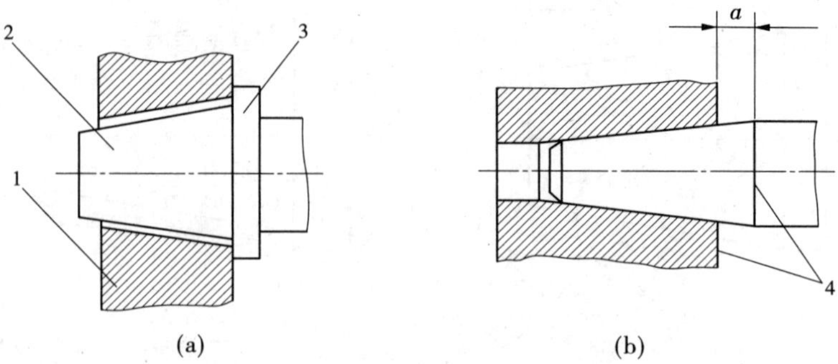

1—内圆锥；2—外圆锥；3—轴肩；4—基准平面。

图 6-15　结构型圆锥配合

(二)位移型圆锥配合

位移型圆锥配合也有两种形式，第一种如图 6-16(a)内、外圆锥表面接触位置(不施加力)称实际初始位置，从这位置开始让内、外圆锥相对做一定轴向位移(E_a)，则可获得间隙或过盈两种配合，图示为间隙配合的例子。第二种则从实际初始位置开始，施加一定的装配力 F_a 而产生轴向位移，如图 6-16(b)所示，这种方式只能产生过盈配合。

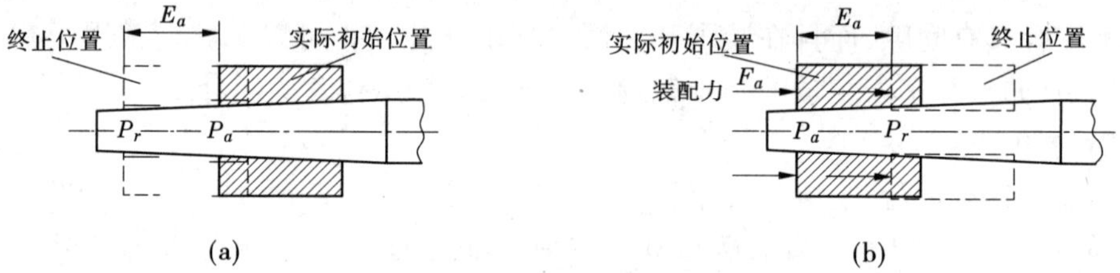

图 6-16　位移型圆锥配合

任务七　圆锥及锥角的测量

一、圆锥量规的测量

圆锥量规用于成批、大量生产的内、外圆锥的锥度和基面距偏差的综合检验。检验内锥体用圆锥塞规，如图 6-17 所示。检验外锥体用圆锥环规，如图 6-18 所示。量规的基准端刻有两圈相距为 m 的细线或做一个轴向距为 m 的台阶，若被测件基面在 m 区域内，则判为合格。

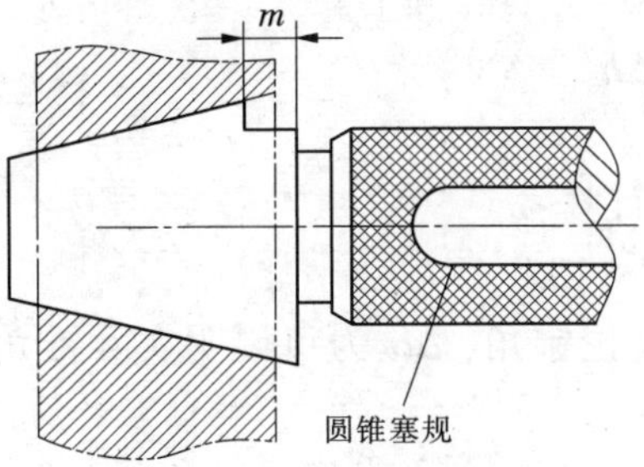

图 6-17　圆锥塞规图

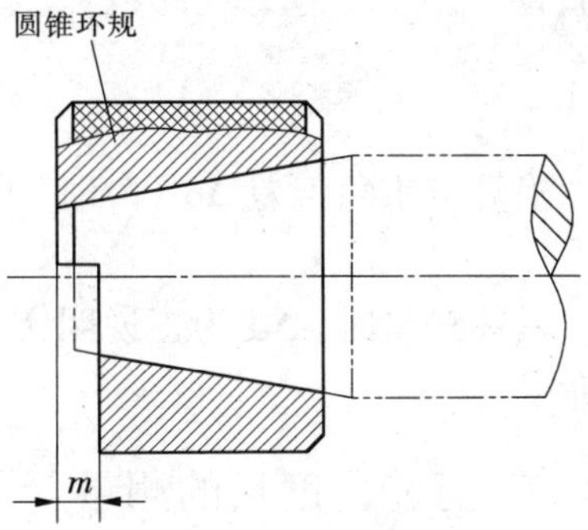

图 6-18　圆锥环规

二、正弦规的测量

正弦规是利用正弦函数原理精确地检验工件的锥度或锥角偏差的常用计量器具，正弦规结构如图 6-19 所示。正弦规测量利用三角函数中的正弦关系进行零件角度度量，故又称为正弦尺或正弦台，适用于测量圆锥角小于 40°的锥度。

如图 6-20 所示是用正弦规检验圆锥塞规的示意图，测量前，首先根据被检验的圆锥塞规的公称锥角算出量块组的高度，公式为

$$h = \sin\alpha \times L$$

式中　α ——正弦规放置的角度；

h ——量块组尺寸；

L　　正弦规两圆柱的中心距。

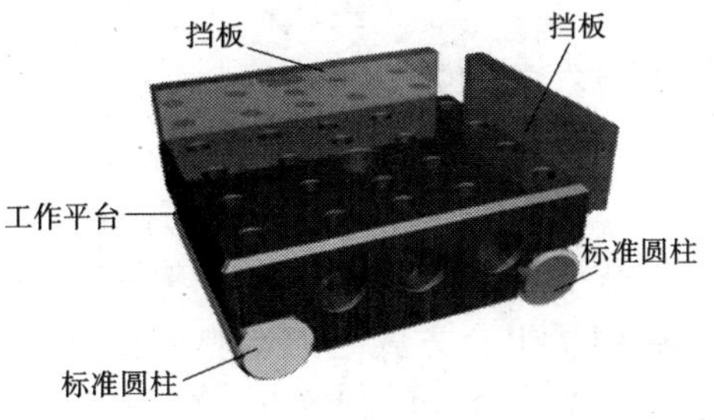

图 6-19　正弦规结构

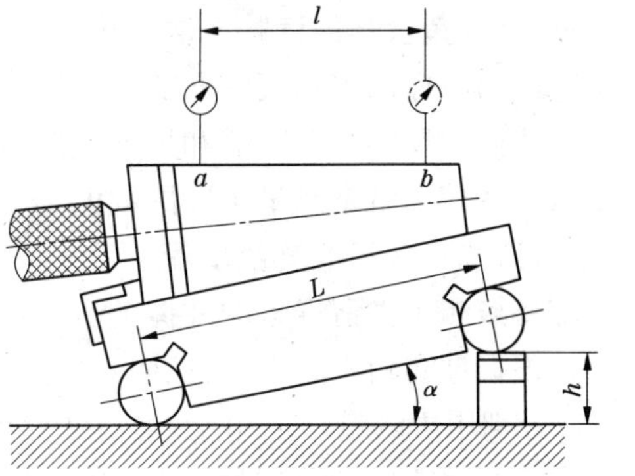

图 6-20　正弦规检验圆锥塞规的示意图

将正弦规放在平板上，圆柱之一与平板接触，另一圆柱下垫以量块组，则正弦规的工作平面相对于平板倾斜 α 角，放上圆锥工件后，用百分表分别测量被检圆锥工件上 a 、b 两点，a 、b 两点读数之差 Δh 对 a 、b 两点间距离 l 之比值即为锥度偏差 ΔC（rad，有正负

号)，即

$$\Delta C = \frac{\Delta h}{l} \tag{6-9}$$

换算成锥角偏差 $\Delta\alpha$ (″)时，可按下式近似计算：

$$\Delta\alpha = 2\Delta C \times 10^5 \tag{6-10}$$

具体测量时，$\Delta\alpha$ 为正说明实际锥角大于理论锥角，$\Delta\alpha$ 为负说明实际锥角小于理论锥角。

三、万能角度尺的测量

万能角度尺是用来测量工件内、外角度的量具，万能角度尺的结构如图 6-21 所示，主要由主尺、扇形板、游标、直角尺、直尺和卡块等部分组成。其测量精度有 2′和 5′两种，测量范围为 0°~320°。

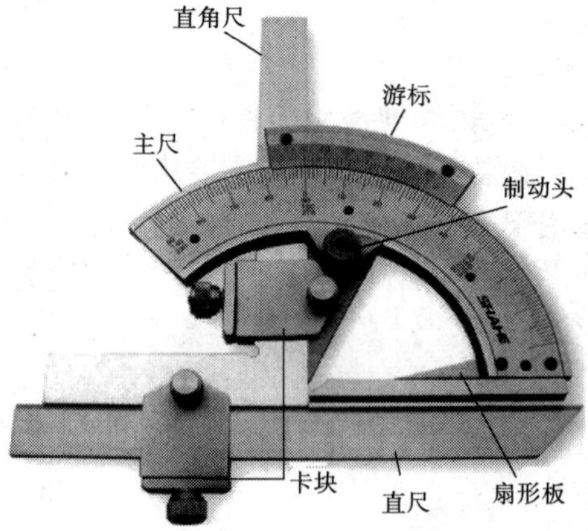

图 6-21 万能角度尺的结构

(一) 万能角度尺的读数方法

(1) 读出游标尺零刻度前面的整度数。

(2) 看游标尺第几条刻线和尺身刻线对齐，读出角度“′”的数值。

(3) 两者相加就是测量角度的数值。

(二) 万能角度尺的测量步骤

(1) 将被测工件清洗干净并擦干。

(2) 根据被测角度的大小，按图 6-22 所示的四种测量组合方式之一调整好游标万能角度尺，分别用于测量 0°~50°、50°~140°、140°~230°、230°~320°。

(3) 松开万能角度尺锁紧装置，用角度尺的基尺和直尺与被测工件角度的两边贴合好，旋转制动头，以固定游标，再取下工件读出角度值。

(4) 在不同的部位测量若干次(一般是 6~10 次)，按一般尺寸的判定原则判断其合格性。

任务实施

(1) 完成任务描述零件图中锥度换算，并标注圆锥角公差±16″。

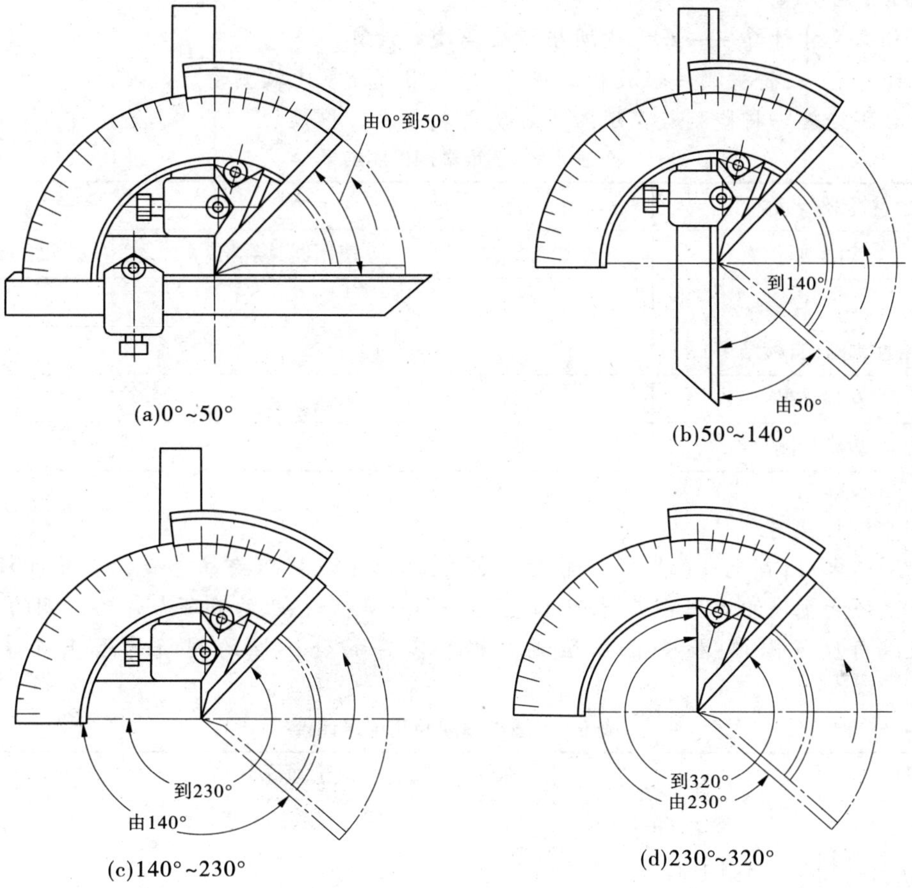

图 6-22　万能角度尺的测量组合

(2)在实训室,以班级为单位分成若干小组,每个小组单独检测,通过实训指导教师示范和查看计量器具使用手册,完成用万能角度尺检测圆锥塞规锥角的任务(见表 6-4)并填写检测报告,判断圆锥塞规的圆锥角是否合格。

表 6-4　圆锥塞规检测方案

被测圆锥塞规参数	锥度 7:24
计量器具、辅助装置及规格	100 mm×80 mm 正弦规、0 级 87 块量块一套、百分表、磁力表座、纯棉布、汽油或无水酒精
在什么部位测量?测几次?	自定
测量数据的处理方法	自定
所测参数合格性的判断依据	参数公差
检测场地	机械加工实训室

(3)实施步骤。

①相关尺寸计算——正统规所垫量块高度的计算。

②组合量块,将被测件轻放在正弦规上,利用百分表比较测量。

③数据处理。将检测数据填入表6-5,并判断其合格性。

表6-5 圆锥塞规检测结果

<table>
<tr><td>被测件名称</td><td colspan="3"></td></tr>
<tr><td>检测项目</td><td>图纸要求</td><td>使用器具规格</td><td>实测结果</td></tr>
<tr><td></td><td></td><td></td><td></td></tr>
<tr><td>合格性判断(自检结果)</td><td colspan="3"></td></tr>
<tr><td>互检结果</td><td colspan="3"></td></tr>
<tr><td>教师检测</td><td colspan="3"></td></tr>
</table>

(4)评价。

检测结束后,首先自己检查一下检测方案;在测量过程中要注意百分表的读数方法,注意正弦规和量块的使用要求,要保证量块叠加正确;合格性的判断条件为所测的数据均在两极限角度范围内;检查根据检测数据对零件的合格性的判断是否正确等,完成表6-6。

表6-6 圆锥塞规检测结果评价

<table>
<tr><td>学习内容</td><td colspan="2"></td><td>班级</td><td></td><td>姓名</td><td></td><td>学号</td><td></td></tr>
<tr><td rowspan="5">教师评价</td><td>1</td><td>基础知识技能水平评价</td><td colspan="6"></td></tr>
<tr><td>2</td><td>检测方案评价</td><td colspan="6"></td></tr>
<tr><td>3</td><td>检测工具操作水平评价</td><td colspan="6"></td></tr>
<tr><td rowspan="2">4</td><td>检测数据评价</td><td colspan="2">检测数据与尺寸真值有小于10%的偏差</td><td colspan="2">检测数据与尺寸真值有大于10%且小于20%的偏差</td><td colspan="2">检测数据与尺寸真值有大于20%的偏差</td></tr>
<tr><td>评价等级</td><td colspan="2">A</td><td colspan="2">B</td><td colspan="2">C</td></tr>
<tr><td>对自己不足和进步的认识</td><td colspan="8"></td></tr>
<tr><td>同学的综合评价和建议</td><td colspan="8"></td></tr>
<tr><td>综合评定意见</td><td colspan="8"></td></tr>
</table>

习 题

一、判断题

1. 锥度的单位是 mm/m。 ( )

2. 用正弦规测量锥度时，所选择的量块尺寸不仅与被测工件的锥角有关，还与正弦规的两圆柱之间的中心距有关。 ( )

3. 采用正弦规测量角度时，指示表的测头直接与被测工件的表面接触，因而属于直接测量法。 ( )

4. 万能角度尺的测量范围是 0°～180°。 ( )

二、填空题

1. 圆锥配合的种类有__________、__________和__________三种。

2. 圆锥配合的形成方法有__________和__________二种

3. 常用的莫氏锥度共有__________种，从__________号至__________号。

4. 圆锥公差包括__________、__________和__________三个方面。

5. 锥角公差共分__________个公差等级，用__________表示，其中__________最高，__________最低。

6. 圆锥形状公差包括__________和__________。

7. 万能角度尺有__________、__________、__________、__________四种组合，能测量__________范围内的任意角度。

三、简答题

1. 圆锥配合有哪些优点？对圆锥配合有哪些基本要求？

2. 某圆锥最大直径为 100 mm，最小直径为 90 mm，圆锥长度为 100 mm，试确定圆锥角、素线角和锥度。

3. 国家标准规定了哪几项圆锥公差？对于某一圆锥工件，是否需要将几个公差项目全部标出？

4. 圆锥公差有哪几种给定方法？如何标注？

5. 有一外圆锥，最大直径 $D=200$ mm，圆锥长度 $L=400$ mm，圆锥直径公差等级为 IT8 级，求直径公差所能限定的最大圆锥角误差 $\Delta\alpha_{max}$。

项目七　螺纹公差配合及检测

【知识目标】

1. 了解螺纹的种类、基本牙型及主要几何参数，螺纹几何参数对互换性的影响。
2. 掌握普通螺纹的公差、公差带及公差的选用。
3. 掌握普通螺纹的标记和标注。
4. 掌握普通螺纹的检测方法。

【能力目标】

1. 能够在图纸上标注螺纹代号并识读图纸中螺纹标注的含义。
2. 能够选用合适的公差值和公差带。
3. 能够对螺纹进行检测并判断合格性。

任务描述

如图 7-1 所示为螺纹连接轴实物图，其零件图如图 7-2 所示。

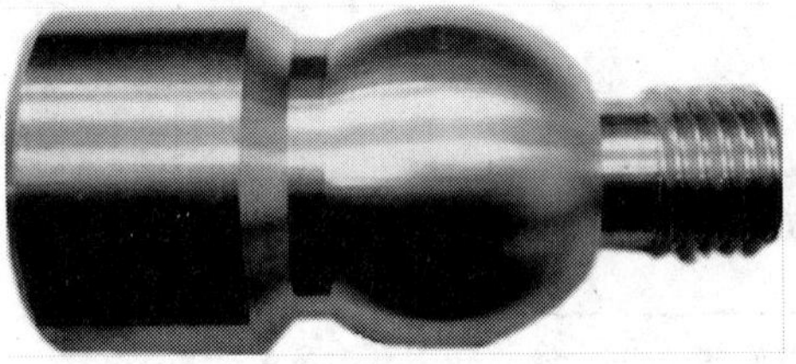

图 7-1　螺纹连接轴实物

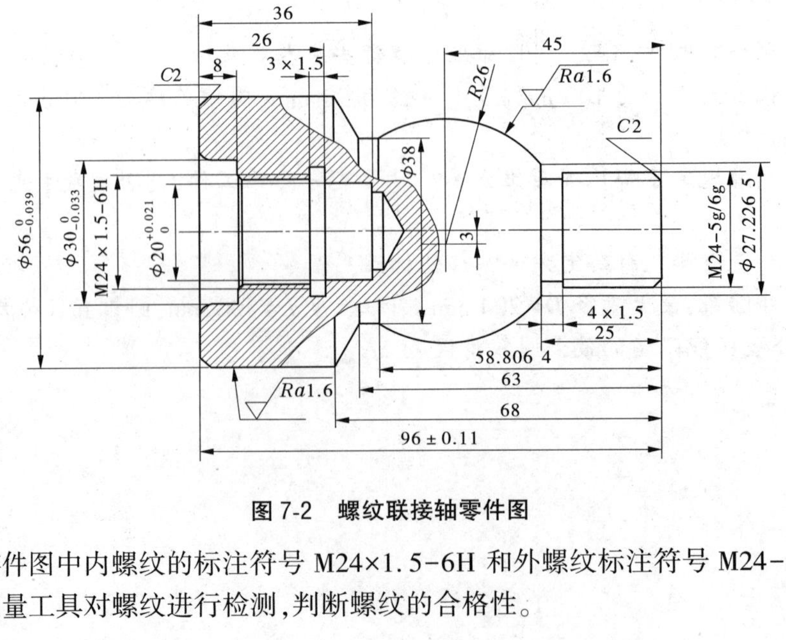

图 7-2　螺纹联接轴零件图

识读零件图中内螺纹的标注符号 M24×1.5-6H 和外螺纹标注符号 M24-5g/6g，并选择适当的测量工具对螺纹进行检测，判断螺纹的合格性。

知识准备

任务一　螺纹特点及分类

螺纹结合是机械制造和仪器制造中应用最广泛的结合形式。螺纹一般可分为圆柱螺纹与圆锥螺纹、密封螺纹与非密封螺纹、机械紧固螺纹与传动螺纹、对称牙型螺纹与非对称牙型螺纹等。按螺纹的用途可将其分为以下三种。

一、普通(紧固)螺纹

普通螺纹也称紧固螺纹,如公制普通螺纹等,可分为粗牙型和细牙型两类。主要用于连接和紧固各种机械零件(例如用螺钉将轴承端盖固定在箱体上)。这类螺纹连接的使用要求是可旋合性(便于装配和拆换)和连接的可靠性,主要牙型为三角形。

二、传动螺纹

传动螺纹通常指丝杠和测微螺纹,用于螺旋传动,如滑动螺旋传动的千斤顶起重螺纹、普通车床进给机构中的丝杠螺母副和滚动螺旋传动的滚珠丝杠副。对滑动螺旋传动螺纹的使用要求是传递动力可靠、传递位移准确和具有一定的间隙。对滚动螺旋传动螺纹的使用要求为具有较高的行程精度,误差波动幅度小,直线度好,精度保持稳定,主要牙型为三角形、矩形、梯形和锯齿形。

三、紧密螺纹

紧密螺纹用于密封连接。主要用于使两个零件紧密连接而无泄漏的结合,如管螺纹。对这类螺纹的使用要求是结合紧密,结合具有过盈,以保证密封性和一定的连接强度。达到不漏水、不漏气和不漏油的密封要求。紧密螺纹多为三角形牙型的圆锥螺纹。

任务二　普通螺纹的基本牙型和主要几何参数

公制普通螺纹的基本牙型如图 7-3 所示。它是将高为 H 的等边三角形(原始三角形)截去顶部和底部所形成的螺纹牙型,称基本牙型。在原始三角形中去掉顶部 $H/8$,去掉底部 $H/4$ 所形成的内、外螺纹共有的理论牙型,也是螺纹设计牙型的基础。

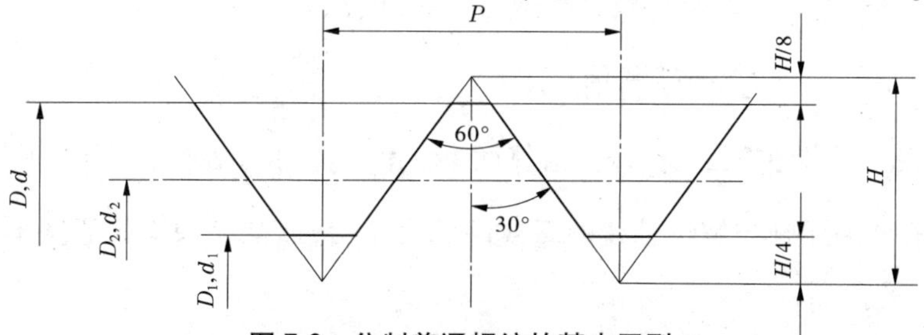

图 7-3　公制普通螺纹的基本牙型

一、大径(D 或 d)

大径指与内螺纹牙底或外螺纹牙顶相切的假想圆柱或圆锥的直径。D 表示内螺纹的大径,d 表示外螺纹的大径,国家标准规定普通螺纹大径的公称尺寸为螺纹的公称直径。

二、小径(D_1 或 d_1)

小径指与内螺纹牙顶或外螺纹牙底相切的假想圆柱或圆锥的直径。D_1 表示内螺纹的小径,d_1 表示外螺纹的小径。

三、中径(D_2 或 d_2)

中径为一假想的圆柱或圆锥的直径,该圆柱或圆锥的母线通过螺纹的牙型上凸起和沟槽宽度相等的地方,如图 7-4 所示。

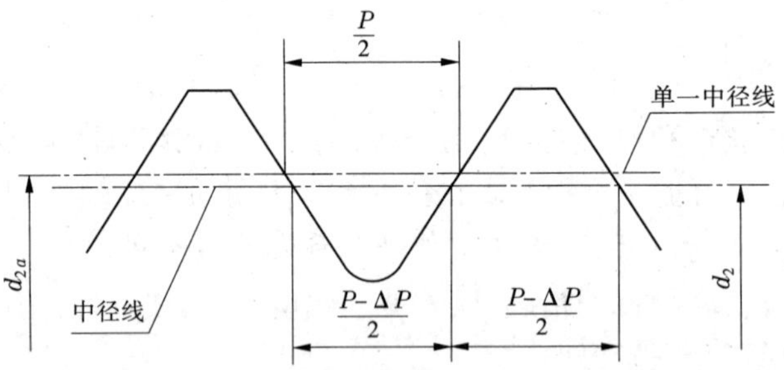

图 7-4　中径和单一中径

注意:在同一螺纹配合中,内、外螺纹的中径、大径和小径的公称尺寸对应相同。

四、单一中径(D_{2a},d_{2a})

单一中径是一个假想圆柱体直径,该圆柱体的母线通过牙型上沟槽宽度等于基本螺距一半的地方,而不考虑牙体宽度大小,见图 7-4。

五、螺距(P)和导程(P_h)

螺距(P)是指相邻两牙在中径线上对应两点间的轴向距离。导程(P_h)是指同一条螺旋线上的相邻两牙在中径线上对应两点间的轴向距离。对单线螺纹,导程等于螺距,$P_h = P$;对多线螺纹,导程等于螺距与螺纹线数 n 的乘积,$P_h = nP$。

六、牙型角(α)与牙型半角($\alpha/2$)

牙型角(α)是指在螺纹牙型上相邻两牙侧间的夹角,对普通螺纹理论牙型角 $\alpha = 60°$,牙型半角是指牙侧与螺纹轴线的垂线间的夹角,普通螺纹理论的牙型半角 $\frac{\alpha}{2} = 30°$。

七、螺纹旋合长度(L)

螺纹旋合长度(L)指两个相互配合的螺纹沿螺纹轴线方向相互旋合部分的长度。

任务三　普通螺纹几何参数对互换性的影响

螺纹连接要实现其互换性,必须保证良好的旋合性和一定的连接强度。普通螺纹精度不高,主要作用是连接与传动,影响互换性的主要因素有大径、小径、中径、螺距和牙型半角五个指标。

螺距误差主要影响可旋合性、可连接性、可靠性(紧固)、传动精度(传动螺纹)和螺牙侧面负荷均匀性等螺纹性能;牙型半角误差主要影响可旋入性;中径误差影响可旋入性、连接紧密性、可靠性。螺纹旋合时主要表现在中径 d_2 的配合精度上,故常把螺距误差和牙型半角误差的影响折合在中径上。螺纹互换性和配合性质主要取决于中径。

一、直径误差对互换性的影响

螺纹在加工过程中,不可避免地会有加工误差,从而对螺纹结合的互换性造成影响。螺纹的公差标准对中径规定了公差,对大径、小径也规定了公差或极限尺寸。外螺纹的大径和小径要分别小于内螺纹的大径和小径,才能保证旋合性。

二、螺距误差对互换性的影响

螺距误差包括局部误差,如单个螺距误差和累积误差,后者与旋合长度有关,是主要因素。螺距误差会使内、外螺纹的结合发生干涉,影响旋合性,并且在螺纹旋合长度内使实际接触的牙数减少,影响连接可靠性。对普通螺纹连接,不采用规定公差的办法,而是采取将外螺纹中径减小或内螺纹中径增大的方法抵消螺距误差的影响,以保证旋合性。

由于螺距有误差,在旋合长度上产生螺距累积误差 ΔP_{Σ},使内、外螺纹无法旋合,如图 7-5 所示。

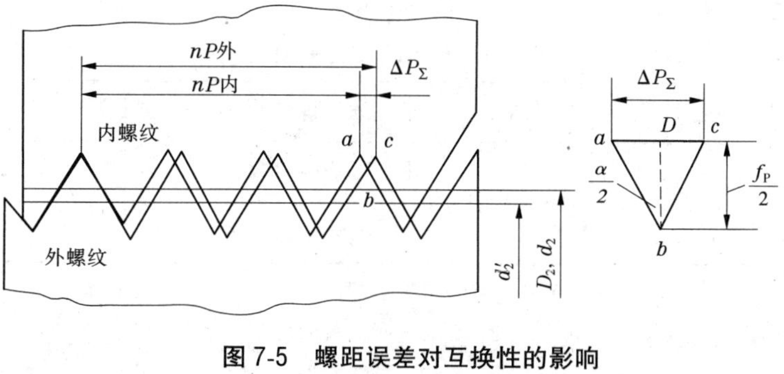

图 7-5　螺距误差对互换性的影响

误差 ΔP_{Σ} 相当于使外螺纹中径增大一个 f_p 值,此 f_p 值称为螺距误差的中径当量或补偿值。从 $\triangle abc$ 中可知:

$$f_p = |\Delta P_\Sigma| \cot \frac{\alpha}{2} \tag{7-1}$$

当 $\alpha = 60°$ 时

$$f_p = 1.732 |\Delta P_\Sigma|$$

三、牙型半角误差对互换性的影响

牙型半角误差等于实际牙型半角与理论牙型半角之差。它使内、外螺纹结合发生干涉而影响旋合性，并使螺纹接触面积减小，磨损加快，从而降低连接的可靠性。牙型半角误差可能是螺纹的左、右牙型半角不相等。车削螺纹时，若车刀未装正会造成这种结果；另一种是螺纹的左、右牙型相等，但不等于 30°，这可能是螺纹加工刀具的角度不等于 60°造成的。

四、螺纹中径误差对互换性的影响

螺纹的单一中径误差将直接影响螺纹的旋合性和结合强度。当外螺纹的中径大于内螺纹的中径时，会影响旋合性；反之，外螺纹中径过小，则配合太松，难以使牙侧间接触良好，影响联接可靠性。因此，为了保证螺纹的旋合性，应该限制外螺纹的最大中径和内螺纹的最小中径；为了保证螺纹的联接可靠性，还必须限制外螺纹的最小中径和内螺纹的最大中径。因此，要对中径规定合适的公差。

任务四　普通螺纹的公差与配合

一、普通螺纹的公差

普通螺纹国家标准 GB/T 197—2018 对螺距和牙型半角不单独规定公差，而是用中径公差来综合地控制中径、螺距、半角等几何要素误差。为了满足互换性的要求，只需对螺纹的中径和顶径规定公差。螺纹的公差等级（见表 7-1）其中 3 级精度最高，9 级精度最低，一般 6 级为基本级。公差值见表 7-2 和表 7-3。

表 7-1　螺纹的公差等级

螺纹直径	公差等级	螺纹直径	公差等级
内螺纹小径 D_1	4、5、6、7、8	外螺纹大径 d_1	4、6、8
内螺纹中径 D_2	4、5、6、7、8	外螺纹中径 d_2	3、4、5、6、7、8、9

二、螺纹的基本偏差

国家标准 GB/T 197—2018 对内螺纹的中径和小径规定采用 G、H 两种公差带位置，以下偏差 *EI* 为基本偏差，如图 7-6 所示为内螺纹的公差带位置。

表 7-2　内、外螺纹中径公差　　单位：μm

基本大径/mm		螺距 P/mm	公差等级							
			5	6	7	8	5	6	7	8
			内螺纹中径公差 T_{D_2}				外螺纹中径公差 T_{d_2}			
5.6	11.2	1	118	150	190	236	90	112	140	180
		1.25	125	160	200	250	95	118	150	190
		1.5	140	180	224	280	106	132	170	212
11.2	22.4	1	125	160	200	250	95	118	150	190
		1.25	140	180	224	280	106	132	170	212
		1.5	150	190	236	300	112	140	180	224
		1.75	160	200	250	315	118	150	190	236
		2	170	212	265	335	125	160	200	250
		2.5	180	224	280	355	132	170	212	265
22.4	45	1	132	170	212	—	100	125	160	200
		1.5	160	200	250	315	118	150	190	236
		2	180	224	280	355	132	170	212	265
		3	212	265	335	425	160	200	250	315
		3.5	224	280	355	450	170	212	265	335

表 7-3　内、外螺纹顶径公差　　单位：μm

螺距 P/mm	公差等级						
	5	6	7	8	4	6	8
	内螺纹顶径(小径)公差 T_{D_1}				外螺纹顶径(大径)公差 T_d		
0.75	150	190	236	—	90	140	—
0.8	160	200	250	315	95	150	236
1	190	236	300	375	112	180	280
1.25	212	265	335	425	132	212	335
1.5	236	300	375	475	150	236	375
1.75	265	335	425	530	170	265	425
2	300	375	475	600	180	280	450
2.5	355	450	560	710	212	335	530
3	400	500	630	800	236	375	600

国家标准对外螺纹的中径和大径规定了 e、f、g、h 四种公差带位置，以上偏差 *es* 为基

本偏差,如图 7-7 所示。

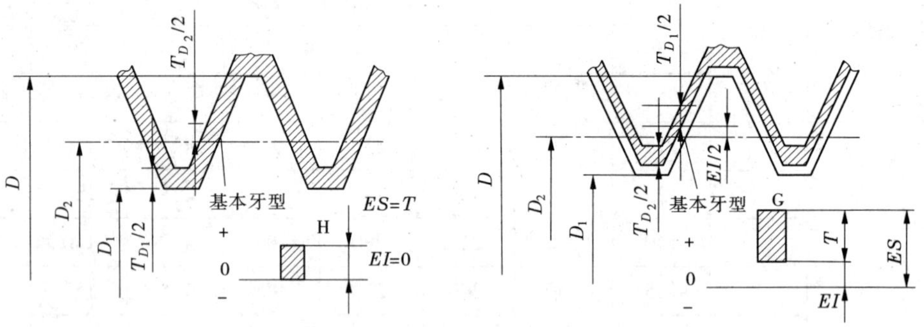

图 7-6　内螺纹的公差带位置

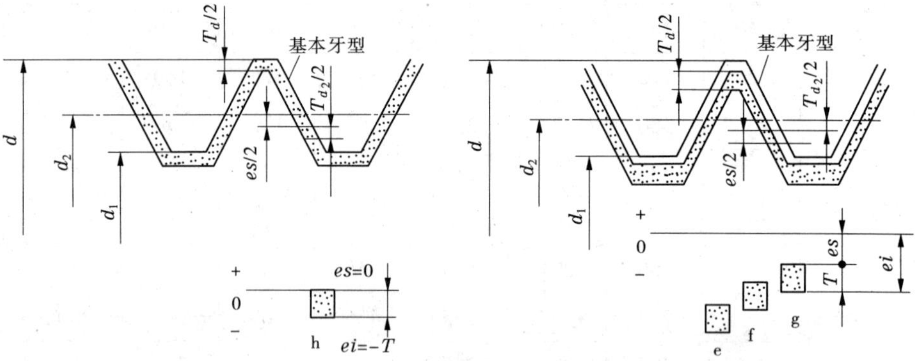

图 7-7　外螺纹的基本偏差

内、外螺纹的基本偏差见表 7-4。

表 7-4　内、外螺纹的基本偏差

螺距 P/mm	基本偏差					
	内螺纹		外螺纹			
	G	H	e	f	g	h
	EI		*es*			
0.75	+22	0	−56	−38	−22	0
0.8	+24	0	−30	−38	−24	0
1	+26	0	−60	−40	−26	0
1.25	+28	0	−63	−42	−28	0
1.5	+32	0	−67	−45	−32	0
1.75	+34	0	−71	−48	−34	0
2	+38	0	−71	−52	−38	0
2.5	+42	0	−80	−58	−42	0
3	+48	0	−85	−63	−48	0

三、螺纹的旋合长度与精度等级

螺纹的旋合长度分为三组，分别为短旋合长度组(S)、中等旋合长度组(N)和长旋合长度组(L)。长旋合长度旋合后稳定性好，且有足够的连接强度，但加工精度难以保证。短旋合长度加工容易保证，但旋合后稳定性较差。一般情况下应采用中等旋合长度。根据螺纹的公差等级和旋合长度，将螺纹分为精密、中等及粗糙三种精度等级。

四、普通螺纹公差带与配合的选用

选用公差带与配合：由螺纹公差等级和公差带位置组合，可得到各种公差带。对内螺纹规定了 13 个选用公差带，见表 7-5，对外螺纹规定了 18 个选用公差带，见表 7-6。公差带优先选用顺序为：粗字体公差带、一般字体公差带、括号内公差带。带方框的粗字体公差带用于大量生产的紧固件螺纹。

表 7-5 内螺纹推荐公差带

公差精度	公差带位置 G			公差带位置 H		
	S	N	L	S	N	L
精密	—	—	—	4H	5H	6H
中等	(5G)	6G	(7G)	5H	6H	7H
粗糙	—	(7G)	(8G)	—	7H	8H

表 7-6 外螺纹推荐公差带

公差精度	公差带位置 e			公差带位置 f			公差带位置 g			公差带位置 h		
	S	N	L	S	N	L	S	N	L	S	N	L
精密	—	—	—	—	—	—	—	(4g)	(5g4g)	(3h4h)	4h	(5h4h)
中等	—	6e	(7e6e)		6f		(5g6g)	6g	(7g6g)	(5h6h)	6h	(7h6h)
粗糙	—	(8e)	(9e8e)	—	—	—		8g	(9g8g)	—	—	—

精密级：适用于精密螺纹，当要求配合性质变动较小时采用，如飞机上采用的 4h 及 4H、5H 的螺纹。

中等级：一般用途选用，如 6H、6h、6g 等。

粗糙级：对精度要求不高或制造比较困难时采用，如 7H、8h 热轧棒料螺纹、长不通孔螺纹。

内、外螺纹公差带的选用原则是：

满足使用要求，为保证足够的连接强度，完工后的螺纹最好组合成 H/g、H/h 或 G/h 的配合。H/h 最小间隙为零，应用最广。

其他的配合应用在易装拆、高温下或需涂镀保护层的螺纹。对需镀较厚保护层的螺纹可选 H/f、H/e 等配合。镀后实际轮廓上的任何点均不应超越按 H、h 确定的最大实体牙型。

任务五　普通螺纹标记(GB/T 197—2018)

螺纹的完整标记由螺纹代号 M、公称直径值、螺纹中(顶)径公差带代号、螺距值、导程代号 Ph(单线螺纹可省略)、旋合长度代号和螺纹旋向代号 LH(右旋可省略)所组成。

螺纹公差带代号包括中径公差带代号和顶径(外螺纹大径和内螺纹小径)公差带代号。公差带代号由表示其大小的公差等级数字和表示其位置的基本偏差代号组成,当顶径公差带和中径公差带相同时,指标注一个公差带的代号。对细牙螺纹还需要标注出螺距,当螺纹为粗牙螺纹时,螺距标注可以省略。当旋合长度为中等长度 N 时,可以省略。

装配图上,其内外螺纹公差带代号用斜线分开,斜线左表示内螺纹,斜线右表示外螺纹公差带代号。

如 M6×0.75-5h6h-S-LH。

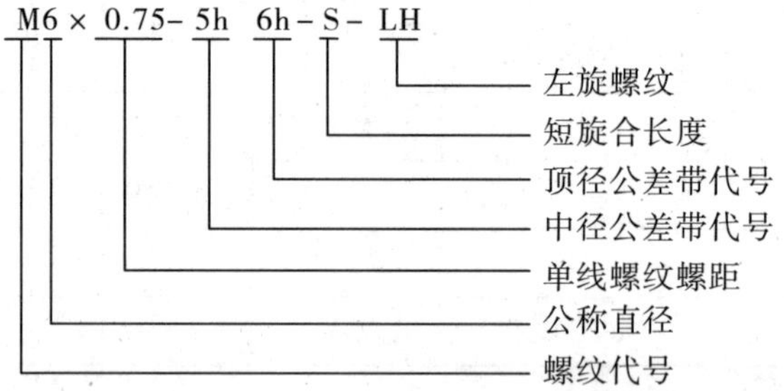

简化标注 M10:可表示为公称直径 10 mm、螺距为 1.5 mm、粗牙、单线、公差带为 6H、中等旋合长度、中等精度的右旋螺纹;或公差带为 6g(其他项与前相同)的外螺纹;或是 6H/6g(其他项与前相同)的螺旋副。至于是内螺纹、外螺纹、还是螺旋副,则要由具体情况而定。

任务六　螺纹的误差检测

一、综合检测

尺寸不大的螺纹一半用螺纹量规检验螺纹,用螺纹量规检验螺纹属于综合测量。在成批的生产中,普通螺纹均采用综合检测。综合测量是根据螺纹中径合格性的准则(泰勒原则),使用螺纹量规(综合极限量规)进行测量。

螺纹环规是综合检测外螺纹的量规,如图 7-8 所示。通规的长度等于被检测螺纹的旋合长度,止规只能做出几个牙。用螺纹环规检测外螺纹:在旋合长度内螺纹环规的通规应顺利旋合,在用止规检测时仅能

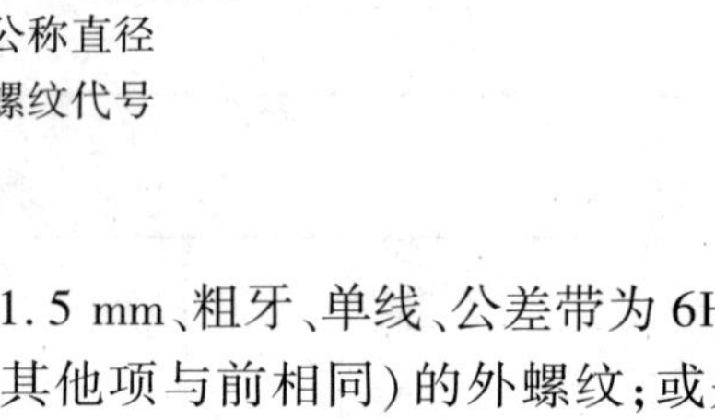

图 7-8　螺纹环规

旋进 2~3 牙,但不能通过,则外螺纹合格。

螺纹塞规是综合检验内螺纹的量规,如图 7-9 所示。通规具有完整的牙型,长度等于被检测螺纹的旋合长度。螺纹塞规止规的牙型做成截短型牙型,且牙扣只做出几个牙。用螺纹塞规检测内螺纹:在旋合长度内,螺纹塞规通规能顺利旋合,螺纹塞规止规仅能旋进 2~3 牙,但不能通过,则内螺纹合格。

图 7-9 螺纹塞规

图 7-10 中的通端光滑卡规和止端光滑卡规,用于检测外螺纹的顶径(大径);图 7-11 中的通端光滑塞规和止端光滑塞规用于检验内螺纹的顶径(小径)。

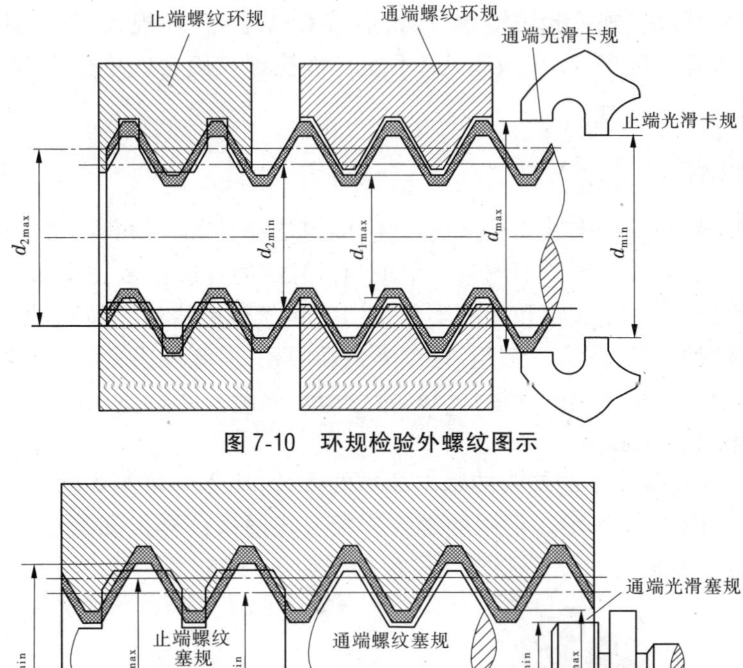

图 7-10 环规检验外螺纹图示

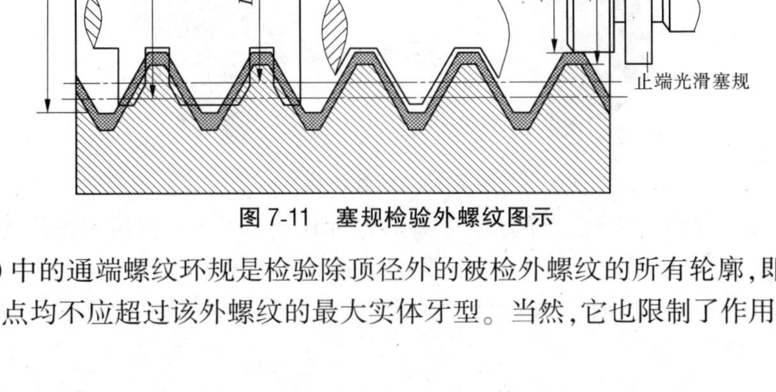

图 7-11 塞规检验外螺纹图示

图 7-10 中的通端螺纹环规是检验除顶径外的被检外螺纹的所有轮廓,即被检外螺纹轮廓上的各点均不应超过该外螺纹的最大实体牙型。当然,它也限制了作用中径,即限制

了实际中径与牙型半角误差的中径当量和螺距误差的中径当量之和。因此,该量规应采用完整牙型。由于该量规要限制螺距累积误差,所以通端螺纹环规的轴向长度应与被检螺纹的旋和长度相同。

图 7-10 中的止端螺纹环规主要用于检验外螺纹的实际中径,为了防止牙型半角误差和螺距误差对检验结果的影响,止端螺纹环规应采用截短牙型,且螺纹圈数也减少。

图 7-11 中的通端螺纹塞规是检验除顶径外的被检验内螺纹的所有轮廓,即被检验内螺纹轮廓上的各点均不应超过该螺纹的最大实体牙型。很明显,这也限制了作用中径,即限制了实际中径与牙型半角误差的中径当量和螺距误差的中径当量之和的差值。因此,该量规也应采用完整牙型。也由于该量规要限制螺距累积误差,所以通端螺纹塞规的轴向长度也应与被检测螺纹旋合长度相同。

图 7-11 中的止端螺纹塞规,也主要用于检测内螺纹的实际中径,为了防止牙型半角误差和螺距累积误差对检测的结果的影响,止端螺纹塞规也应采用截短牙型,且螺纹圈数也应该减少。

由上述可知,螺纹量规检验被检螺纹时,通端螺纹量规(环规或塞规)能顺利与被检螺纹旋合,而止端螺纹量规(环规或塞规)不能与被检螺纹旋合或不完全旋合,则被检螺纹合格。反之,则为不合格。

二、单项检测

对大尺寸普通螺纹、精密螺纹和传动螺纹,除可旋合性和连接可靠外,还有其他精度和功能要求,生产中一般采用单项测量。单项测量螺纹的方法很多,最典型的是用万能工具显微镜测量螺纹的中径、螺距和牙型半角。用工具显微镜将被测螺纹的牙型轮廓放大成像,按被测螺纹的影像,测量其螺距、牙型半角和中径,因此该法又称为影像法。在实际生产中,测量外螺纹中径多用三针量法,该方法简单,测量精度高,应用广泛。

(一)螺距和牙型角测量

螺纹样板是一种带有不同螺距的基本牙型的薄片,用以与被测螺纹比较来确定被检测螺纹的螺距,如图 7-12 所示。常用的螺纹样板有普通螺纹样板和英制螺纹样板两种,普通螺纹样板的牙型角为 60°,英制螺纹样板的牙型角为 55°。

图 7-12　螺纹样板

(1)测量螺纹螺距。将螺纹样板组中齿形钢片作为样板,卡在被测螺纹工件上,如果不密合,就另换一片,直到密合为止,这时该螺纹样板上标记的尺寸即为被测螺纹工件的螺距。但是,须注意把螺纹样板卡在螺纹牙廓上时,应尽可能利用螺纹工作部分长度,使测量结果较为正确。

(2)测量牙型角。把螺距与被测螺纹工件相同的螺纹样板放在被测螺纹上面,然后检查它们的接触情况。如果没有间隙透光,被测螺纹的牙型角是正确的。如果有不均匀间隙透光现象,那就说明被测螺纹的牙型不准确。但是,这种测量方法是很粗略的,只能粗略判断牙型角误差的大概情况,不能确定牙型角误差的数值。

(二)螺纹中径的测量

1. 螺纹千分尺测量法

螺纹千分尺测量法是用通用量具直接测量。在千分尺的测量端带有可更换的专用成对的测头,每对测头由一个 V 形测头和一个圆锥形测头组成,如图 7-13 所示。

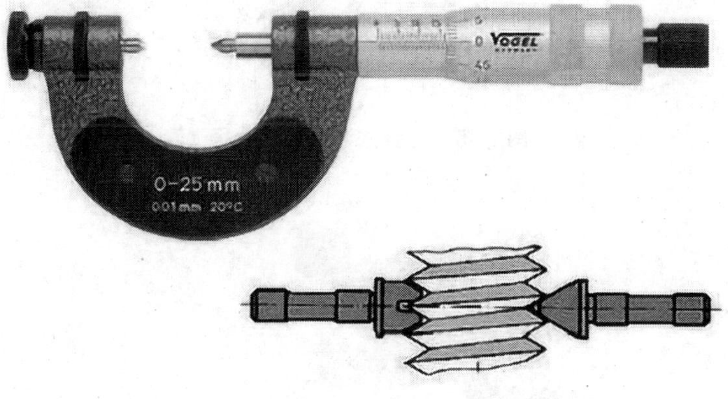

图 7-13　千分尺测量螺纹中径

2. 三针法

三针法只能测量外螺纹,属于间接测量法。测量时把三根直径相同的高精度的螺纹量针(见图 7-14)放在工件牙型内,用专用量具测出量针外母线间的跨距 M,再通过计算求出中径 d_2 的实际尺寸。

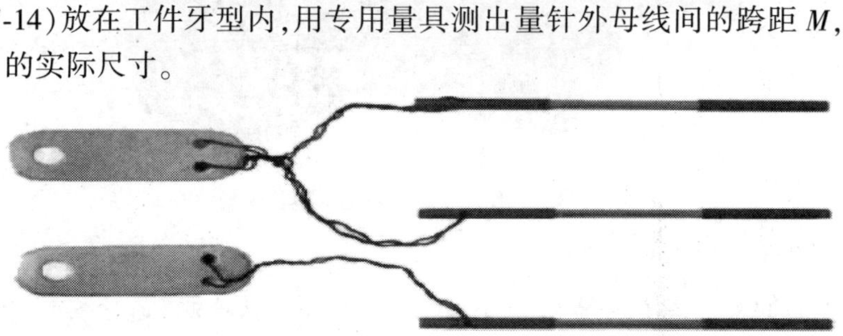

图 7-14　螺纹量针

三针法一般用于精密螺纹误差测量,如螺纹塞规、丝杠等。三针法测量螺纹中径如图 7-15 所示。

3. 影像法

影像法利用工具显微镜(见图 7-16)将被测螺纹的牙型轮廓放大成像,测螺纹的中径,还能测其螺距、牙型角。

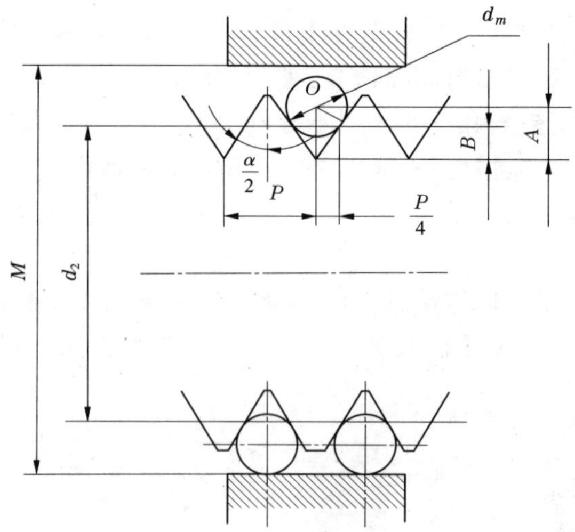

图 7-15　三针法测量螺纹中径

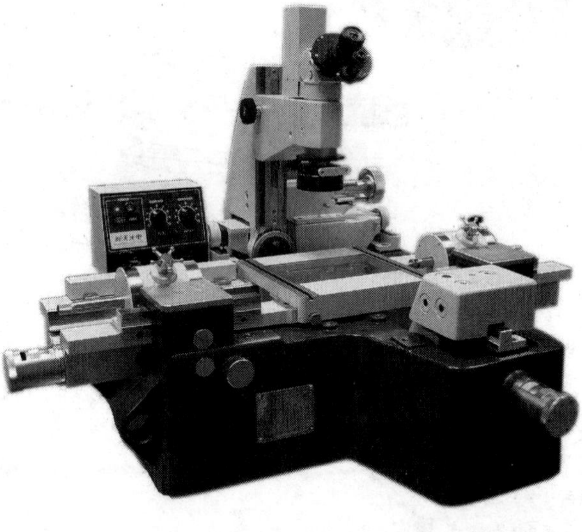

图 7-16　万能工具显微镜

任务实施

在实训室，以班级为单位分成若干小组，每个小组单独检测，通过实训指导教师示范和查看计量器具使用手册，完成检测任务并填写检测报告。

(1)阅读被检测螺纹连接轴的零件图，计算出内螺纹 M24×1.5-6H 和外螺纹 M24-5g/6g 的极限尺寸，制订出螺纹精度的检测方案。

(2)清理螺纹上油渍和切削。

(3)选择外径千分尺测量螺纹顶径。

(4)采用三针测量法测量螺纹的中径。

(5)用螺纹量规对螺纹进行综合检测，并填写检测报告，见表 7-7。

表 7-7　螺纹连接轴检测报告

<table>
<tr><td>被测件名称</td><td colspan="3"></td></tr>
<tr><td>检测项目</td><td>图纸要求</td><td>使用器具规格</td><td>实测结果</td></tr>
<tr><td></td><td></td><td></td><td></td></tr>
<tr><td>合格性判断</td><td colspan="3"></td></tr>
<tr><td>互检结果</td><td colspan="3"></td></tr>
<tr><td>检测日期</td><td colspan="3"></td></tr>
</table>

(6)评价。检测结束后，学生首先自己检查测量结果；测量工具选用是否正确；能否正确使用测量工具和进行数据处理，根据检测数据对零件的合格性判断是否正确等，具体评价结果请填写表 7-8。

表 7-8　螺纹连接轴检测结果评价

<table>
<tr><td>学习内容</td><td colspan="2"></td><td>班级</td><td></td><td>姓名</td><td></td><td>学号</td><td></td></tr>
<tr><td rowspan="5">教师评价</td><td>1</td><td>基础知识技能水平评价</td><td colspan="6"></td></tr>
<tr><td>2</td><td>检测方案评价</td><td colspan="6"></td></tr>
<tr><td>3</td><td>检测工具操作水平评价</td><td colspan="6"></td></tr>
<tr><td rowspan="2">4</td><td>检测数据评价</td><td colspan="2">检测数据与尺寸真值有小于 10% 的偏差</td><td colspan="2">检测数据与尺寸真值有大于 10% 且小于 20% 的偏差</td><td colspan="2">检测数据与尺寸真值有大于 20% 的偏差</td></tr>
<tr><td>评价等级</td><td colspan="2">A</td><td colspan="2">B</td><td colspan="2">C</td></tr>
<tr><td>对自己不足和进步的认识</td><td colspan="8"></td></tr>
<tr><td>同学的综合评价和建议</td><td colspan="8"></td></tr>
<tr><td>综合评定意见</td><td colspan="8"></td></tr>
</table>

习　题

一、填空题

1. 螺纹种类按用途可分为__________、__________和__________三种。

2. 国标规定，普通螺纹的公称直径指的是__________基本尺寸。

3. 影响螺纹互换性的五个基本几何要素是螺纹的________、________、________、________和________。

4. 保证螺纹结合的互换性，即保证结合的________和________。

5. 螺纹公差带代号包括________和________。

6. 螺纹中径、顶径公差带代号由表示其大小的________和表示其位置的________所组成。

7. 普通外螺纹的基本偏差是________。

8. 下列螺纹中属于细牙小径公差等级为6级的有________。

A. M10×1-6h　　B. M20-5g6g

C. M10-5H6H-LH　　D. M30×2-6H

9. 标准对外螺纹规定的基本偏差代号是________、________、________和________。

10. 螺纹标注应标注在螺纹的________尺寸线上。

11. 标准对内螺纹规定的基本偏差代号是________、________。

二、判断题

1. 普通螺纹的传动精度好、效率高、加工方便。（　）

2. 螺纹的五个基本参数都影响螺纹的配合性质。（　）

3. 合格的螺纹不应完全通过螺纹环规止规。（　）

4. 螺纹标记 M24×2-6g，对中径公差有要求，对大径和旋合长度无要求。（　）

三、简答题

1. 内、外螺纹中径是否合格的判断原则是什么？

2. 普通螺纹按其性质和用途可分为几种类型？各有何用途？

3. 普通螺纹公差与配合标准规定的中径公差是什么公差？为什么不分别规定螺纹的螺距公差和牙型半角公差？

4. 解释下列螺纹标记的含义：

M24×2-6g；

M8-5H6H-LH；

M20×2-5g6g-LH-S；

M30×2-6H/5g6g-S。

项目八　键的公差配合及检测

【知识目标】

1. 了解键连接的种类与特点。
2. 掌握平键与矩形花键的公差与配合、形位公差和表面粗糙度的选用与标注。
3. 了解平键与矩形花键连接采用的基准制，掌握矩形花键的定心方式。
4. 了解平键与矩形花键的常用检测方法。

【能力目标】

1. 能够正确选用和标注平键和矩形花键连接的公差与配合。
2. 能够使用正确的方法对平键和矩形花键连接进行检测。

任务描述

有一齿轮与轴的连接用平键传递扭矩，平键尺寸 $b=10$ mm，$L=28$ mm。齿轮与轴的配合为ϕ 35H7/h6，平键采用一般连接。查出键槽尺寸偏差、形位公差和表面粗糙度，并分别标注在轴和齿轮的横剖面上。

知识准备

任务一　概　述

机器中，键和花键连接主要是用来连接轴和轴上的齿轮、皮带轮等以传递扭矩，当轴与传动件(齿轮、带轮、链轮、联轴器等)之间有轴向相对运动要求时，键还能起导向作用，如变速箱中变速齿轮花键孔与花键轴的连接。

键又称单键(是三个零件的连接)，可分为平键、半圆键、切向键和楔形键等(见图 8-1)。其中，平键应用最广，平键又可分为普通平键和导向平键。普通平键一般用于固定连接，而导向平键则用于可移动的连接。

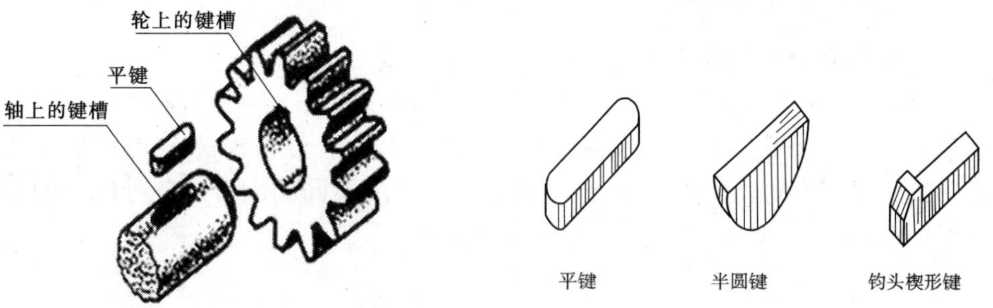

图 8-1　键的分类

花键按键廓形状不同分为矩形花键、渐开线花键和三角形花键,其中矩形花键应用最广。

本项目主要学习平键和矩形花键的公差配合及检测。

任务二　平键连接的公差配合及检测

一、平键连接的特点

平键连接是通过键的侧面分别与轴键槽和轮毂键槽的侧面相互接触来传递运动和扭矩的,如图 8-2 所示。因此,键宽 b 是决定配合性质的主要参数,是配合尺寸,应规定较小的公差;而键的高度 h 和长度 L 及轴槽的深度 t 和轮毂槽深度 t_1 均为非配合尺寸,应给予较大的公差。键连接的性质即表现为键宽与键槽宽的配合,因为键由型钢制成,是标准件,所以键连接采用基轴制配合。在设计平键连接时,当轴径 d 确定后,根据 d 就可确定平键的规格参数及键与键槽的极限偏差,见表 8-1 和表 8-2。

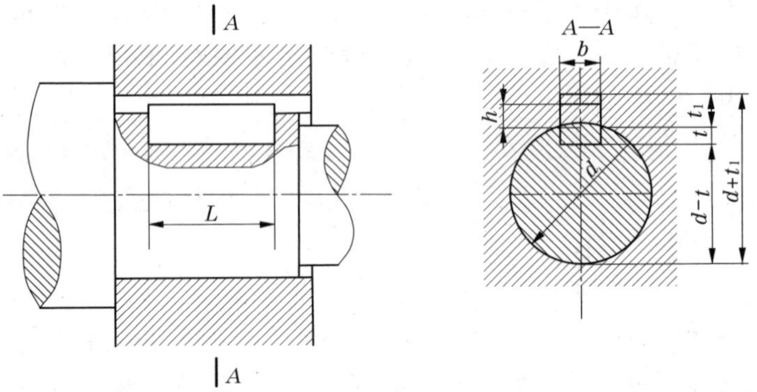

图 8-2　平键连接的结构

二、平键连接的公差配合及种类的确定

(一) 平键和键槽配合尺寸的公差带及配合种类

国家标准 GB/T 18001—2020 对键宽 b 只规定了一种公差带 h9,对轴和轮毂的键槽宽规定了三种公差带,如图 8-3 所示。键连接的具体配合分为较松连接、一般连接和较紧连接三类。根据不同的使用要求,键与键槽可以采用不同的配合。各种配合的配合性质和应用见表 8-3。

表 8-1　平键和键槽剖面尺寸及键槽极限偏差(摘自 GB 1095—2003)

轴	键	键槽											
公称直径 d	公称尺寸 $b\times h$	宽度 b						深度				半径 r	
		公称尺寸 b	极限偏差					轴 t		毂 t_1			
			较松键连接		一般键连接		较紧键连接						
			轴 H9	毂 D10	轴 N9	毂 JS9	轴和毂 P9	公称尺寸	极限偏差	公称尺寸	极限偏差	最大	最小
>22~30	8×7	8	+0. 036 0	+0. 098 +0. 040	0 -0. 036	±0. 018	-0. 015 -0. 051	4. 0	+0. 2 0	3. 3	+0. 2 0	0. 16	0. 25
>30~38	10×8	10						5. 0		3. 3		0. 25	0. 4
>38~44	12×8	12	+0. 043 0	+0. 120 +0. 050	0 -0. 043	±0. 021 5	-0. 018 -0. 061	5. 0		3. 3			
>44~50	14×9	14						5. 5		3. 8			
>50~58	16×10	16						6. 0		4. 3			
>58~65	18×11	18						7. 0		4. 4			
>65~75	20×12	20	+0. 052 0	+0. 149 +0. 065	0 -0. 052	±0. 026	-0. 022 -0. 074	7. 5		4. 9		0. 40	0. 6
>75~85	22×14	22						9. 0		5. 4			
>85~95	25×14	25						9. 0		5. 4			
>95~110	28×16	28						10. 0		6. 4			

表 8-2　平键极限偏差(摘自 GB 1096—2003)　　单位:mm

b	公称尺寸	8	10	12	14	16	18	20	22	25	28
	极限偏差(h9)	0 -0. 036		0 -0. 043				0 -0. 052			
h	公称尺寸	7	8	8	9	10	11	12	14		16
	极限偏差(h11)	0 -0. 090					0 -0. 110				

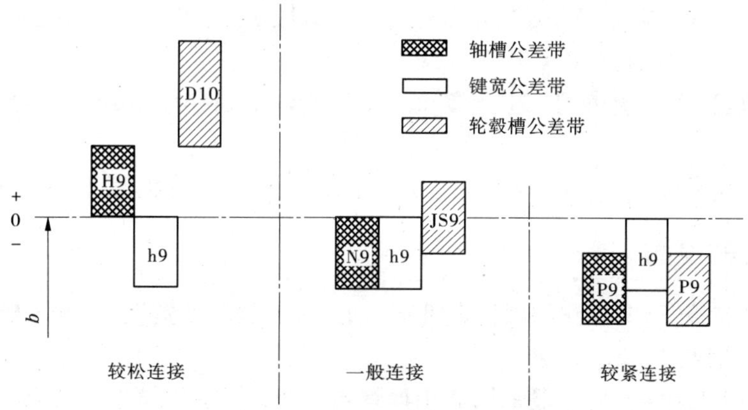

图 8-3　键宽与键槽宽 b 的公差带图

表 8-3 键与键槽的配合

配合	尺寸 b 的公差带			配合性质及其应用
	键	轴槽	毂槽	
较松	h9	H9	D10	用于导向平键,导向平键装在轴上,借螺钉固定,轮毂可在轴上滑动,也可用于薄型平键
一般	h9	N9	JS9	普通平键或半圆键压在轴槽中固定,轮毂顺着键侧套到轴上固定。用于传递一般载荷,也用于薄型平键、楔键的轴槽和毂槽
较紧	h9	P9	P9	普通平键或半圆键压在轴槽和轮毂槽中,均固定。用于传递重载和冲击载荷或双向传递扭矩,也用于薄型平键

(二)平键和键槽非配合尺寸的公差带

在平键连接的非配合尺寸中,轴槽深 t 和轮毂槽深 t_1 及槽底面与侧面交角半径 r 的极限尺寸由国家标准《平键　键槽的剖面尺寸》(GB/T 1095—2003)规定(见表 8-1)。

键高 h 的公差带为 h11,键长 L 的公差带为 h14,轴槽长度的公差带为 H14。为了便于测量,在图样上对轴槽深 t 和轮毂槽深 t_1 分别标注尺寸“ $d-t$ ”和“$d+t_1$”(d 为孔和轴的基本尺寸)。

三、平键连接的形位公差和表面粗糙度的选用及图样标注

为了保证键和键槽的侧面具有足够的接触面积和避免装配困难,国家标准对键和键槽的形位公差做了以下规定:

(1)由于键槽的实际中心平面在径向产生偏移和轴向产生倾斜,造成了键槽的对称度误差,应分别规定轴槽和轮毂槽对轴线的对称度公差。对称度公差等级按国家标准 GB/T 1184—1996,一般取 7~9 级。

(2)当平键的键长 L 与键宽 b 之比大于或等于 8 时,应规定键宽 b 的两工作侧面在长度方向上的平行度要求。当 $b\leq6$ mm 时,公差等级取 7 级;当 $b\geq8\sim36$ mm 时,公差等级取 6 级;当 $b\geq40$ mm 时,公差等级取 5 级。

键和键槽配合面的表面粗糙度参数值 Ra 一般取 1. 6~6. 3 μm,非配合面的 Ra 值取 12. 5 μm。

键槽尺寸和形位公差图样标注如图 8-4 所示,图 8-4(a)为轴槽,图 8-4(b)为轮毂槽。

四、平键的检测

对于平键连接,需要检测的项目有键宽、轴槽和轮毂槽的宽度、深度及槽的对称度。

(一)键和槽宽

在单件小批量生产时,一般采用通用计量器具(如千分尺、游标卡尺等)测量;在大批量生产时,用极限量规控制,如图 8-5(a)所示。

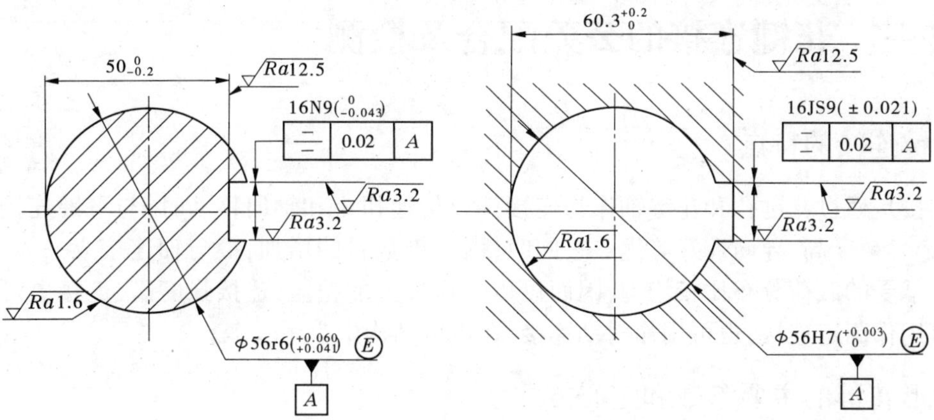

(a)轴槽　　　　　　　　　　　　(b)轮毂槽

图 8-4　键槽尺寸和形位公差的标注示例

(二)轴槽和轮毂槽深

在单件小批量生产时,一般用游标卡尺或外径千分尺测量轴尺寸 $d-t$,用游标卡尺或内径千分尺测量轮毂尺寸 $d+t_1$。在大批量生产时,用专用量规,如轮毂槽深度极限量规和轴槽深极限量规,如图 8-5(b)、(c)所示。

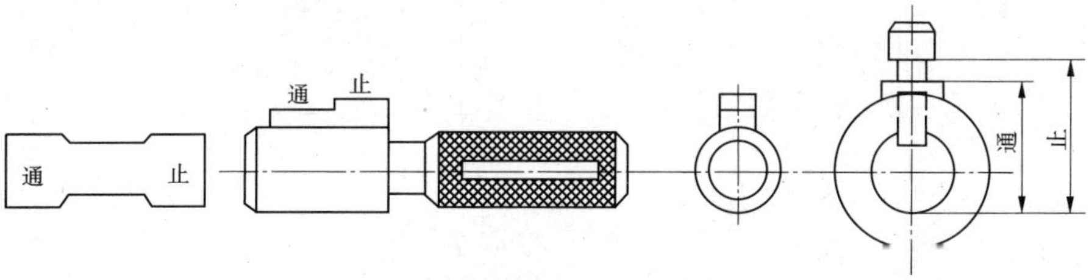

(a)槽宽极限量规　　(b)轮毂槽深量规　　(c)轴槽深量规

图 8-5　键槽尺寸检验用量规

(三)键槽对称度

在单件小批量生产时,可用分度头、V 形块和百分表测量,在大批量生产时一般用综合量规检验,如对称度极限量规,只要量规通过即为合格,如图 8-6 所示,图(a)为轮毂槽对称度量规,图(b)为轴槽对称度量规。

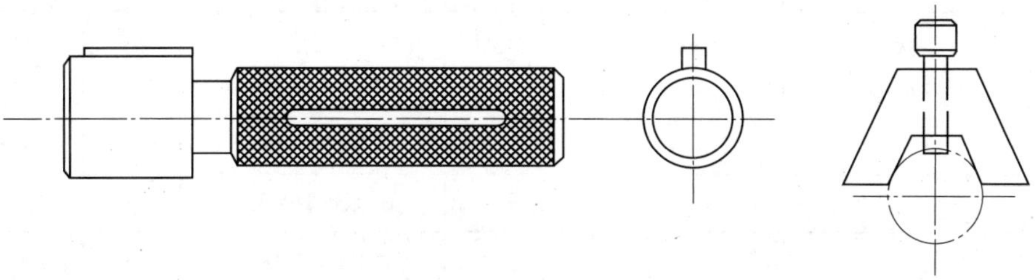

(a)　　　　　　　　(b)

图 8-6　键槽对称度检验用量规

任务三　花键连接的公差配合及检测

一、花键连接的特点

花键连接是通过花键孔和花键轴作为连接件以传递扭矩和轴向移动时,与平键连接相比,具有定心精度高、导向性好等优点。同时,由于键数目的增加,键与轴连接成一体,轴和轮毂上承受的载荷分布比较均匀,因而可以传递较大的扭矩,连接强度高,连接更可靠。花键可用作固定连接,也可用作滑动连接,在机械结构中应用较多。

二、矩形花键的主要参数和定心方式

国家标准《矩形花键尺寸、公差和检验》(GB/T 1144—2001)规定矩形花键的主要参数为大径 D、小径 d、键宽和键槽宽 B,如图 8-7 所示。

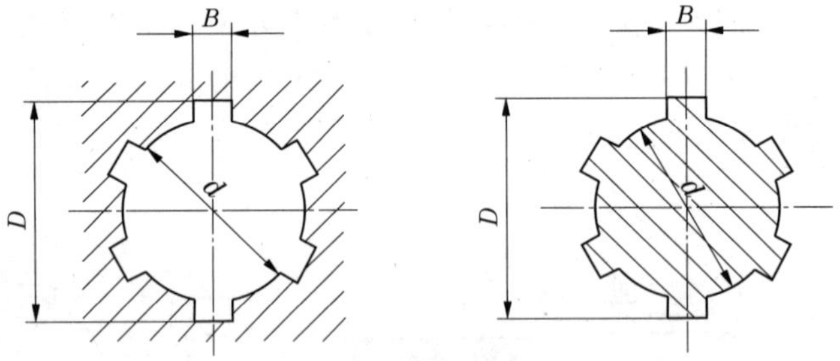

(a)　　(b)

图 8-7　矩形花键的主要尺寸

为了便于加工和测量,键数规定为偶数,有 6、8、10 三种。按承载能力不同,矩形花键可分为中、轻两个系列。中系列的键高尺寸较大,承载能力强;轻系列的键高尺寸较小,承载能力较低。矩形花键的尺寸系列见表 8-4。

表 8-4　矩形花键尺寸系列(摘自 GB/T 1144—2001)

小径 d	轻系列				中系列			
	规格 $N\times d\times D\times B$	键数 N	大径 D	键宽 B	规格 $N\times d\times D\times B$	键数 N	大径 D	键宽 B
11					6×11×14×3	6	14	3
13					6×13×16×3. 5	6	16	3. 5
16					6×16×20×4	6	20	4
18					6×18×22×5	6	22	5
21					6×21×25×5	6	25	5

续表 8-4

小径 d	轻系列				中系列			
	规格 $N \times d \times D \times B$	键数 N	大径 D	键宽 B	规格 $N \times d \times D \times B$	键数 N	大径 D	键宽 B
23	6×23×26×6	6	26	6	6×23×28×6	6	28	6
26	6×26×30×6	6	30	6	6×26×32×6	6	32	6
28	6×28×32×7	6	32	7	6×28×34×7	6	34	7
32	8×32×36×6	8	36	6	8×32×38×6	8	38	6
36	8×36×40×7	8	40	7	8×36×42×7	8	42	7
42	8×42×46×8	8	46	8	8×42×48×8	8	48	8
46	8×46×50×9	8	50	9	8×46×54×9	8	54	9
52	8×52×58×10	8	58	10	8×52×60×10	8	60	10
56	8×56×62×10	8	62	10	8×56×65×10	8	65	10
62	8×62×68×12	8	68	12	8×62×72×12	8	72	12
72	10×72×78×12	10	78	12	10×72×82×12	10	82	12
82	10×82×88×12	10	88	12	10×82×92×12	10	92	12
92	10×92×98×14	10	98	14	10×92×102×14	10	102	14
102	10×101×108×16	10	108	16	10×102×112×16	10	112	16
112	10×112×120×18	10	120	18	10×112×125×18	10	125	18

矩形花键连接的结合面有三个，即大径结合面、小径结合面和键侧结合面。要保证三个结合面同时达到高精度的配合是很困难的，也无此必要。因此，为了保证使用性质，改善加工工艺，只要选择其中一个结合面作为主要配合面，对其尺寸规定较高的精度，作为主要配合尺寸，以确定内、外花键的配合性质，并起定心作用。该表面称为定心表面。

矩形花键连接的定心方式有三种：按大径 D 定心、按小径 d 定心和按键宽 B 定心。对于起定心作用的尺寸，应要求较高的配合精度，非定心尺寸要求可低一些，但对键宽这一配合尺寸，无论是否起定心作用，都应要求较高的配合精度，因为扭矩是通过键和键槽的侧面传递的。

国家标准 GB/T 1144—2001 规定采用小径 d 定心。由于花键结合面的硬度要求较高，需淬火处理，为了保证定心表面的尺寸精度和形状精度，淬火后需要进行磨削加工。从加工工艺性来看，小径便于用磨削方法进行精加工（内花键小径可以在内圆磨床上磨削，外花键小径可用成形砂轮磨削），因此国家标准规定采用小径 d 定心，对定心小径 d 采用较小的公差等级；非定心大径 D 采用较大的公差等级，并且非定心直径表面之间留有较大的间隙，以保证它们不接触，从而可获得更高的定心精度，保证花键的表面质量，有利于提高连接质量。

三、矩形花键的公差与配合

(一)内、外花键的尺寸公差带和配合选用

矩形花键配合的精度,按其使用要求分为一般级和精密级两种。精密级用于机床变速箱中,其定心精度要求高或传递扭矩较大;一般级用于汽车、拖拉机的变速箱中。矩形内、外花键的尺寸公差带和装配形式见表 8-5。

表 8-5 矩形内、外花键的尺寸公差带和装配形式(摘自 GB/T 1144—2001)

<table>
<tr><th colspan="4">内花键</th><th colspan="3">外花键</th><th rowspan="3">装配形式</th></tr>
<tr><th rowspan="2">d</th><th rowspan="2">D</th><th colspan="2">B</th><th rowspan="2">d</th><th rowspan="2">D</th><th rowspan="2">B</th></tr>
<tr><th>拉削后不热处理</th><th>拉削后热处理</th></tr>
<tr><td colspan="8">一般用</td></tr>
<tr><td rowspan="3">H7</td><td rowspan="3">H10</td><td rowspan="3">H9</td><td rowspan="3">H11</td><td>f7</td><td rowspan="3">a11</td><td>d10</td><td>滑动</td></tr>
<tr><td>g7</td><td>f9</td><td>紧滑动</td></tr>
<tr><td>h7</td><td>h10</td><td>固定</td></tr>
<tr><td colspan="8">精密传动用</td></tr>
<tr><td rowspan="3">H5</td><td rowspan="6">H10</td><td colspan="2" rowspan="6">H7,H9</td><td>f5</td><td rowspan="6">a11</td><td>d8</td><td>滑动</td></tr>
<tr><td>g5</td><td>f7</td><td>紧滑动</td></tr>
<tr><td>h5</td><td>h8</td><td>固定</td></tr>
<tr><td rowspan="3">H6</td><td>f6</td><td>d8</td><td>滑动</td></tr>
<tr><td>g6</td><td>f7</td><td>紧滑动</td></tr>
<tr><td>h6</td><td>h8</td><td>固定</td></tr>
</table>

从表 8-5 中可见,定心直径 *d* 的公差等级高、要求严。*D* 的公差带在一般情况下,内、外花键取相同的公差等级,这个规定不同于普通光滑孔、轴的配合(一般精度较高的情况下,孔比轴低一级)。主要是考虑到矩形花键采用小径定心,使加工难度由内花键转为外花键。但在有些情况下内花键允许与提高一级的外花键配合,公差带为 H7 的内花键可以与公差带 f6、g6、h6 的外花键配合;公差带为 H6 的内花键可以与公差带为 f5、g5、h5 的外花键配合。这主要是考虑矩形花键常用来作为齿轮的基准孔,有可能出现外花键的定心直径公差等级高于内花键定心直径公差等级的情况。

矩形花键连接采用基孔制,可以减少加工和检验内花键用花键拉刀及花键量规的规格和数量,并规定了最松的滑动配合、略松的紧滑动配合和较紧的固定配合。此固定配合仍属于光滑圆柱体配合的间隙配合,但由于形位误差的影响,故配合变紧。对于内、外花键之间要求有相对移动,而且移动距离长、移动频率高的情况,应选用配合间隙较大的滑动连接,以保证运动灵活性并使配合面之间有足够的润滑油层,如汽车、拖拉机等变速箱中的变速齿轮与轴的连接。对于内、外花键之间虽有相对滑动,但定心精度要求高,传递扭矩大或经常有反向转动的情况,则应选用配合间隙较小的紧滑动连接。对于内、外花键

间无轴向移动，只用来传递扭矩的情况，则应选用固定配合。

（二）矩形花键的形位公差和表面粗糙度

由于矩形花键连接表面复杂，键长与键宽比值较大，形位误差对花键连接的装配性能和传递扭矩与运动的性能影响很大，是影响连接质量的重要因素，因此必须对其加以控制。

国家标准 GB/T 1144—2001 对矩形花键的形位公差做了以下规定：

（1）为了保证定心表面的配合性质，内、外花键小径（定心直径）的尺寸公差和形位公差的关系必须采用包容要求。

（2）在大批量生产时，采用花键综合量规来检验矩形花键，因此对键宽需要遵守最大实体要求。对键和键槽只需要规定位置度公差，位置度公差见表 8-6，图样标注如图 8-8 所示。

表 8-6　矩形花键位置度公差值 t_1（摘自 GB/T 1144—2001）

键槽宽或键宽 B		3	3.5～6	7～10	12～18
		t_1			
键槽宽		0.010	0.015	0.020	0.025
键宽	滑动、固定	0.010	0.015	0.020	0.025
	紧滑动	0.006	0.010	0.013	0.016

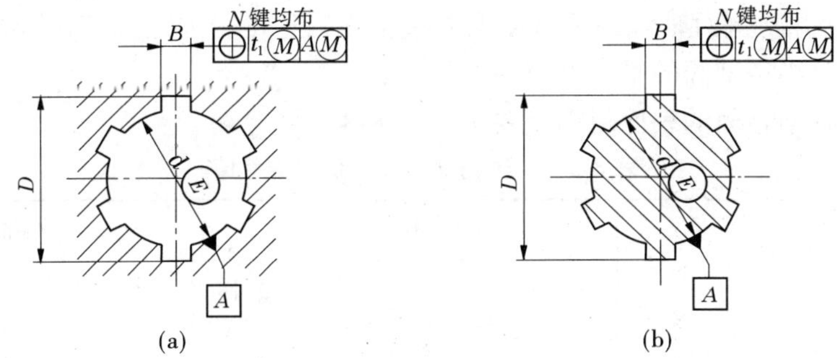

图 8-8　矩形花键位置度公差标注示例

（3）在单件、小批量生产时，对键（键槽）宽规定对称度公差和等分度公差，并遵守独立原则，两者同值，对称度公差见表 8-7，图样标注如图 8-9 所示。

表 8-7　矩形花键对称度公差值 t_2（摘自 GB/T 1144—2001）

键槽宽或键宽 B	3	3.5～6	7～10	12～18
	t_2			
一般用	0.010	0.012	0.015	0.018
精密传动用	0.006	0.008	0.009	0.011

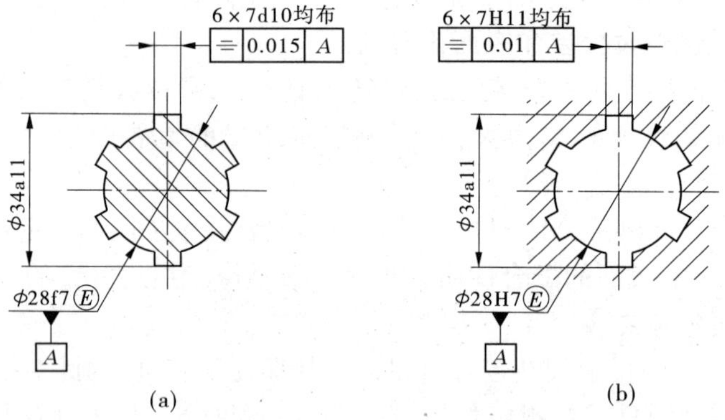

图 8-9　矩形花键对称度公差标注示例

(4)对于较长的花键,国家标准未做规定,可根据产品性能,自行规定键(键槽)侧对小径 d 轴线的平行度公差。

大批量生产时,因为键和键槽的位置误差包括其中心平面相对于定心轴线的对称度、等分度及键(键槽)侧面对定心轴线的平行度误差,故可规定位置度公差进行综合控制,并采用最大实体原则,用综合量规检验。因此,图样上标注了位置度公差就不必再标注对称度公差。

单件、小批量生产时,采用单项测量,应规定对称度公差和等分度公差,并遵守独立原则。花键各键(键槽)沿圆周均匀分布为它们的理想位置,允许它们偏离理想位置的最大值的 2 倍为花键均匀分度公差值,其数值等于花键对称度值,故省略不注。

通常,键(键槽)侧对轴线的平行度误差包括在对称度公差之内,若花键长度较长,可单独规定键侧对小径轴线的平行度公差。

矩形花键各结合面的表面粗糙度要求见表 8-8。

表 8-8　矩形花键表面粗糙度推荐值

加工表面	内花键	外花键
	Ra 不 大 于	
大径	6.3	3.2
小径	0.8	0.8
键侧	3.2	0.8

(三)矩形花键的标注方式

矩形花键的标注代号按顺序表示为:键数 N、小径 d、大径 D 、键(键槽)宽 B,其各自的公差带代号或配合代号标注于各基本尺寸之后。

【例 8-1】　某矩形花键连接,键数 $N=8$,小径 $d=40$ mm,配合为 H6/f6;大径 $D=54$ mm,配合为 H10/a11;键(键槽)宽 $B=9$ mm,配合为 H9/d8。其标注如下:

花键规格:　　　　$N \times d \times D \times B$

8×40×54×9

花键副：标注花键规格和配合代号

$$8 \times 40\frac{H6}{f6} \times 54\frac{H10}{a11} \times 9\frac{H9}{d8}$$

内花键：标注花键规格和尺寸公差带代号

8×40H6×54H10×9H9

外花键：标注花键规格和尺寸公差带代号

8×40f6×54a11×9d8

四、矩形花键的检测

矩形花键的检测包括尺寸检验和形位误差检验。

在单件小批量生产中，花键的尺寸和位置误差用千分尺、游标卡尺、指示表等通用计量器具分别测量。

在大批量生产中，内(外)花键用花键综合塞(环)规，同时检验内(外)花键的小径、大径、各键槽宽、大径对小径的同轴度和键槽的位置度等项目。此外，还要用单项止端塞(卡)规或普通计量器具检测其小径、大径、各键槽宽的实际尺寸是否超越其最小实体尺寸。

检测内、外花键时，如果花键综合量规能通过，而单项止端量规不能通过，则表示被测内、外花键合格；反之，即为不合格。

内、外花键综合量规的形状如图 8-10 所示，图 8-10(a)、(b)为花键塞规，图 8-10(c)为花键环规。

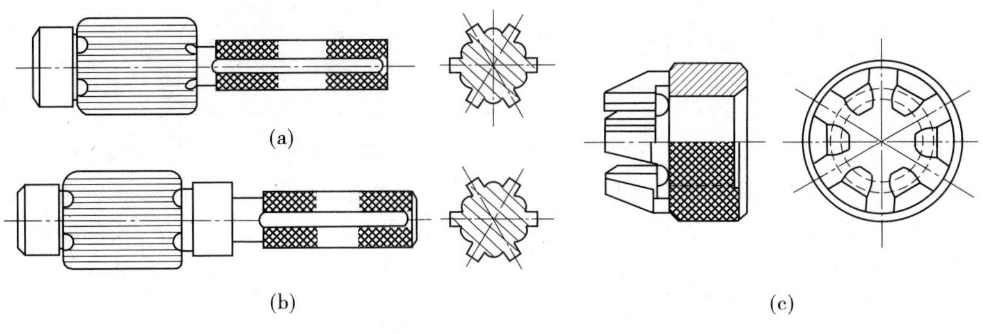

图 8-10　矩形内、外花键综合量规的形状

任务实施

(1)在实训室，以班级为单位分成若干小组，每个小组单独检测，通过实训指导教师示范和查看计量器具使用手册，完成对平键的检测任务并填写检测报告，见表 8-9。

表 8-9　平键检测报告

被测工件名称					
测量结果					
测量项目	测量工具	测量值	误差值	公差值	合格性
键宽					
轴槽					
轮毂槽的宽度					
深度					
槽的对称度					
测量日期			合格判断		

(2)评价。检测结束后,学生首先自己检查测量结果;测量工具选用是否正确;能否正确使用测量工具和进行数据处理,根据检测数据对零件的合格性判断是否正确等,具体评价结果请填写表 8-10。

表 8-10　平键检测结果评价

学习内容			班级		姓名		学号	
教师评价	1	基础知识技能水平评价						
	2	检测方案评价						
	3	检测工具操作水平评价						
	4	检测数据评价	检测数据与尺寸真值有小于 10%的偏差		检测数据与尺寸真值有大于 10%且小于 20%的偏差		检测数据与尺寸真值有大于 20%的偏差	
		评价等级	A		B		C	
对自己不足和进步的认识								
同学的综合评价和建议								
综合评定意见								

习　题

一、判断题

1. 平键连接中，键宽与轴槽宽的配合采用基轴制。（　　）

2. 平键连接中，宽度的不同配合是依靠改变轴槽和轮毂槽宽度公差带的位置来获得。（　　）

3. 矩形花键的定心尺寸按较高精度等级制造，非定心尺寸则可按粗糙精度等级制造。（　　）

4. 矩形花键定心方式按国家标准只规定大径定心一种。（　　）

5. 当平键用于轴键槽和轮毂键槽中均固定，载荷不大的场合，平键的配合类型应选择为正常连接。（　　）

二、填空题

1. 单键分为__________、__________、__________三种，其中以__________应用最广。

2. 花键按键廓形状的不同可分为__________、__________和__________，其中应用最广的是__________。

3. 对于平键连接需要检测的项目有：__________________________。

4. 花键连接是通过__________和__________作为连接件传递扭矩和轴向位移的。

5. 检验工件最大实体尺寸的量规称为__________，检验工件最小实体尺寸的量规称为__________。

三、问答题

1. 平键连接为什么只对键（键槽）宽规定较严的公差？

2. 解释下列标记的含义：矩形花键 6×28H/f7×23H10/a11×7H11/d10。

项目九　滚动轴承公差配合及检测

【知识目标】

1. 了解滚动轴承的种类。
2. 了解滚动轴承内、外径公差及特点。
3. 掌握滚动轴承配合件公差的选用。
4. 掌握滚动轴承的公差等级代号及应用。

【能力目标】

1. 能够正确选择滚动轴承的配合公差并标注。
2. 能够使用正确方法对滚动轴承进行检测。

任务描述

一工程机械传动装置的轴，根据工作条件采用一对角接触球轴承支撑，轴承型号为7208AC。确定轴承的配合公差并查表确定该轴承的径向载荷和轴向载荷。

知识准备

任务一　概　述

滚动轴承是在机器上被广泛应用的一类传动支撑标准件。其基本结构如图9-1所示，由内圈(上圈)、外圈(下圈)、滚动体及保持架四部分组成，内圈与轴颈相配合，外圈与座孔相配合，承载能力由滚动体的形状、数量、尺寸决定。滚动轴承工作时，内圈和外圈以一定的转速做相对运动。滚动轴承的工作性能和使用寿命不仅取决于轴承本身的制造精度，还与滚动轴承相配合的轴颈和外壳的尺寸公差、形位公差、表面粗糙度及安装正确与否等因素有关。

滚动轴承按滚动体形状可分为球轴承、滚子轴承、滚针轴承等，按可承受载荷方向可分为向心轴承、向心推力轴承和推力轴承等。

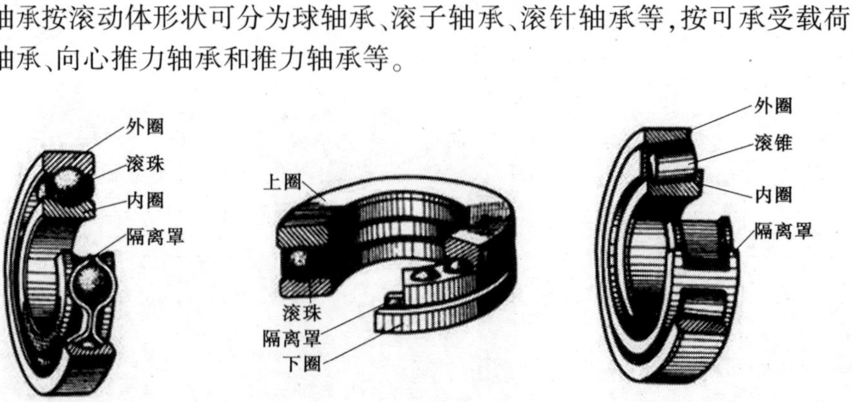

图9-1　滚动轴承的组成

任务二　滚动轴承的精度等级

滚动轴承的精度分尺寸精度和旋转精度。尺寸精度是指轴承内径、外径和宽度等尺寸公差,与轴及外壳安装有关。旋转精度是指轴承内、外圈的径向圆跳动、端面跳动及滚道的侧向摆动等,与旋转体跳动有关。

轴承精度等级已经标准化。国家标准 GB/T 307.1—2017 中,轴承精度分为 P0 级、P6 级(P6X 级)、P5 级、P4 级、P2 级五个等级。从 P0 到 P2 精度依次提高。

P0 级为普通级,P6~P2 级轴承均称为高精度轴承。对于一般用途 0 级已足够,但在用于其他条件或场合时,需要 5 级或更高的精度。各类型轴承的精度等级如表 9-1 所示。

表 9-1　轴承类型与适用精度等级

<table>
<tr><th colspan="2">轴承形式</th><th>适用标准</th><th colspan="6">适用精度等级</th></tr>
<tr><td colspan="2">深沟球轴承</td><td rowspan="4">GB 307</td><td>0 级</td><td></td><td>6 级</td><td>5 级</td><td>4 级</td><td>2 级</td></tr>
<tr><td colspan="2">角接触球轴承</td><td>0 级</td><td></td><td>6 级</td><td>5 级</td><td>4 级</td><td>2 级</td></tr>
<tr><td colspan="2">调心球轴承</td><td colspan="6">0 级</td></tr>
<tr><td colspan="2">圆柱滚子轴承</td><td>0 级</td><td></td><td>6 级</td><td>5 级</td><td>4 级</td><td>2 级</td></tr>
<tr><td rowspan="3">圆锥滚子轴承</td><td>公制系列(单列)</td><td>GB 307</td><td>0 级</td><td>6 级</td><td>6 级</td><td>5 级</td><td>4 级</td><td></td></tr>
<tr><td>公制系列(双列、四列)</td><td>SB/T 5341994</td><td colspan="6">0 级</td></tr>
<tr><td>英制系列</td><td>SB/CO/T 1089</td><td>Class4</td><td></td><td>Class2</td><td>Class3</td><td>Class0</td><td>Class00</td></tr>
<tr><td colspan="2">调心滚子轴承</td><td rowspan="3">GB 307</td><td colspan="6">0 级</td></tr>
<tr><td colspan="2">推力球轴承</td><td>0 级</td><td></td><td>6 级</td><td>5 级</td><td colspan="2">4 级</td></tr>
<tr><td colspan="2">推力调心滚子轴承</td><td colspan="6">0 级</td></tr>
</table>

GB/T 307.1—1994 旧标准中将轴承等级划分为 G E D C B 五个等级。ISO、JIS 等各类标准对照如表 9-2 所示。

表 9-2　各类标准对照

标准	精度				
GB/T 307.1—1994	B	C	D	E	G
ISO	CLASS2	CALSS4	CLASS5	CLASS6	NORMAL CLASS
DIN	P2	P4	P5	P6	P0
ANSI	ABEC9	ABEC7	ABEC5	ABEC3	ABEC1
JIS	JIS2	JIS4	JIS5	JIS6	JIS0

滚动轴承各精度等级的应用如表 9-3 所示。

表 9-3 常用滚动轴承精度选定

性能要求	用例	适用精度等级
要求放置体具有高跳动精度	音响、影像机器主轴(录像机、录音机)	P4
	雷达、抛物面天线转轴 机床主轴	P5、P4、P2、 ABEC9
	电子计算机、磁盘主轴 铝箔辊颈	P5、P4、P2、 ABEC9
	多级轧钢机支承轴承	P5
高速旋转	增压器	P5、P4
	喷气式发动机主轴、辅机	P5、P4
	离心分离机	P5、P4
	液化天然气泵	P5
	涡轮分子泵主轴、保护轴承	P5、P4
	机床主轴	P5、P4、P2、ABEC9
	涨紧轮	P5、P4
要求摩擦及摩擦变化小	控制机器(同步马达、伺服马达、陀螺万向架)	P4、ABMA P7
	计量仪表	P5
	机床主轴	P5、P4、P2、ABEC9
一般精度	小型马达、齿轮传动装置、凸轮传动装置、发电器、低感应同步伺服电机、压力转子、打印机、复印机、检测仪器	P0、P6

任务三　滚动轴承内径与外径的公差带及特点

一、滚动轴承内、外径公差带

由于轴承内、外圈均是薄壁零件,制造和存放中极易变形,若相配零件的形状精度高,则当轴承与轴和外壳孔装配后这种微量变形又能得到矫正,在一般情况下也不影响工作性能。为此,滚动轴承标准对轴承内径和外径尺寸公差分别做了两种规定。

一是规定了内、外径尺寸的最大值和最小值所允许的极限偏差(单一内、外径偏差),其主要目的是限制变形量。

二是规定了单一平面平均内、外径偏差(Δd_{mp}、ΔD_{mp}),即轴承套圈任意横截面内测得的最大直径与最小直径的平均值与公称直径之差,目的是保证轴承的配合。

对于高精度的 P4、P2 级轴承,上述两个公差项目都做了规定,而对于一般公差等级的轴承,只要单一平面平均内、外径偏差在内、外径公差带内,就认为合格。

表 9-4 列出了部分向心轴承 Δd_{mp} 和 ΔD_{mp} 的极限值。

表 9-4　向心轴承 Δd_{mp} 和 ΔD_{mp} 的极限值(摘自 GB/T 307.1—2017)

精度等级			P0		P6		P5		P4		P2	
基本直径/mm			极限偏差/mm									
	大于	到	上偏差	下偏差	上偏差	下偏差	上偏差	下偏差	上偏差	下偏差	上偏差	下偏差
内圈	18	30	0	−10	0	−8	0	−6	0	−5	0	−2.5
	30	50	0	−12	0	−10	0	−8	0	−6	0	−2.5
外圈	50	80	0	−13	0	−11	0	−9	0	−7	0	−4
	80	120	0	−15	0	−13	0	−10	0	−8	0	−5

二、滚动轴承内、外径公差带的特点

轴承装配后起作用的尺寸是单一平面内的平均内径和平均外径，因此内、外径公差带位置是指平均内、外径的公差带位置。滚动轴承是标准件，内圈与轴颈的配合应采用基孔制，外圈和外壳孔的配合应采用基轴制。国家标准规定，轴承内、外径公差带的特点是采用单向制，所有公差等级的公差带都单向配置在零线的下方，如图 9-2 所示。

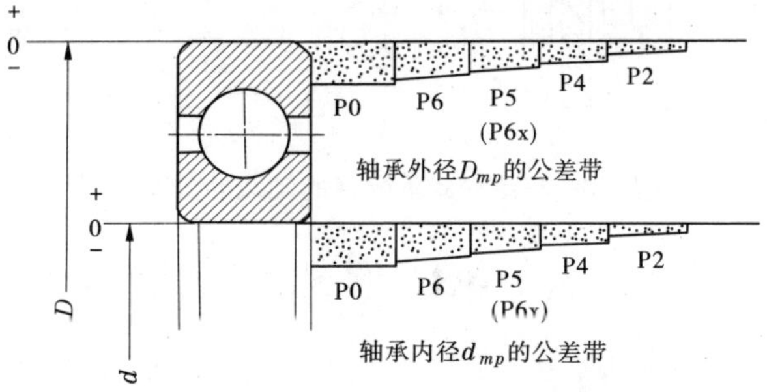

图 9-2　滚动轴承内、外径公差带

内圈基准孔公差带位于以公称内径为零线的下方，它与一般基准孔相反，这样规定主要是考虑到轴承配合的特殊要求。因为在多数情况下，轴承的内圈随轴一起转动，为了防止在它们之间发生相对滑动而导致结合面磨损，则两者的配合应该具有一定的过盈。但由于内圈是薄壁零件，容易产生变形，且一定时间后又需要拆换，因此配合的过盈不宜过大，假如轴承内孔的公差带与一般基准孔一样分布在零线上侧，当采用《极限与配合》标准中的过盈配合时，所得的过盈往往太大。如果改用过渡配合，又可能产生间隙，出现轴孔结合不可靠的情况；若采用非标准配合，又违反了标准化和互换性原则。为此，滚动轴承国家标准将轴承内径公差带分布在零线下侧，此时，当它与《极限与配合》标准中推荐的一般过渡配合的轴相配合时，不但能保证获得不大的过盈，而且不会出现间隙，从而满足了轴承内孔与轴配合的要求，同时又可按标准偏差来加工轴。

国家标准规定轴承外圈外径公差带位于以公称外径为零线的下方，它与一般基准轴的公差带相类似，其上偏差为零，下偏差为负值，但公差值不同(见图 9-2)。这是因为滚动轴承的外径与外壳孔的配合应按基轴制，且通常两者之间的配合一般不要求太紧，轴承外圈与外壳孔的配合基本上保持了《极限与配合》中同名配合的配合性质，但是松紧略有变化。

任务四 滚动轴承与轴和外壳孔的配合

由于滚动轴承属于标准件，所以在设计轴承与轴径、轴承与外壳孔的配合时，只需按照轴承的内、外径的配合尺寸来确定轴径和外壳孔的公差带。轴承配合的选择就是决定轴颈和座孔的公差带。国家标准《滚动轴承 配合》（GB/T 275—2015）规定了对与 P0 级和 P6 级轴承配合的轴颈的 17 种公差带，基本偏差代号从 g~r，精度等级除 h8 以外，从 6~7 级，形成过渡配合和过盈配合。对与轴承外径相配合的座孔规定了 16 种公差带，基本偏差代号从 G~P，精度等级除 H8 以外，从 6~7，形成间隙、过渡、过盈配合，如图 9-3、图 9-4 所示。

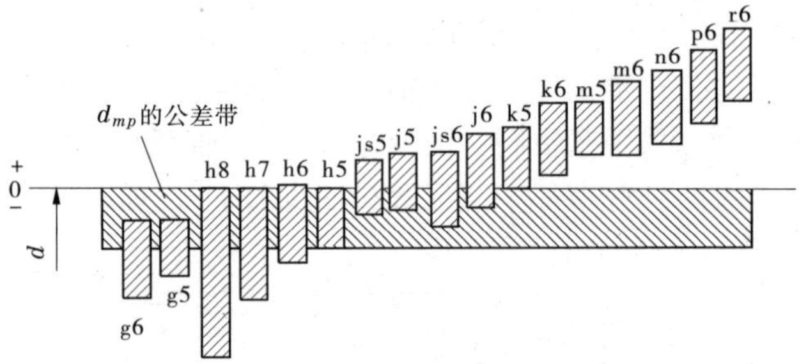

图 9-3 与滚动轴承配合的轴颈的公差带

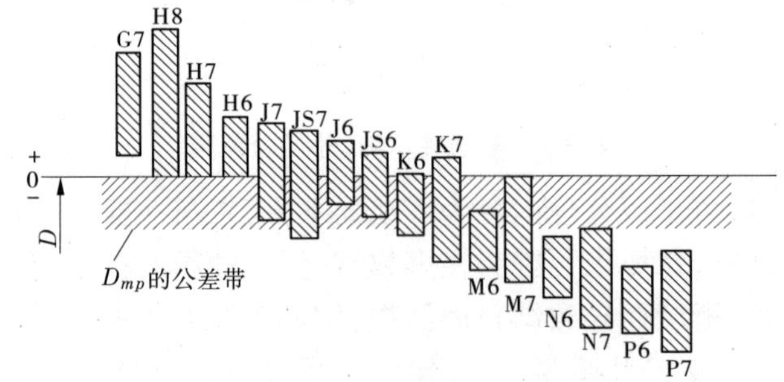

图 9-4 与滚动轴承配合的外壳孔的公差带

注：本标准规定的配合适用于下列情况：①轴承外形尺寸应符合《滚动轴承 向心轴承外形尺寸方案》（GB/T 273.3—2020）的规定；②轴承的精度等级为 P0 级和 P6（P6x）级；③轴承的游隙符合《滚动轴承 径向游隙》（GB/T 4604.1—2012）中 0 组；④轴为实心或厚壁钢制轴；⑤外壳为铸钢或铸铁。本标准不适用于无内（外）圈轴承和特殊用途轴承（如飞机机架轴承、仪器轴承）。

任务五　滚动轴承配合的选择

一、配合选择的依据

配合的选用通常是依据轴承的工作条件来选择。考虑的主要因素有：滚动轴承套圈承受负载的类型和大小、轴承的尺寸大小，轴承的游隙、工作环境等。

（一）轴承套圈的负荷类型

机器运转时，作用在轴承上的径向负载一般是由定向负荷（如皮带的拉力）和旋转负荷（如机件的惯性离心力）合成。滚动轴承内外套圈可能承受以下三种负荷：

（1）定向负荷。轴承套圈与负荷方向相对固定，即该负荷始终不变地作用在套圈的局部滚道上，套圈承受的这种负荷称为定向负荷。例如轴承承受一个方向不变的径向负荷（P_r），此时固定不转的套圈所承受的负荷即为定向负荷，如图 9-5（a）、（b）所示。

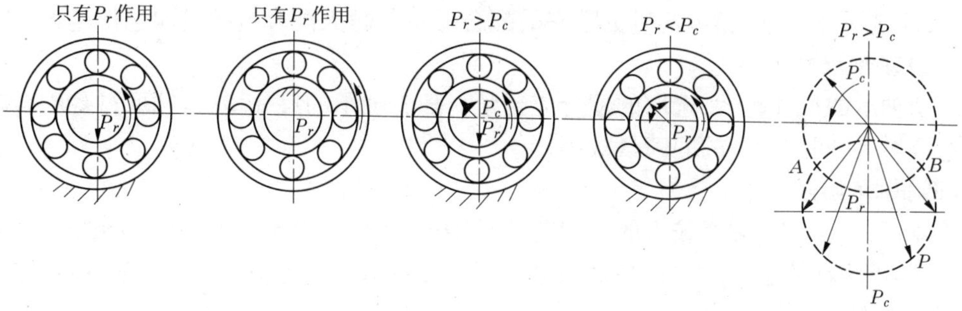

(a)内圈—旋转负荷 外圈—定向负荷　(b)内圈—定向负荷 外圈—旋转负荷　(c)内圈—旋转负荷 外圈—摆动负荷　(d)内圈—摆动负荷 外圈—旋转负荷　(e)摆动负荷

图 9-5　轴承套圈的负荷状况

（2）旋转负荷。轴承套圈与负荷方向相对旋转，即径向负荷顺次地作用在套圈的整个圆周滚道上，套圈承受的这种负荷称为旋转负荷。例如，轴承承受一个方向不变的径向负荷（P_r），此时旋转套圈所承受的负荷即为旋转负荷，如图 9-5（a）、（b）所示。

（3）摆动负荷。轴承套圈与负荷方向相对摆动，即该负荷连续摆动地作用在套圈的局部滚道上，套圈承受的这种负荷称为摆动负荷。例如轴承承受一个方向不变的径向负荷以及一个较小的旋转负荷（P_c），两者的合成径向负荷（P）的大小与方向都在变动。当 $P_r > P_c$ 时，合成负荷在轴承下方 AB 区域内摆动，如图 9-5（e）所示；如果外圈静止，则外圈部分滚道轮流受到变动负荷的作用，此时外圈受摆动负荷。内圈因与循环负荷同步旋转，内圈滚道的整个圆周都受到变动负荷的作用，此时内圈受旋转负荷，如图 9-5（c）所示。当 $P_r < P_c$ 时，合成负荷沿整个圆周滚道变动，如图 9-5（d）所示。如果外圈静止，则外圈滚道的整个圆周受到变动负荷的作用，此时外圈受旋转负荷内圈因与旋转负荷同步旋转，内圈只有部分滚道受变动负荷的作用，此时内圈受摆动负荷。

承受定向负荷的套圈，应选择较松的过渡配合或较小的间隙配合，以便使套圈滚道间的摩擦力矩带动套圈偶尔转位、受力均匀、延长使用寿命。承受旋转负荷的套圈应选择过盈配合或较紧的过渡配合,过盈量的大小以其转动时与轴或壳体孔间不产生爬行现象为原则。承受摆动负荷的套圈其配合要求与旋转负荷相同或略松一点。当以不可分离型轴承作游动支承时,则应以相对于负荷方向固定的套圈作为游动套圈,其与配合件之间应选择间隙配合或过渡配合。

(二)轴承负荷的大小

对向心轴承负荷的大小用径向当量动负荷(P)与径向额定动负荷(C)的比值来区分,如表 9-5 所示。

表 9-5 轴承的负荷状态

负荷状态	轻负荷	正常负荷	重负荷
P_r/C_r	≤0.07	>0.07~0.15	>0.15

选用配合与轴承所受的负荷类型和大小有关,因为在负荷作用下,轴承套圈会产生变形,使配合面间的实际过盈量减小和轴承内部游隙增大。因此,当受冲击负荷或重负荷时,一般应选用比正常、轻负荷时更紧密的配合。负荷越大配合过盈量应选得越大。

(三)轴承尺寸大小

滚动轴承的尺寸越大,选取的配合应越紧。随着轴承的尺寸增大,选取过盈配合时的过盈量应增大,间隙配合的间隙量减小。

(四)轴承游隙

游隙过大,会使转轴有较大的径向跳动和轴向窜动,产生较大的振动和噪声;游隙太小,会使轴承滚动体和套圈之间的接触应力增大,轴承因摩擦发热增大,使用寿命降低。因此轴承游隙的大小要适度。

(五)工作温度

轴承工作时,受摩擦发热和其他热源影响,使轴承套圈的温度高于与其相配合的轴颈和座孔的温度,内圈因热膨胀与轴颈的配合变得松动,外圈因热膨胀与孔座的配合变得紧密,因此当轴承工作温度较高时应对选择的配合关系进行修正。

除以上因素外,轴承的运转还受轴颈与座孔的公差等级、轴承的旋转精度和旋转速度、轴承的轴向游动、轴颈和孔座的结构和材料、安装与拆卸等影响。

二、公差等级的选择

与滚动轴承相配合的轴颈和座孔的公差等级与轴承的精度有关,一般轴颈的公差等级为 IT6,座孔的公差等级为 IT7。对旋转精度和运转平稳有较高要求的场合,在提高轴承公差等级的同时,对轴承配合部位的精度等级也应相应提高。

三、公差带的选择

向心轴承和轴的配合,轴的公差带可按表 9-6 选择;向心轴承和孔的配合,孔的公差带可按表 9-7 选择。推力轴承和轴的配合,轴的公差带可按表 9-8 选择;推力轴承和孔的配合,孔的公差带可按表 9-9 选择。

表 9-6　向心轴承和轴的配合轴公差带代号(摘自 GB/T 275—2015)

运转状况		负荷状态	深沟球轴承、调心球轴承、角接触轴承	圆柱滚子轴承和圆锥滚子轴承	调心滚子轴承	公差带
说明	举例		轴承公称内径/mm			
旋转的内圆负荷和摆动负荷	一般通用机械、电动机、机床、主轴、泵、内燃机、直齿轮传动装置、铁路机车车辆轴箱、载碎机等	轻负荷	<18 >18~100 >100~200 —	— <40 >40~140 >140~200	— <40 >40~140 >140~200	h5 j6① k6① m6①
		正常负荷	<18 >18~100 >100~140 >140~200 >200~280 — —	— <40 >40~100 >100~140 >140~200 >200~400 —	— <40 >40~65 >65~100 >100~140 >140~280 >280~500	j5 js5 k5② m5② m6 n6 p6 r6
		重负荷		>50~140 >140~200 >200 —	>50~100 >100~140 >140~200 >200	n6 p6③ r6 r7
固定的内侧负荷	静止轴上的各种轮子，张紧轮绳、振动筛、惯性振动器	所有负载	所有尺寸			f6 k6① h6 j6
仅有轴向负荷		所有尺寸				j6、jn6
圆锥孔轴承						
所有负荷	铁路机车车辆轴箱	装在退卸套上的所有尺寸				h8(IT6)④⑤
	一般机械传动	装在紧定套上的所有尺寸				h9(IT7)④⑤

注:①凡对精度有较高要求的场合,应用 j5,k5,…代替 j6,k6,…。

②圆锥滚子轴承,角接触球轴承配合对游隙的影响不大,可用 k6、m6 代替 k5、m5。

③重负荷下轴承游隙应选大于 0 组。

④凡有较高的精度或转速要求的场合,应选 h7(IT5)代替 h8(IT6)。

⑤IT6、IT7 表示圆柱度公差数值。

表 9-7　向心轴承和外壳的配合孔公差带代号(摘自 GB/T 275—2015)

<table>
<tr><th colspan="2">运转状态</th><th rowspan="2">负荷状态</th><th rowspan="2">其他情况</th><th colspan="2">公差带①</th></tr>
<tr><th>说明</th><th>举例</th><th>球轴承</th><th>滚子轴承</th></tr>
<tr><td rowspan="2">固定的外圈负荷</td><td rowspan="5">一般机械、铁路机车车辆轴箱、电动机、泵、曲轴主轴承</td><td>轻、正常、重</td><td>轴向易移动，可采用剖分式外壳</td><td colspan="2">H7、G7②</td></tr>
<tr><td>冲击</td><td rowspan="2">轴向能移动，可采用整体式或剖分式外壳</td><td colspan="2" rowspan="2">J7、JS7</td></tr>
<tr><td rowspan="3">摆动负荷</td><td>轻、正常</td></tr>
<tr><td>正常、重</td><td rowspan="5">轴向不移动，可采用整体式外壳</td><td colspan="2">K7</td></tr>
<tr><td>冲击</td><td colspan="2">M7</td></tr>
<tr><td rowspan="3">旋转的外圈负荷</td><td rowspan="3">张紧滑轮、轮毂轴承</td><td>轻</td><td>J7</td><td>K7</td></tr>
<tr><td>正常</td><td>K7、M7</td><td>M7、N7</td></tr>
<tr><td>重</td><td></td><td>N7、P7</td></tr>
</table>

注：①并列公差带随尺寸的增大从左到右选择，对旋转精度有较高要求时，可相应提高一个公差等级。

②不适用剖分式外壳。

表 9-8　推力轴承和轴的配合轴公差带代号(摘自 GB/T 275—2015)

<table>
<tr><th rowspan="2">运转状态</th><th rowspan="2">负荷状态</th><th>推力球轴承和推力滚子轴承</th><th>推力调心滚子轴承</th><th rowspan="2">公差带</th></tr>
<tr><th colspan="2">轴承公称内径/mm</th></tr>
<tr><td>仅有轴向负荷</td><td colspan="3">所有尺寸</td><td>j6、js6</td></tr>
<tr><td rowspan="2">固定的轴向负荷</td><td rowspan="2">径向和轴向联合负荷</td><td>—</td><td>≤250</td><td>j6</td></tr>
<tr><td>—</td><td>>250</td><td>js6</td></tr>
</table>

表 9-9　推力轴承和外壳的配合孔公差带代号(摘自 GB/T 275—2015)

<table>
<tr><th>运转状态</th><th>负荷状态</th><th>轴承类型</th><th>公差带</th><th>备注</th></tr>
<tr><td colspan="2" rowspan="3">仅有轴向负荷</td><td>推力球轴承</td><td>H8</td><td></td></tr>
<tr><td>推力圆柱、圆锥滚子轴承</td><td>H7</td><td></td></tr>
<tr><td>推力调心滚子轴承</td><td></td><td>外壳孔与座圈间间隙为 0.001D(D 为轴承的公称外径)</td></tr>
<tr><td>固定的座圈负荷</td><td rowspan="3">径向和轴向联合负荷</td><td rowspan="3">推力角接触球轴承、推力圆锥滚子轴承、推力调心滚子轴承</td><td>H7</td><td></td></tr>
<tr><td rowspan="2">旋转的座圈负荷或摆动负荷</td><td>K7</td><td>普通使用条件</td></tr>
<tr><td>M7</td><td>有较大径向负荷时</td></tr>
</table>

任务六　滚动轴承的检测

滚动轴承的生产和加工需要经过复杂的工序，为保证滚动轴承的质量和性能，要严格控制轴承的尺寸精度、旋转质量，按照轴承不同的使用目的选择合适的游隙，采用正确的方式进行轴承的装配和存储，可以有效地保证轴承的寿命和良好的性能。

滚动轴承的动态检测是在轴承振动测量仪上完成的，振动测量仪主要包括传感器、驱动器、传感器位置调整装置、径向加载装置、轴向加载装置和测量放大器等部件。在实际检测中，轴承振动检测仪主要记录滚动轴承在低、中、高三个频带内的轴承外圈径向振动速度的均方根值，均方根值可以反映轴承的精度。

一、检测前的准备工作

测试前需将被测轴承清洗干净，并喷洒润滑油，然后将轴承安装在与主轴一起旋转的芯轴上，在转动过程中，滚动轴承生产过程中存在的缺陷会导致振动的产生。

二、频率分布

根据振动频率和振动原因的关系将振动频率范围分为三个频带：低频带 50～300 Hz，主要反映轴承内外圈的椭圆度，滚道的缺陷等；中频带 300～1 800 Hz，主要反映轴承内外圈在磨削加工表面的中距波纹度的大小；高频带 1 800～10 000 Hz，主要反映轴承内外圈加工表面的粗糙度等。

三、对比测试结果与振动质量标准

将测试结果与振动测量标准进行对比，可以判断轴承的质量，并能按照质量对轴承的优劣进行分类，确定轴承的应用范围。

任务实施

(1) 在实训室，以班级为单位分成若干小组，每个小组单独检测，通过实训指导教师示范和查看计量器具使用手册，完成对滚动轴承的检测任务并填写检测报告(见表 9-10)。

表 9-10　滚动轴承检测报告

被测工件名称					
测量结果					
测量项目	测量工具	测量值	误差值	公差值	合格性
宽度					
内径					
外径					
游隙					
旋转精度					
测量日期			合格判断		

(2)评价。检测结束后,学生首先自己检查测量结果;测量工具选用是否正确;能否正确使用测量工具和进行数据处理,根据检测数据对零件的合格性判断是否正确等,具体评价结果请填写表 9-11。

表 9-11　滚动轴承检测结果评价

<table>
<tr><td>学习内容</td><td colspan="2"></td><td>班级</td><td></td><td>姓名</td><td></td><td>学号</td><td></td></tr>
<tr><td rowspan="5">教师评价</td><td>1</td><td>基础知识技能水平评价</td><td colspan="6"></td></tr>
<tr><td>2</td><td>检测方案评价</td><td colspan="6"></td></tr>
<tr><td>3</td><td>检测工具操作水平评价</td><td colspan="6"></td></tr>
<tr><td rowspan="2">4</td><td>检测数据评价</td><td colspan="2">检测数据与尺寸真值有小于 10% 的偏差</td><td colspan="2">检测数据与尺寸真值有大于 10% 且小于 20% 的偏差</td><td colspan="2">检测数据与尺寸真值有大于 20% 的偏差</td></tr>
<tr><td>评价等级</td><td colspan="2">A</td><td colspan="2">B</td><td colspan="2">C</td></tr>
<tr><td>对自己不足和进步的认识</td><td colspan="8"></td></tr>
<tr><td>同学的综合评价和建议</td><td colspan="8"></td></tr>
<tr><td>综合评定意见</td><td colspan="8"></td></tr>
</table>

习　题

一、填空题

1. 滚动轴承由______、________、______和________四部分组成。

2. 滚动轴承的公差等级由______精度和______精度决定。

3. 滚动轴承内圈和轴颈的配合采用______制,轴承外圈与座孔的配合采用______制。

4. 为防止内圈与轴颈之间因相对运动而产生磨损,影响轴承的工作性能,因此要求其与轴颈的配合要具有一定的______。

二、判断题

1. 滚动轴承的精度分为 0 级、6 级、6X 级、5 级、4 级、2 级六个等级。　(　　)

2. 国家标准规定,轴承内径为基准孔的公差带,位于公称内径 D 为零线的下方。　(　　)

3. 滚动轴承配合的选择就是决定轴承内孔和外径的公差带。　(　　)

4. 随着轴承尺寸的增大，选择的过盈配合的过盈量越大，间隙配合的间隙量越大。（　　）

5. 对旋转精度和运转平稳有较高要求的场合，在提高轴承公差等级的同时，对轴承配合部位的精度等级也应相应提高。（　　）

三、简答题

1. 滚动轴承配合选择的主要依据是什么？
2. 滚动轴承的内、外径公差带分布有何特点？
3. 滚动轴承的动态检测是如何进行的？

项目十 渐开线圆柱齿轮公差及检测

【知识目标】

1. 了解齿轮传动的特点及其使用要求。
2. 了解齿轮加工误差。
3. 掌握渐开线圆柱齿轮的公差项目及其误差。
4. 掌握渐开线圆柱齿轮精度的选择及确定方法。
5. 掌握齿轮检测工具的使用方法。

【能力目标】

1. 能够正确读出图纸上齿轮精度的含义。
2. 能够在图纸上正确标出齿轮精度等级。
3. 能够根据零件图纸的要求对齿轮精度进行检测。

任务描述

渐开线圆柱齿轮的实物如图 10-1 所示，其零件图如图 10-2 所示，本项目要求对圆柱齿轮的精度进行检测。

图 10-1 圆柱齿轮的实物图

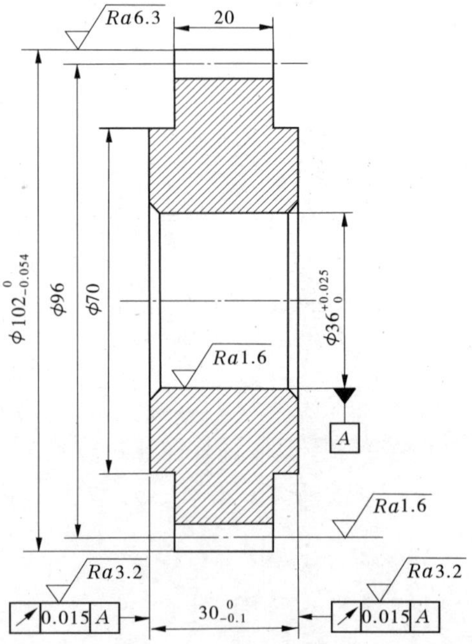

图 10-2 圆柱齿轮的零件图

理解表 10-1 中被测齿轮参数的含义,并查表计算齿轮的 7(F_P、f_{pi}、F_α)、6(F_β、E_{ws}) GB/T 10095. 1—2022;8(F_i'')、7(f_i'') GB/T 10095. 2—2008 公差数值。

表 10-1　被测齿轮参数

法向模数	m_n	3
齿数	z	32
齿形角	α	20°
齿顶高系数	h_a	1
螺旋角	β	0
径向变位系数	χ	0
公法线长度及其上、下偏差	W_k	$32.34_{-0.147}^{-0.090}$
	跨齿数 k	4
精度等级	7(F_p、f_{pt}、F_α)、6(F_β、E_{wn}) GB/T 10095. 1—2022; 8(F_i'')、7(f_i'') GB/T 10095. 2—2008	

知识准备

齿轮传动在机器和仪器仪表中应用极为广泛,是一种重要的机械传动形式,通常用来传递运动或动力。齿轮传动的质量与齿轮的制造精度和装配精度密切相关。因此,为了保证齿轮的传动质量,就要规定相应的公差,并进行合理的检测。由于渐开线圆柱齿轮应用最广,本项目主要介绍渐开线圆柱齿轮的精度设计及检测方法。

任务　齿轮传动的基本要求

由于齿轮传动的类型很多,应用又极为广泛,因此对齿轮传动的使用要求也是多方面的。归纳起来使用要求可分为传动精度和齿侧间隙两个方面,具体要求如下。

一、传递运动的准确性

传递运动的准确性是指齿轮在一转范围内,产生的最大转角误差要限制在一定的范围内,使齿轮副传动比变化小,以保证传递运动的准确性。

齿轮作为传动的主要元件,要求它能准确地传递运动,即保证主动轮转过一定转角时,从动轮按传动比转过一个相应的转角。从理论上讲,传动比应保持恒定不变。但由于齿轮加工误差和齿轮副的安装误差,从动轮的实际转角不同于理论转角,发生了转角误差 $\Delta\varphi$,导致两轮之间的传动比以一转为周期变化。可见,齿轮转过一转的范围内,从动轮产生的最大转角误差反映齿轮副传动比变动量,即反映齿轮传动的准确性。

二、传动的平稳性

传动的平稳性是指齿轮在转过一个齿距角的范围内,其最大转角误差应限制在一定范围内,使齿轮副瞬时传动比变化小,以保证传递运动的平稳性。齿轮在传递运动过程中,由于受齿廓误差、齿距误差等影响,从一对轮齿过渡到另一对轮齿的齿距角的范围内,也存在着较小的转角误差,并且在齿轮一转中多次重复出现,导致一个齿距角内瞬时传动比也在变化。一个齿距角内瞬时传动比如果过大,将引起冲击、噪声和振动,严重时会损坏齿轮。可见,为保证齿轮传动的平稳性,应限制齿轮副瞬时传动比的变动量,也就是要限制齿轮转过一个齿距角内转角误差的最大值。

三、载荷分布的均匀性

载荷分布的均匀性是指在轮齿啮合过程中,工作齿面沿全齿高和全齿长上保持均匀接触,并且接触面积尽可能得大。齿轮在传递运动中,由于受各种误差的影响,齿轮的工作齿面不可能全部均匀接触。如载荷集中于局部齿面,将使齿面磨损加剧,甚至轮齿折断,严重影响齿轮使用寿命。可见,为保证载荷分布的均匀性,齿轮工作面应有足够的精度,使啮合能沿全齿面(齿高、齿长)均匀接触。

四、齿轮副侧隙的合理性

齿轮副侧隙的合理性是指一对齿轮啮合时,在非工作齿面间应留有合理的间隙,否则会出现卡死或烧伤现象。

齿轮副侧隙(见图 10-3 中的 j_n)对储藏润滑油,补偿齿轮传动受力后的弹性变形和热变形,以及补偿齿轮及其传动装置的加工误差和安装误差都是必要的。但对于需要反转的齿轮传动装置,侧隙又不能太大,否则回程误差及冲击都较大。为保证齿轮副侧隙的合理性,可在几何要素方面,对齿厚和齿轮箱体孔中心距偏差加以控制。

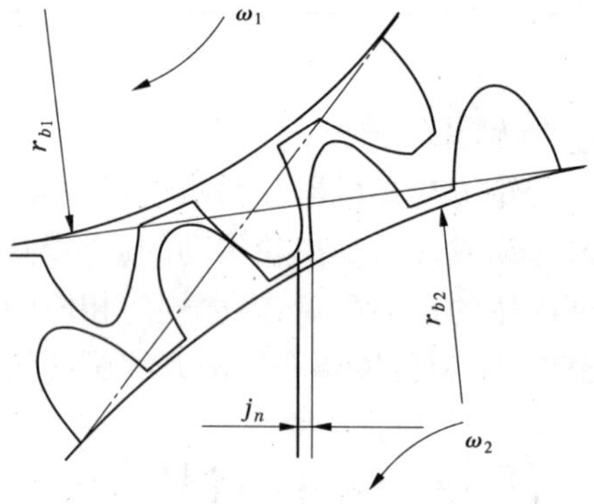

图 10-3 齿轮副侧隙

在生产实际中,各种不同用途和不同工作条件下的齿轮对上述四个方面有不同的要求。精密机床的分度齿轮和仪器的读数齿轮的特点是模数小、转速低,主要要求传递运动的准确性,而对接触均匀性的要求次要。汽车、拖拉机的变速齿轮的特点是圆周速度高、传递功率大,主要要求传动平稳、振动小、噪声小。矿山机械、起重机械及轧钢机等低速运动的齿轮的特点是载荷大、转速低,主要要求齿面接触良好、载荷分布均匀,而对传递运动准确性则要求不高。高速或重载下工作的齿轮,要求有较大的侧隙,以满足润滑需要。而精密分度和读数齿轮要求正反转,空程小,故侧隙要小。

任务二　齿轮的加工误差及其分类

齿轮的加工误差主要来源于齿轮加工系统中的机床、刀具、夹具和齿坯的加工误差及安装、调整误差。现以滚齿机加工齿轮(见图 10-4)为例分析产生齿轮加工误差的主要因素。

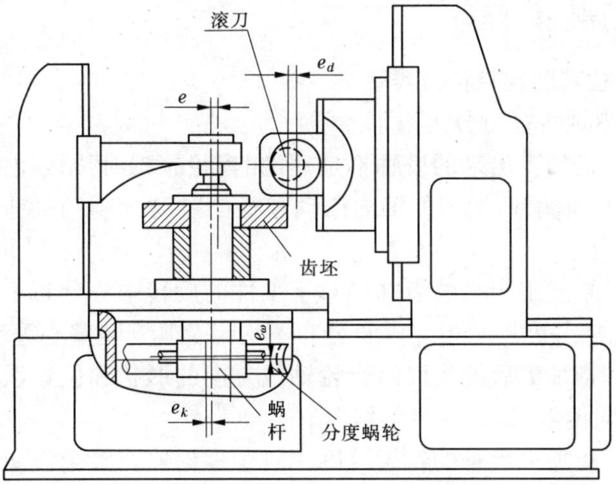

图 10-4　滚齿机加工齿轮

一、齿轮加工误差的主要来源

(一)几何偏心

滚齿加工时齿坯定位孔与机床心轴之间的间隙等,会造成齿坯孔基准轴线与机床工作台回转轴线不重合,产生几何偏心(见图 10-4 中的 e)。几何偏心使加工过程中齿轮相对于滚刀的径向距离发生变动,引起齿轮径向误差。

(二)运动偏心

滚齿加工时机床分度蜗轮与工作台中心线有安装偏心(见图 10-4 中的 e_k)和轴向窜动(见图 10-4 中的 e_w)时,就会使齿轮在加工过程中出现蜗轮蜗杆中心距周期性的变化,产生运动偏心,引起齿轮切向误差。

几何偏心和运动偏心产生的误差在齿轮一转中只出现一次,属于长周期误差,其主要影响齿轮传递运动的准确性。

(三)滚刀误差

滚刀误差包括制造误差与安装误差(见图 10-4 中的 e_d)。滚刀本身的齿距、齿形、基节有制造误差时,会将误差反映到被加工齿轮上,从而使齿轮基圆半径发生变化,产生基节偏差和齿形误差。

齿轮加工中,滚刀的径向跳动使得齿轮相对滚刀的径向距离发生变动,引起齿轮径向误差。滚刀的轴向窜动使得齿坯相对滚刀的转速不均匀,产生切向误差。滚刀安装误差破坏了滚刀和齿坯之间的相对运动关系,从而使被加工齿轮产生基圆误差,导致基节偏差和齿廓偏差。

(四)机床传动链误差

当机床的分度蜗杆存在安装误差和轴向窜动时,蜗轮转速发生周期性的变化,使被加工齿轮出现齿距偏差和齿廓偏差,产生切向误差。机床分度蜗杆造成的误差在齿轮一转中重复出现,是短周期误差。

二、齿轮加工误差的分类

(一)齿轮误差按其表现特征分类

齿轮误差按其表现特征可分为以下4类：

(1)齿廓误差。指加工出来的齿廓不是理论的渐开线。其原因主要有刀具本身的切削刃轮廓误差及齿形角偏差、滚刀的轴向窜动和径向跳动、齿坯的径向跳动，以及在每转一齿距角内转速不均等。

(2)齿距误差。指加工出来的齿廓相对于工件的旋转中心分布不均匀。其原因主要有齿坯安装偏心、机床分度蜗轮齿廓本身分布不均匀及其安装偏心等。

(3)齿向误差。指加工后的齿面沿齿轮轴线方向的形状和位置误差。其原因主要有刀具进给运动的方向偏斜、齿坯安装偏斜等。

(4)齿厚误差。指加工出来的轮齿厚度相对于理论值在整个齿圈上不一致。其原因主要有刀具的铲形面相对于被加工齿轮中心的位置误差、刀具齿廓的分布不均匀等。

(二)齿轮误差按其方向特征分类

齿轮误差按其方向特征可分为以下三类：

(1)径向误差。沿被加工齿轮直径方向(齿高方向)的误差。由切齿刀具与被加工齿轮之间径向距离的变化引起，如图10-5所示。

(2)切向误差。沿被加工齿轮圆周方向(齿厚方向)的误差。由切齿刀具与被加工齿轮之间分齿滚切运动误差引起，如图10-5所示。

(3)轴向误差。沿被加工齿轮轴线方向(齿向方向)的误差。由切齿刀具沿被加工齿轮轴线移动的误差引起，如图10-5所示。

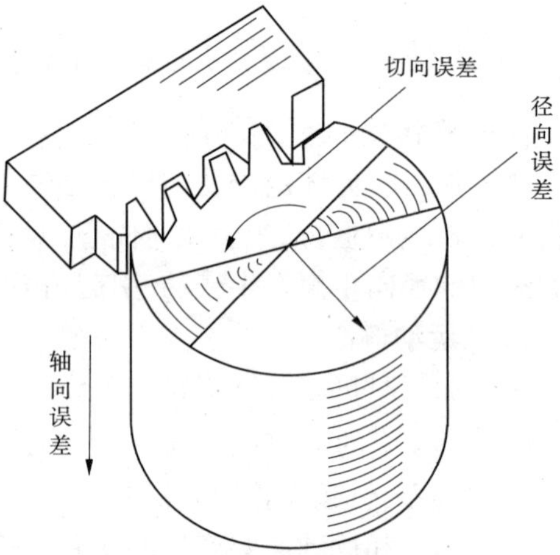

图10-5 齿轮误差的方向

(三)齿轮误差按其周期或频率特征分类

齿轮误差按其周期或频率特征可以分为以下2类：

(1)长周期误差。在被加工齿轮转过一周的范围内，误差出现一次最大值和最小值，如由偏心引起的误差。长周期误差也称低频误差。

(2)短周期误差。在被加工齿轮转过一周的范围内，误差曲线上的峰、谷多次出现，如由滚刀的径向跳动引起的误差。短周期误差也称高频误差。

当齿轮只有长周期误差时，其误差曲线如图10-6(a)所示，将产生运动不均匀，是影响齿轮运动准确性的主要误差；但在低速情况下，其传动还是比较平稳的。当齿轮只有短周期误差时，其误差曲线如图10-6(b)所示，这种在齿轮一转中多次重复出现的高频误差将引起齿轮瞬时传动比的变化，使齿轮传动不平稳，在高速运转中，将产生冲击、振动和噪声。因而，对这类误差必须加以控制。实际上，齿轮运动误差是一条复杂的周期函数曲线，如图 10-6(c) 所示，它既包含短周期误差，也包含长周期误差。

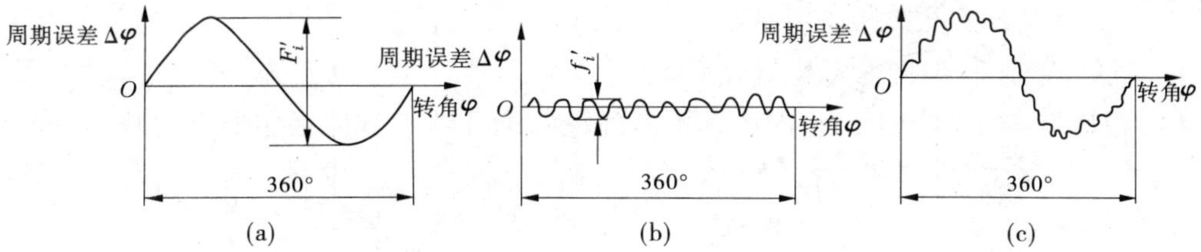

图 10-6　齿轮的周期性误差

任务三　渐开线圆柱齿轮的误差项目及检测

评定齿轮精度和侧隙分为必检偏差项目和可选用偏差项目，其中标准规定：评定齿轮精度的必检偏差项目为齿距偏差、齿廓偏差、螺旋线偏差；评定齿侧间隙的必检偏差项目为齿厚偏差和公法线长度偏差。

在齿轮标准中，齿轮误差、偏差统称为齿轮偏差，将偏差与公差共用一个符号表示，例如 F_a 既表示齿廓总偏差，又表示齿廓总公差。单项要素测量所用的偏差符号用小写字母(如 f)加上相应的下角标组成；而表示若干单项要素偏差组成的“累积”或“总”偏差所用的符号采用大写字母(如 F)加上相应的下角标表示。为了阐述清楚，应在齿轮的实际偏差符号前加注“Δ”。

一、影响传递运动准确性的误差项目及检测

(一) 传递运动准确性的必检项目

传递运动准确性主要是控制齿距累积总偏差 ΔF_p(公差 F_p)。

齿距累积偏差 ΔF_{pk} 是指在端平面上，在接近齿高中部的与齿轮轴线同心的圆上，任意 k 个齿距的实际弧长与公称弧长之差的最大绝对值，如图 10-7(a) 所示。理论上，它等于这 k 个齿距的各单个齿距偏差的代数和。除另有规定，齿距累积偏差 ΔF_{pk} 值被限定在不大于 1/8 的圆周上评定。因此，ΔF_{pk} 的允许值适用于齿距数 k 为 2 到小于 $z/8$ 的弧段内。通常 ΔF_{pk} 取 $k=z/8$ 就足够了，如果对于特殊的应用(如高速齿轮)还需检验较小弧段，并规定相应的 k 值。齿距累积总偏差 ΔF_p 是指齿轮同侧齿面任意弧段($k=1\sim z$)内的最大齿距累积偏差。它表现为齿距累积偏差曲线的总幅值，如图 10-7(b) 所示。

齿距累积总偏差反映的是由齿轮偏心和蜗轮偏心造成的综合误差，但因其取有限个点断续测量，故在反映齿轮传递运动准确性时不及切向综合总偏差 $\Delta F_i'$那样全面。因此，齿距累积总偏差仅作为切向综合总偏差的代用指标。

齿距累积总偏差多采用相对测量，主要用于中等模数的齿轮检测。测量仪器有齿距仪(可测 7 级精度以下齿轮，如图 10-8 所示)和万能测齿仪(可测 4 到 6 级精度齿轮，如图 10-9 所示)。这种相对测量是以齿轮上任意一齿距为基准，把仪器指示表调整为零，然

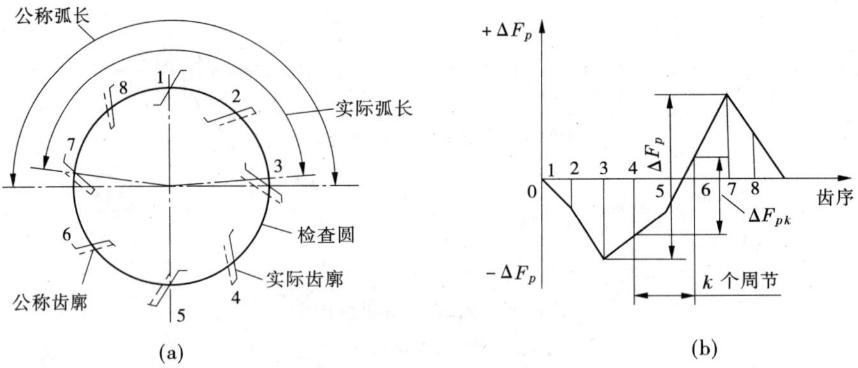

图 10-7　齿距累积总偏差

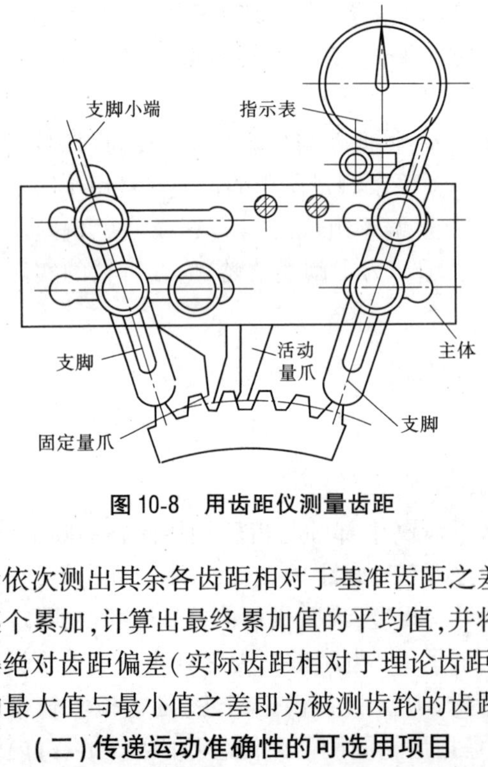

图 10-8　用齿距仪测量齿距

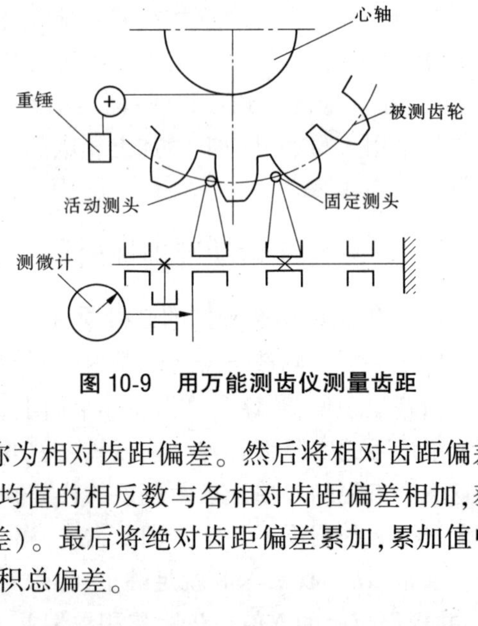

图 10-9　用万能测齿仪测量齿距

后依次测出其余各齿距相对于基准齿距之差，称为相对齿距偏差。然后将相对齿距偏差逐个累加，计算出最终累加值的平均值，并将平均值的相反数与各相对齿距偏差相加，获得绝对齿距偏差（实际齿距相对于理论齿距之差）。最后将绝对齿距偏差累加，累加值中的最大值与最小值之差即为被测齿轮的齿距累积总偏差。

（二）传递运动准确性的可选用项目

1. 切向综合总偏差 $\Delta F'_i$（公差 F'_i）

切向综合总偏差 $\Delta F'_i$是指被测齿轮与理想精确齿轮做单面啮合传动时，在被测齿轮一转中，它的实际转角与公称转角之差的总幅值，以分度圆弧长计值，如图 10-10 所示。

切向综合总偏差 $\Delta F'_i$主要反映由机床—刀具—工件系统的周期误差所造成的齿轮回转角综合误差，说明齿轮运动的不均匀性。切向综合总偏差既反映切向误差，又反映径向误差，是评定齿轮运动准确性较为完善的综合性的指标。当 $\Delta F'_i \leqslant F'_i$，表示齿轮可以满足传递运动准确性的使用要求。

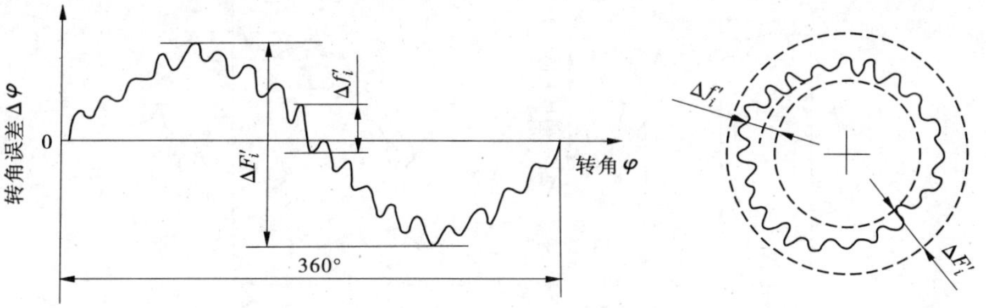

图 10-10　切向综合总偏差 $\Delta F_i'$

测量切向综合总偏差 $\Delta F_i'$,可在单啮仪上进行。被测齿轮在适当的中心距下(有一定的侧隙)与测量齿轮单面啮合,同时要加上一轻微而足够的载荷。根据比较装置的不同,单啮仪可分为机械式、光栅式、磁分度式和地震仪式等。图 10-11 为光栅式单啮仪的工作原理。它由两光栅盘建立标准传动,被测齿轮与标准蜗杆单面啮合组成实际传动。仪器的传动链是:电动机通过传动系统带动标准蜗杆和主光栅盘Ⅰ转动,标准蜗杆带动被测齿轮及其同轴上的主光栅盘Ⅱ转动。

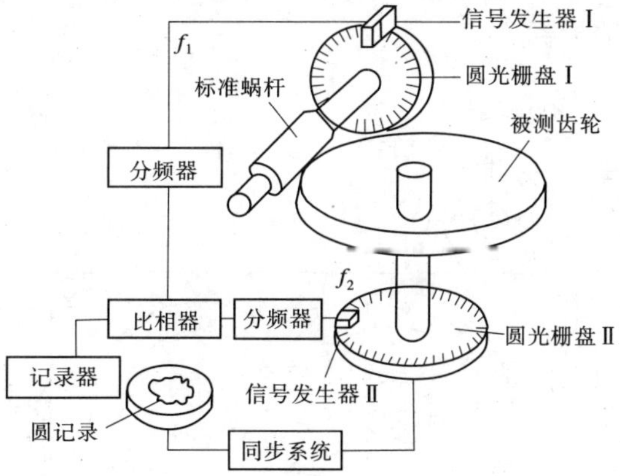

图 10-11　光栅式单啮仪的工作原理

主光栅盘Ⅰ和主光栅盘Ⅱ分别通过信号发生器Ⅰ和Ⅱ将标准蜗杆和被测齿轮的角位移转变成电信号,并根据标准蜗杆的头数 K 及被测齿轮的齿数 Z,通过分频器将高频电信号 f_1 作 Z 分频,低频电信号 f_2 作 K 分频,于是将主光栅盘Ⅰ和主光栅盘Ⅱ发出的脉冲信号变为同频信号。当被测齿轮有误差时,将引起被测齿轮的回转角误差,此回转角的微小角位移误差变为两电信号的相位差,两电信号输入比相器进行比相后输出,再输入电子记录器记录,便可得出被测齿轮误差曲线,最后根据定标值读出误差值。

2. 径向综合总偏差 $\Delta F_i''$(公差 F_i'')

径向综合总偏差 $\Delta F_i''$是指在径向(双面)综合检验时,被测齿轮的左右齿面同时与测量齿轮接触,并转过一整圈时出现的中心距最大值和最小值之差,如图 10-12 所示。

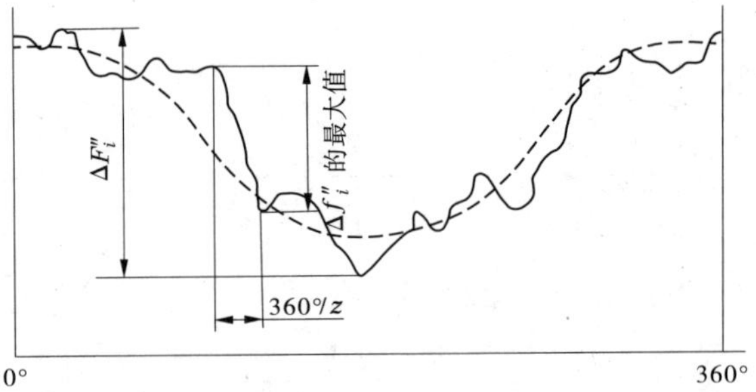

图 10-12　径向综合总偏差

径向综合总偏差 $\Delta F''_i$ 是在齿轮双面啮合综合检查仪上进行测量的,该仪器如图 10-13 所示。将被测齿轮与基准齿轮分别安装在双面啮合检查仪的两平行心轴上,在弹簧作用下,两齿轮作紧密无侧隙的双面啮合。使被测齿轮回转一周,被测齿轮一转中指示表的最大读数差值(双啮中心距的总变动量)即为被测齿轮的径向综合总偏差 $\Delta F''_i$。由于其中心距变动主要反映径向误差,因此 $\Delta F''_i$ 主要反映径向误差,可综合反映齿形、齿厚均匀性等误差在径向上的影响。因此,径向综合总偏差 $\Delta F''_i$ 也是作为影响传递运动准确性指标中属于径向性质的单项性指标。由于仪器测量时的啮合状态与切齿时的状态相似,能够反映齿轮坯和刀具的安装误差,且仪器结构简单,环境适应性好,操作方便,测量效率高,故在大批量生产中常用此项指标。

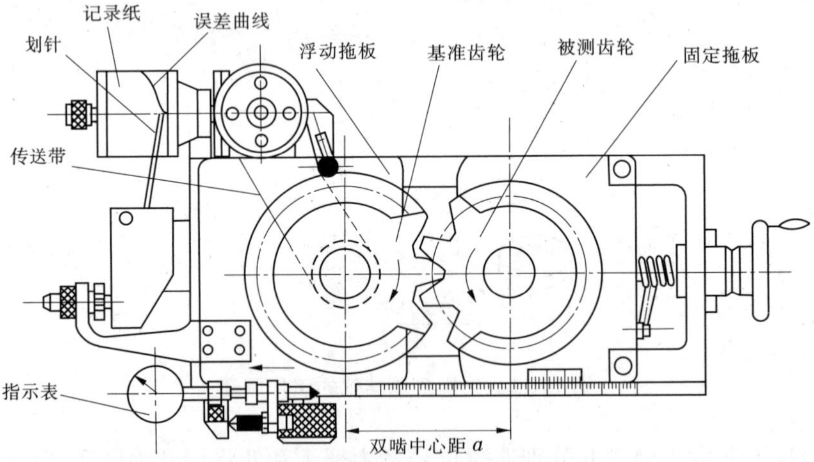

图 10-13　齿轮双面啮合综合检查仪

3. 齿圈径向跳动 ΔF_r(公差 F_r)

齿圈径向跳动 ΔF_r 是在齿轮一转范围内,测头(球形、圆柱形或砧形)在齿槽内位于齿高中部与齿廓双面接触,测头相对于齿轮轴线的最大变动量,如图 10-14 所示。

齿圈径向跳动 ΔF_r 主要是由几何偏心引起的,不能反映由运动偏心引起的切向误差,故不能全面评价传递运动准确性,只能作为单项指标。

ΔF_r 可以在齿圈径向跳动检查仪、万能测齿仪或普通偏摆检查仪上用指示表测量。

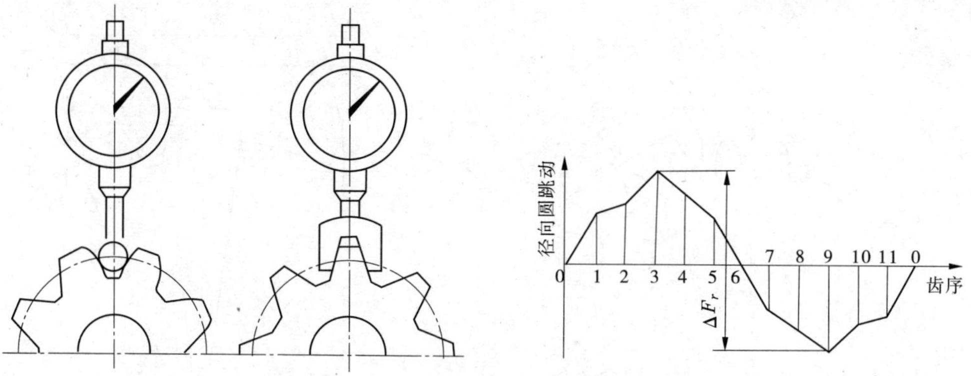

图 10-14　齿圈径向跳动测量

测量时测头与齿槽双面接触，以齿轮孔中心线为测量基准，依次逐齿测量，在齿轮一转中，指示表的最大示值与最小示值之差就是被测齿轮的齿圈径向跳动 ΔF_r，如图 10-15 所示。

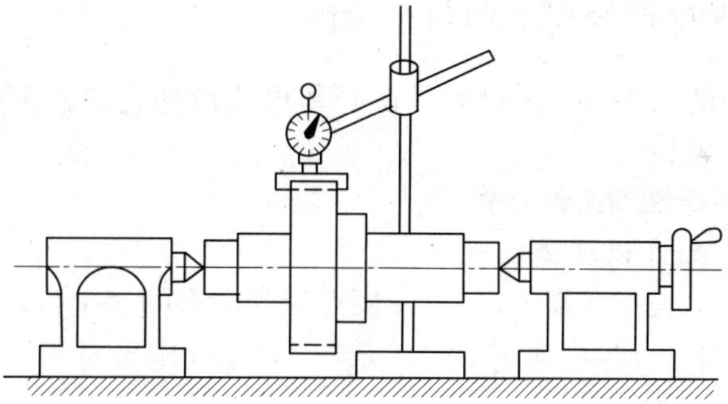

图 10-15　偏摆检查仪测量 ΔF_r

4. 公法线长度变动量 ΔF_{ws}（公差 F_{ws}）

ΔF_{ws} 是指在齿轮一周范围内实际公法线长度的最大值与最小值之差，如图 10-16 所示：

$$\Delta F_{ws} = W_{\max} - W_{\min}$$

公法线是指跨 k 个齿的异侧齿廓间的公共法线长度。由图 10-17 可看出，公法线长度为

$$W = (k - 1)P_b + s_j$$

式中　k ——跨齿数；

P_b ——基节；

s_j ——基圆上的齿厚。

ΔF_{ws} 是由运动偏心引起的，各轮齿在齿圈上分布不均匀，使公法线长度在齿轮转一圈中，呈周期性变化。它反映齿轮加工时的切向误差，因此可作为影响传递运动准确性指标中属于切向性质的单项性指标。

公法线长度变动量 ΔF_{ws} 可用公法线千分尺或公法线指示卡规进行测量，如图 10-18 所示。

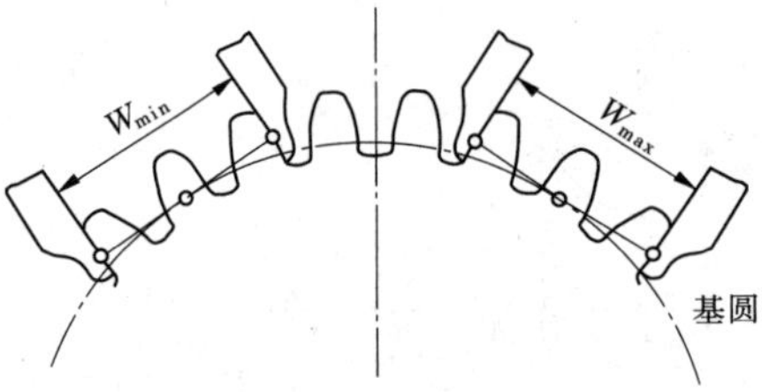

图 10-16　公法线长度变动 ΔF_{ws}

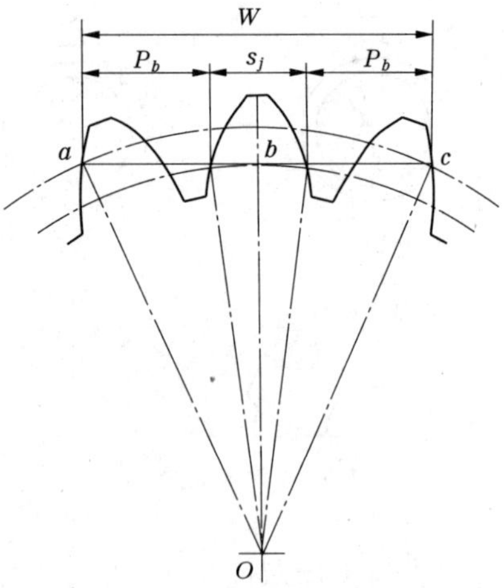

图 10-17　公法线长度 W

二、影响传动平稳性的误差项目及检测

影响传动平稳性的误差主要是由刀具误差和机床传动链误差造成的短周期误差,国标规定了以下的检测项目。

(一)影响传动平稳性的必检项目

1. 单个齿距偏差 Δf_{pi}(极限偏差 $\pm f_{pi}$)

单个齿距偏差 Δf_{pi} 是指在端平面上,在接近齿高中部的一个与齿轮轴线同心的圆上,实际齿距与理论齿距的代数差,如图 10-19 所示。它是评定齿轮几何精度的基本参数。

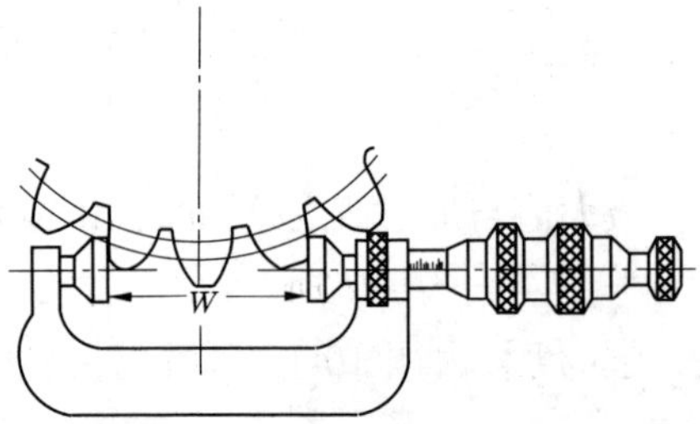

图 10-18　公法线长度变动的测量

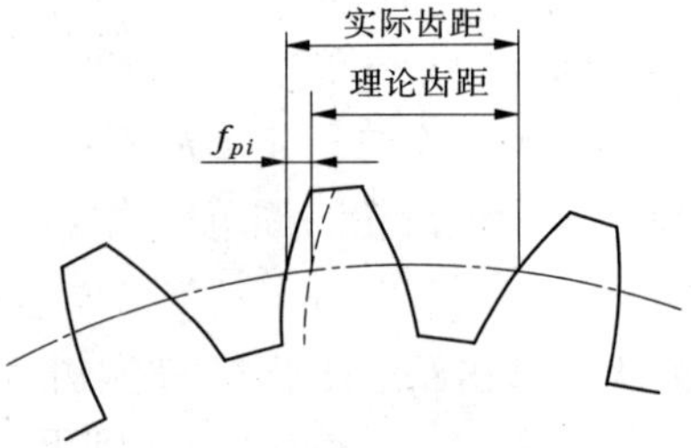

图 10-19　单个齿距偏差

单个齿距偏差可作为齿轮传动平稳性中的单项性指标。当齿轮存在齿距偏差时,不管是正值还是负值,都会在一对齿啮合完了而另一对齿进入啮合时,主动齿与被动齿发生冲撞,影响齿轮传动的平稳性。

单个齿距偏差也用齿距检查仪测量,在测量齿距累积总偏差的同时,可得到单个齿距偏差值。用相对法测量时,理论齿距是指在某一测量圆周上对各齿测量得到的所有实际齿距的平均值。在测得的各个齿距偏差中,可能出现正值或负值,以其最大数字的正值或负值作为该齿轮的单个齿距偏差值。

2. 齿廓总偏差 ΔF_a(公差 F_a)

齿廓总偏差是指在计值范围内,包容实际齿廓迹线的两条设计齿廓迹线间的距离,如

图 10-20(a)所示。

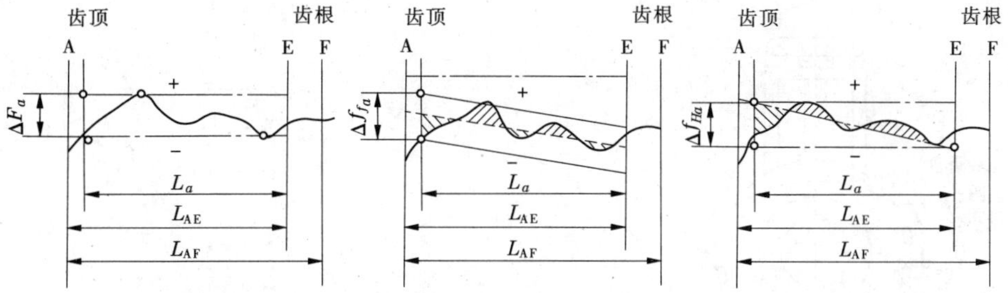

(a)齿廓总偏差　　(b)齿廓形状偏差　　(c)齿廓倾斜偏差

图 10-20　齿廓偏差

(二)影响传动平稳性的可选用项目

1. 齿廓形状偏差 Δf_{fa}

齿廓形状偏差是指在计值范围内,包容实际齿廓迹线的两条与平均齿廓迹线完全相同的曲线间的距离,且两条曲线与平均齿廓迹线的距离为常数,如图 10-20(b)所示。

2. 齿廓倾斜偏差 Δf_{Ha}

齿廓倾斜偏差是指在计值范围内,两端与平均齿廓迹线相交的两条设计齿廓迹线间的距离,如图 10-20(c)所示。

齿廓倾斜偏差的存在,使两齿面啮合时产生传动比的瞬时变动,产生振动和噪声,从而影响齿轮运动的平稳性。因此,齿廓倾斜偏差是影响齿轮传动平稳性中属于转齿性质的单项性指标。

齿廓倾斜偏差测量也叫齿形测量,通常是在渐开线检查仪上进行测量,如图 10-21 所示。

3. 基圆齿距偏差 Δf_{pb}

基圆齿距偏差是指实际基节与公称基节的代数差,如图 10-22 所示。齿轮副正确啮合的基本条件之一是两齿轮的基圆齿距必须相等。而基圆齿距偏差的存在会引起传动比的瞬时变化,即从上一对轮齿换到下一对轮齿啮合的瞬间发生碰撞、冲击,影响传动的平稳性。基圆齿距偏差可作为评定齿轮传动平稳性中属于换齿性质的单项性指标。它必须与反映转齿性质的单项性指标组合,才能评定齿轮传动的平稳性。

基圆齿距偏差通常采用基节检查仪进行测量,可测量模数为 2～16 mm 的齿轮,如图 10-23 所示。

4. 一齿切向综合偏差 $\Delta f_i'$(公差 f_i')

一齿切向综合偏差 $\Delta f_i'$是指被测齿轮与理想精确的测量齿轮单面啮合时,在被测齿轮转过一个齿距角内的实际转角与公称转角之差的最大幅度值,如图 10-10 所示,以分度圆弧长计值。

一齿切向综合偏差主要反映滚刀和机床分度传动链的制造及安装误差所引起的齿廓偏差、齿距误差,是切向短周期误差和径向短周期误差的综合结果,是评定传动平稳性较为完善的指标。在单啮仪上测量切向综合总偏差的同时可测出一齿切向综合偏差。

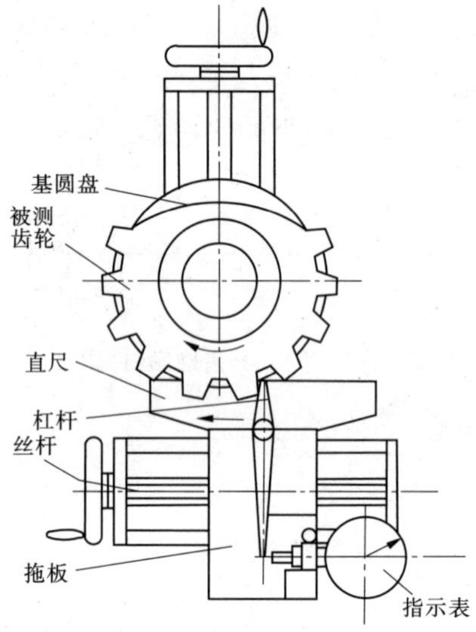

图 10-21　单圆盘渐开线检查仪的工作原理图

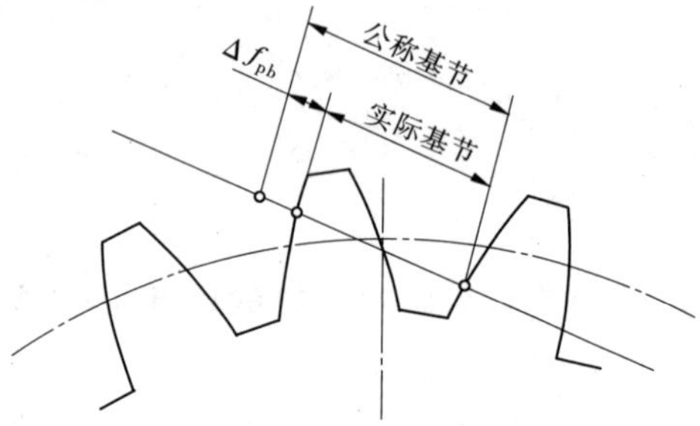

图 10-22　基圆齿距偏差

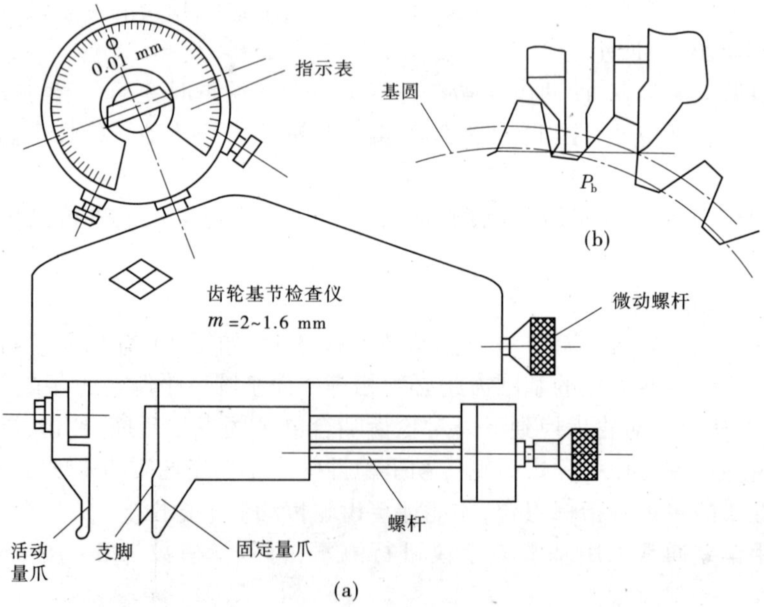

图 10-23　齿轮基节检查仪

5. 一齿径向综合偏差 $\Delta f_i''$(公差 f_i'')。

一齿径向综合偏差 $\Delta f_i''$是指当被测齿轮与测量齿轮啮合一整圈时，对应一个齿距(360/z) 的径向综合偏差值。在径向综合总偏差记录曲线上小波纹的最大幅度值，如图 10-12 所示，其波长常常为齿距角。

一齿径向综合偏差也反映齿轮的短周期误差，但与一齿切向综合偏差是有差别的。一齿径向综合偏差只反映刀具制造和安装误差引起的径向误差，而不能反映机床传动链短周期误差引起的周期切向误差。因此，用一齿径向综合偏差评定齿轮传动的平稳性不如用一齿切向综合偏差评定完善。但由于双啮仪结构简单，操作方便，在成批生产中仍广泛采用，所以一般用一齿径向综合偏差作为评定齿轮传动平稳性的代用综合指标。

一齿径向综合偏差是在双面啮合综合检查仪上，测量径向综合总偏差的同时测出。

三、影响载荷分布均匀性的误差项目及检测

由于齿轮的制造和安装误差，一对齿轮在啮合过程中沿齿长方向和齿高方向都不是全齿接触，实际接触线只是理论接触线的一部分，影响了载荷分布的均匀性。

（一）影响载荷分布均匀性的必检项目——螺旋线总偏差 ΔF_{β}（公差 F_{β}）

螺旋线总偏差 ΔF_{β} 是指在计值范围内，包容实际螺旋线迹线的两条设计螺旋线迹线间的距离，如图 10-24（a）所示。该项偏差主要影响齿面接触精度。

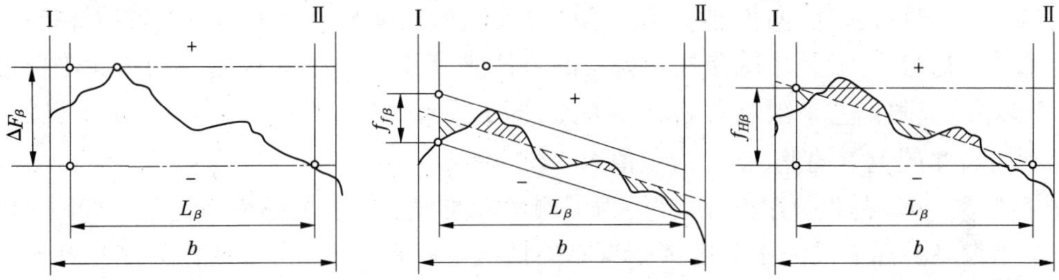

(a)螺旋线总偏差　(b)螺旋线形状偏差　(c)螺旋线倾斜偏差

图 10-24　螺旋线偏差

由于实际齿线存在形状误差和位置误差，两齿轮啮合时的接触线只占理论长度的一部分，从而导致载荷分布不均匀。螺旋线总偏差是齿轮的轴向误差，是评定载荷分布均匀性的单项性指标。

螺旋线总偏差的测量方法有展成法和坐标法。展成法的测量仪器有单盘式渐开线螺旋检查仪、分级圆盘式渐开线螺旋检查仪、杠杆圆盘式通用渐开线螺旋检查仪及导程仪等。坐标法的测量仪器有螺旋线样板检查仪、齿轮测量中心及三坐标测量机等。而直齿圆柱齿轮的螺旋线总偏差的测量较为简单，图 10-25 即为用小圆柱测量螺旋线总偏差的原理。

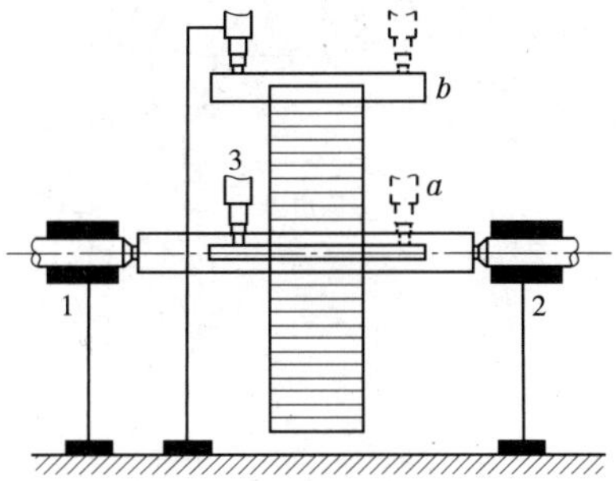

图 10-25　用小圆柱测量螺旋线总偏差

（二）影响载荷分布均匀性的可选项目

1. 螺旋线形状偏差 $\Delta f_{f\beta}$

螺旋线形状偏差 $\Delta f_{f\beta}$ 指在计值范围内，包容实际螺旋线迹线的两条与平均螺旋线迹线完全相同的曲线间的距离，且两条曲线与平均螺旋线迹线的距离为常数，如图 10-24（b）

所示。

2. 螺旋线倾斜偏差 $\Delta f_{H\beta}$

螺旋线倾斜偏差 $\Delta f_{H\beta}$ 是指在计值范围的两端与平均螺旋线迹线相交的设计螺旋线迹线间的距离,如图 10-24(c)所示。

四、影响传动侧隙的误差项目及检测

适当的传动侧隙是齿轮副正常工作的必要条件,为了保证齿轮副的传动侧隙,一般用改变齿轮副中心距的大小或把齿轮轮齿减薄来获得。

对于单个齿轮来说,影响侧隙大小和不均匀性的主要因素是实际齿厚的大小及其变动量,即通过控制轮齿的齿厚(减薄量)来保证适当的侧隙,而齿轮轮齿的减薄量可由齿厚偏差和公法线长度偏差来控制。

(一)齿厚偏差 ΔE_{sn}(公差 E_{sn})

齿厚偏差 ΔE_{sn} 是指在齿轮的分度圆柱面上,齿厚的实际值与公称值之差,如图 10-26 所示。对于斜齿轮是指法向齿厚。齿厚偏差是反映齿轮副侧隙要求的一项单项性指标。

齿轮副的侧隙一般是用减薄标准齿厚的方法来获得。为了获得适当的齿轮副侧隙,规定用齿厚的极限偏差来限制实际齿厚偏差,即 $E_{sni} \leqslant \Delta E_{sn} \leqslant E_{sns}$。一般情况下,$E_{sns}$ 和 E_{sni} 分别为齿厚的上下偏差,且均为负值。

按照定义,齿厚是指分度圆弧齿厚,为了测量方便常以分度圆弦齿厚计值。如图 10-27 所示,是用齿厚游标卡尺测量分度圆弦齿厚的情况。测量时,以齿顶圆作为测量基准,通过调整纵向游标卡尺来确定分度圆的高度 h;再从横向游标尺上读出分度圆弦齿厚的实际值 S_{na}。对于标准圆柱齿轮,分度圆高度 h 及分度圆弦齿厚的公称值 S_n 用下式计算:

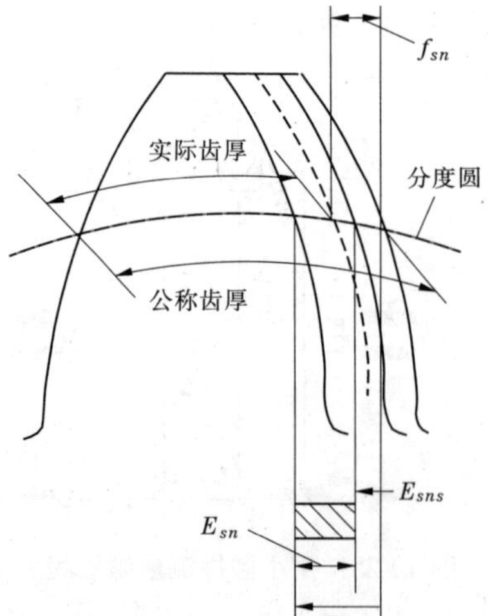

图 10-26 齿厚偏差

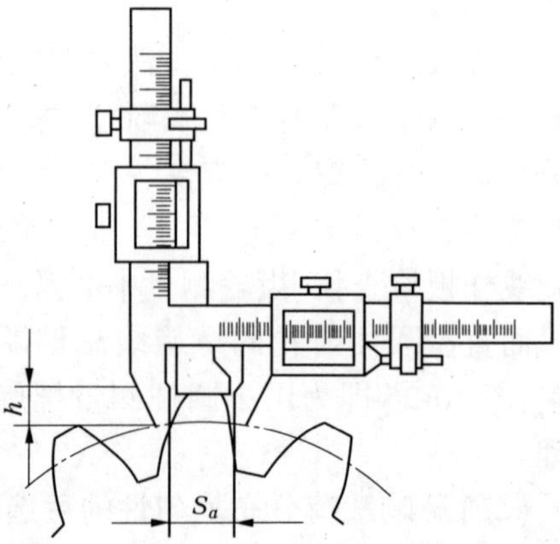

图 10-27 齿厚偏差的测量

$$
\begin{cases}
h = m\left[1 + \dfrac{z}{2}\left(1 - \cos\dfrac{90^\circ}{z}\right)\right] \\
S = mz\sin\dfrac{90^\circ}{z} \\
\Delta E_{sn} = S_{na} - S_n
\end{cases}
\tag{10-1}
$$

式中　m——齿轮模数；

z——齿数。

由于用齿厚游标卡尺测量时，对测量技术要求高，测量精度受齿顶圆误差的影响，测量精度不高，故它仅用在公法线千分尺不能测量齿厚的场合，如大螺旋角斜齿轮、锥齿轮、大模数齿轮等。测量精度要求高时，分度圆高度 h 应根据齿顶圆实际直径进行修正。

(二)公法线长度偏差 ΔE_{Wm}(公差 E_{Wm})

公法线长度偏差 ΔE_{Wm} 是指在齿轮一周内，实际公法线长度 W_a 与公称公法线长度 W 之差，如图 10-28 所示。

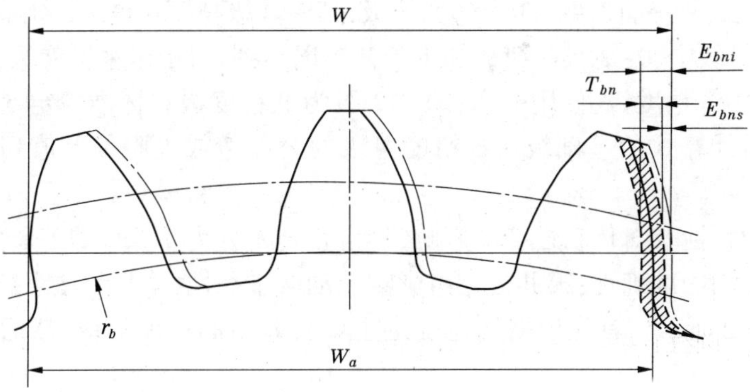

图 10-28　公法线长度偏差

公法线长度偏差是齿厚偏差的函数，能反映齿轮副侧隙的大小，可规定极限偏差(上偏差 E_{Wms}，下偏差 E_{Wmi})来控制公法线长度偏差。

对外齿轮有：

$$W + E_{Wmi} \leqslant W_a \leqslant W + E_{Wms}$$

对内齿轮有：

$$W - E_{Wmi} \leqslant W_a \leqslant W - E_{Wms}$$

公法线长度偏差的测量方法与前面所介绍的公法线长度变动量的测量相同，在此不再赘述。应该注意的是，测量公法线长度偏差时，需先计算被测齿轮公法线长度的公称值 W，然后按 W 值组合量块，用以调整两量爪之间的距离。沿齿圈进行测量，所测公法线长度与公称值之差，即为公法线长度偏差。

任务四　渐开线圆柱齿轮的精度等级及其选择

一、精度标准

我国圆柱齿轮传动公差现行国家标准为《圆柱齿轮 ISO 齿面公差分级制 第 1 部分：齿面偏差的定义和允许值》(GB/T 10095.1—2022)和《圆柱齿轮 精度制 第 2 部分：径向综合偏差与径向跳动的定义和允许值》(GB/T 10095.2—2008)，同时还有《圆柱齿轮 检验实施规范》(GB/Z 18620.1~4—2008)适用于模数 $m \geqslant 0.2 \sim 10$，$d \geqslant 5 \sim 1\,000$ 的 F_i'' 和 f_i'' 以及法向模数 $m_n \geqslant 0.5 \sim 70$，分度圆直径 $d \geqslant 5 \sim 10\,000$，齿宽 $b \geqslant 4 \sim 1\,000$ 的渐开线圆柱齿轮。

二、精度等级

国家标准对渐开线圆柱齿轮除 F_i'' 和 f_i''(F_i'' 和 f_i'' 规定了 4~12 共 9 个精度等级)外的评定项目规定了 0,1,2,3,…,12，共 13 个精度等级，其中 0 级精度最高，12 级精度最低。在齿轮的 13 个精度等级中，0~2 级一般的加工工艺难以达到，属于未来发展级；3~5 级为高精度级；6~9 级为中等精度级，使用最广；10~12 级为低精度级。标准规定 5 级精度是确定齿轮各项允许值计算式的基础级。各精度等级的公差值或极限偏差值列成数表以便查用。

按各项误差的特性及对传动性能的影响，将齿轮公差分为Ⅰ、Ⅱ、Ⅲ3 个公差组，第Ⅰ公差组影响传递运动的准确性；第Ⅱ公差组影响传动的平稳性；第Ⅲ公差组影响载荷分布的均匀性，如表 10-2 所示。首先根据用途确定主要公差组的精度等级，然后确定其他两组的精度等级。

表 10-2　渐开线圆柱齿轮的 3 个公差组

公差组	公差与极限偏差项目	误差特性	对传动性能的主要影响
Ⅰ	F_i'、F_p、F_{pk}、F_i''、F_r、F_W	以齿轮转一转为周期的误差	影响传递运动的准确性
Ⅱ	f_i'、f_i''、$\pm f_f$、$\pm f_{pt}$、$\pm f_d$、$f_{f\beta}$	在齿轮一转内，多次周期地重复出现的误差	影响传动的平稳性、噪声、振动
Ⅲ	F_β、F_b、$\pm F_{px}$	齿线的误差	影响载荷分布的均匀性

注：$f_{f\beta}$、F_b、$\pm F_{px}$ 为非直齿齿轮的公差及偏差项目。

三、精度等级的选择

齿轮精度等级的选择应考虑齿轮传动的用途、使用要求、工作条件及其他技术要求，在满足使用要求的前提下，应尽量选择较低精度的公差等级。精度等级的选择方法有计算法和类比法。一般实际工作中，多采用类比法。

（一）计算法

计算法是根据整个传动链的精度要求，通过运动误差计算确定齿轮的精度等级；已知传动中允许的振动和噪声指标，通过动力学计算确定齿轮的精度等级；根据齿轮的承载要求，通过强度和寿命计算确定齿轮的精度等级。计算法一般用于高精度齿轮精度等级的确定。

（二）类比法

类比法是根据以往产品设计、性能试验及使用过程中所累积的成熟经验，以及长期使用中已证实其可靠性的各种齿轮精度等级选择的技术资料，经过与所设计的齿轮在用途、工作条件及技术性能上做对比后，选定其精度等级。表 10-3 为各类机械中齿轮精度等级的应用范围。

表 10-3　各类机械中齿轮精度等级的应用范围

应用范围	精度等级	应用范围	精度等级
单啮仪、双啮仪	2~5	通用减速器	6~8
涡轮机减速器	3~5	轧钢机	5~10
精密切削机床	3~7	矿用绞车	6~10
航空发动机	4~7	起重机械	6~9
内燃机或电气机车	5~8	拖拉机	6~10
轻型汽车	5~8	农业机械	7~11
载重汽车	6~9	一般切削机床	4~8

四、齿轮精度等级的标注

在技术文件或零件图中叙述齿轮精度要求时，应按如下要求标注：

（1）在图样上标注齿轮三个公差组的精度等级和齿厚极限偏差的字母代号时，标注顺序为：第Ⅰ、第Ⅱ、第Ⅲ公差组的精度等级，齿厚上偏差代号，齿厚下偏差代号。例如：7-6-6GM GB/T 10095.1—2022，其中“7”为第Ⅰ公差组精度等级，第一个“6”为第Ⅱ公差组精度等级，第二个“6”为第Ⅲ公差组精度等级，G 为齿厚上偏差，M 为齿厚下偏差。

8FL GB/T 10095.1—2022，表示第Ⅰ、Ⅱ、Ⅲ公差组的精度等级均为 8 级，齿厚上偏差为 F，齿厚下偏差为 L。

（2）在图样上标注齿轮的检验项目时，如果具有相同精度等级时，只需标注精度等级和标准号。例如：

7 GB/T 10095.1—2022

若齿轮各检验项目的精度等级不同，则须在精度等级后面用括弧加注检验项目。按准确性、平稳性和载荷分布均匀性的顺序标注。例如：

$7(F_p、f_{pt}、F_\alpha)、6(F_\beta)$　GB/T 10095.1—2022

五、齿轮检验项目的选择

由表 10-2（公差组）可以看出，影响齿轮传动性能的齿轮公差或极限偏差项目众多，生产中不可能也没必要逐项检验。标准根据齿轮传动的使用要求、齿轮精度等级、各项指标的性质及齿轮加工和检测的具体条件，对 3 个公差组各规定必要的检验项目的组合，称为公差组的检验组。具体规定见表 10-4 和表 10-5。

表 10-4　各种机器采用齿轮的精度等级和检验指标

齿轮用途	测量分度齿轮	涡轮机齿机	航空、汽车、机床、牵引齿轮、拖拉机、起重机、一般机器			
精度等级	3~5	3~6	4~6	6~8	7~9	9~11
第Ⅰ公差组	$F_i'(F_p)$	$F_i'(F_p)$	$F_p(F_i'')$	F_r 和 F_W (F_i''和 F_W)	F_r 和 F_W (F_i''和 F_W)	F_r
第Ⅱ公差组	f_i'(f_f 和 f_{pb})	$f_{p\beta}(f_i')$	f_f 和 f_{pb} (f_f 和 f_{pt})	f_f 和 f_{pb} (f_i'')	f_{pb} 和 f_{pt}	f_{pt}
第Ⅲ公差组	F_β	F_p 和 f_f	接触斑点 (F_β)	接触斑点 (F_β)	接触斑点 (F_β)	接触斑点

注：表中包括非直齿轮检验指标，括号内为第二方案。

表 10-5　齿轮检验组适用的精度等级和计量器具

检验组	公差组			用等级	计量器具
	Ⅰ	Ⅱ	Ⅲ		
1	F_i'	f_i'	F_β	3 ~ 8	单啮仪、齿轮万能测量机、齿轮仪
2	F_p	$f_{f\beta}$	F_{px}	3 ~ 6	齿距仪、波度仪、轴向齿距仪
3	F_p	f_f、f_{pt}	F_β	3 ~ 7	齿距仪、齿形仪、齿向仪
4	F_p	f_{pt}、f_{pb}	F_β	3 ~ 7	齿距仪、基节仪、齿向仪
5	F_i''、F_W	f_i''	F_β	6 ~ 9	双啮仪、公法线卡尺、齿向仪
6	F_r、F_W	f_f、f_{pb}	F_β	6 ~ 8	跳动仪、公法线卡尺、齿距仪、基节仪、齿向仪
7	F_r、F_W	f_{pt}、f_{pb}	F_β	6 ~ 8	跳动仪、公法线卡尺、齿形仪、基节仪、齿向仪
8	F_r	f_{pt}	F_β	9 ~ 12	跳动仪、齿距仪、齿向仪

六、齿轮副侧隙的选择

（1）最小法向侧隙 $j_{n\min}$ 的确定。齿轮副传动时的最小法向侧隙应能保证齿轮正常贮油润滑和补偿各种变形，主要从润滑方式和温度变化两方面来综合考虑，具体计算时可参考有关资料。

（2）齿厚上偏差 E_{sns} 的确定。齿轮副的最小法向侧隙 $j_{n\min}$ 由齿厚上偏差来保证，但在加工和安装时，还与其他各种误差参数有关，要综合考虑。计算出齿厚上偏差 E_{sns} 后，查

表 10-6 选择一种能保证最小法向侧隙的齿厚极限偏差作为齿厚偏差 E_{sns}。齿厚极限偏差共计有 C~S 14 种代号，其大小用齿距极限偏差 f_{pt} 和倍数表示，上、下偏差可分别选一种偏差代号表示。

表 10-6　齿厚极限偏差　　单位：μm

$C=+1f_{pt}$	$F=-4f_{pt}$	$J=-10f_{pt}$	$M=-20f_{pt}$	$R=-40f_{pt}$
$D=0$	$G=-6f_{pt}$	$K=-12f_{pt}$	$N=-25f_{pt}$	$S=-50f_{pt}$
$E=2f_{pt}$	$H=-8f_{pt}$	$L=-16f_{pt}$	$P=-32f_{pt}$	

（3）齿厚公差 E_{sn} 的确定。E_{sn} 的大小主要取决于切齿加工时的径向进刀公差和齿圈径向跳动公差，按一定公式计算。

（4）齿厚下偏差 E_{sni} 的确定。$E_{sni}=E_{sns}-E_{sn}$，然后根据表 10-6 选取齿厚极限偏差代号作为齿厚的下偏差。

（5）公法线平均长度极限偏差 ΔE_{Wm}。侧隙也可采用 ΔE_{Wm} 的办法来保证，与齿厚偏差有关。

七、齿轮精度

齿轮传动的制造精度与安装精度在很大程度上取决于齿轮和箱体的精度，这两方面达不到相应的要求，也难保证齿轮传动的互换性。齿坯的加工精度对齿轮加工、检验和安装精度影响很大，在一定条件下，用控制齿坯的精度来保证和提高齿轮的加工精度是一项积极的措施。

齿轮精度主要包括齿轮内孔、顶圆、齿轮轴的定位基准面和安装基准面（端面）的精度，以及各工作表面的粗糙度要求。对高精度齿轮（1~3 级），其形状精度也要提出一定的要求。齿坯公差精度等级见表 10-7，齿轮孔、轴、顶圆及基准面的径向和轴向跳动公差见表 10-8，齿轮各主要表面的粗糙度与齿轮的精度等级有关，选用时可参考表 10-9 或相关机械设计手册。

表 10-7　齿坯公差精度等级

<table>
<tr><td colspan="2">齿轮精度等级①</td><td>1</td><td>2</td><td>3</td><td>4</td><td>5</td><td>6</td><td>7</td><td>8</td><td>9</td><td>10</td><td>11</td><td>12</td></tr>
<tr><td rowspan="2">孔</td><td>尺寸公差</td><td>IT4</td><td>IT4</td><td>IT4</td><td rowspan="2">IT4</td><td rowspan="2">IT5</td><td rowspan="2">IT6</td><td rowspan="2" colspan="2">IT7</td><td rowspan="2" colspan="2">IT8</td><td rowspan="2" colspan="2">IT8</td></tr>
<tr><td>形状公差</td><td>IT1</td><td>IT2</td><td>IT3</td></tr>
<tr><td rowspan="2">轴</td><td>尺寸公差</td><td>IT4</td><td>IT4</td><td>IT4</td><td rowspan="2">IT4</td><td rowspan="2" colspan="2">IT5</td><td rowspan="2" colspan="2">IT6</td><td rowspan="2" colspan="2">IT7</td><td rowspan="2" colspan="2">IT8</td></tr>
<tr><td>形状公差</td><td>IT1</td><td>IT2</td><td>IT3</td></tr>
<tr><td colspan="2">顶圆直径②</td><td colspan="2">IT6</td><td colspan="3">IT7</td><td colspan="3">IT8</td><td colspan="2">IT9</td><td colspan="2">IT11</td></tr>
<tr><td colspan="2">基准面的径向跳动③</td><td rowspan="2" colspan="12">见表 10-8</td></tr>
<tr><td colspan="2">基准面的轴向跳动</td></tr>
</table>

注：①当 3 个公差组的精度等级不同时，按最高的精度等级确定公差值。

②当顶圆不做测量齿厚的基准时，尺寸公差按 IT11 给定，但不大于 0.1 mm。

③当以顶圆作基准面时，本栏就指顶圆的径向跳动。

表 10-8　齿轮基准面径向和端面跳动公差　　单位：μm

分度圆直径/mm		精度等级				
大于	到	1 和 2	3 和 4	5 和 6	7 和 8	9 和 12
—	125	2.8	7	11	18	28
125	400	3.6	9	14	22	36
400	800	5.0	12	20	32	50
800	1 600	7.0	18	28	45	71
1 600	2 500	10.0	25	40	63	100
2 500	4 000	16.0	40	63	100	160

表 10-9　齿轮主要表面粗糙度 Ra 值　　单位：μm

第Ⅱ公差组精度等级	5		6		7		8		9		10
法向模数	≤8	>8	≤8	>8	≤8	>8	≤8	>8	≤8	>8	任意
齿面	0.63	1.25	0.63	1.25	1.25	2.50	2.50	5.00	5.00	10.00	10.00
齿顶圆					2.50		5.00		10.00		20.00
基准端面					2.50		5.00		5.00		10.00

任务实施

（1）阅读任务描述中的被测齿轮零件图，查阅国家标准写出 7（F_p、f_{pi}、F_α）、6（F_β、E_{ws}）GB/T 10095.1—2022；8（F_i''）、7（f_i''）GB/T 10095.2—2008 中各检测项目的偏差。

（2）在实训室，以班级为单位分成若干小组，每个小组按检测方案检测齿轮参数（见表 10-10），通过实训指导教师示范和查看计量器具使用手册，完成检测任务并填写检测报告。

表 10-10　齿轮精度的检测方案

被测齿轮参数	齿距累积总偏差，单个齿距偏差，齿廓总偏差，公法线平均长度偏差，螺旋线总偏差，径向综合总偏差，一齿径向综合偏差
计量器具、辅助装置及其规格	齿厚游标卡尺、公法线千分尺、万能测齿仪、偏摆仪、双啮仪
如何调整校对计量器具	安装侧头，调零
测量部位、测量次数	自定
测量数据的处理方式	自定
所测参数合格性的判断依据	各参数公差或极限偏差
检测场地	机械加工实训室

(3)实施步骤如下：

①清洗齿轮。

②选择测头，调整、校正计量器具。

③分别测量齿距累积总偏差、单个齿距偏差、齿廓总偏差、螺旋线总偏差、公法线平均长度偏差、径向综合总偏差及一齿径向综合偏差(见表10-11～表10-13)。

④判断齿轮精度的合格性。

⑤出具检测报告。

⑥清洗齿轮，上防锈油。

表10-11　齿距累积总偏差和单个齿距偏差的测量

齿距序号	相对齿距差读数值 $f_{pt相对}$	读数值累加 $\sum_{i=1}^{n} f_{pt相对}$	实际单个齿距偏差 f_{pt}	齿距累积总偏差 F_p
1				
2				
3				
⋮				
99				
100				

相对齿距偏差修正值：$k=\sum_{i=1}^{n} f_{pt相对}/z$

实际单个齿距偏差：$f_{pt}=$

实际齿距累积总偏差：$F_p=$

合格性判断	

表10-12　齿廓总偏差的测量

序号	展开角度	Ⅰ	Ⅱ	Ⅲ	Ⅳ
1					
2					
3					
4					
5					
实际齿廓总偏差					
合格性判断					

表 10-13　圆柱齿轮公法线平均长度偏差的测量

测量序号	1	2	3	4	5	6
公法线实际长度						
公法线平均长度						
公法线平均长度偏差 $\Delta E_{Wn}=W_{ka}-W_k$						
结论						

齿轮的精度检测相对比较复杂，涉及的检测工具较多，同学们在完成检测后，要再次检查检测方案。齿距偏差的数据处理要认真核对，双啮仪的读数要注意游标上的刻度值。小组内的同学自检，小组间可互查，检查根据检测数据对零件的合格性的判断是否正确等，如发现有不合理的，请予以改正。

（4）评价。请填写表 10-14。

表 10-14　齿轮参数检测结果评价

<table>
<tr><td>学习内容</td><td colspan="2"></td><td>班级</td><td></td><td>姓名</td><td></td><td>学号</td><td></td></tr>
<tr><td rowspan="5">教师评价</td><td>1</td><td>基础知识技能水平评价</td><td colspan="6"></td></tr>
<tr><td>2</td><td>检测方案评价</td><td colspan="6"></td></tr>
<tr><td>3</td><td>检测工具操作水平评价</td><td colspan="6"></td></tr>
<tr><td rowspan="2">4</td><td>检测数据评价</td><td colspan="2">检测数据与尺寸真值有小于 10%的偏差</td><td colspan="2">检测数据与尺寸真值有大于 10%且小于 20%的偏差</td><td colspan="2">检测数据与尺寸真值有大于 20%的偏差</td></tr>
<tr><td>评价等级</td><td colspan="2">A</td><td colspan="2">B</td><td colspan="2">C</td></tr>
<tr><td>对自己不足和进步的认识</td><td colspan="8"></td></tr>
<tr><td>同学的综合评价和建议</td><td colspan="8"></td></tr>
<tr><td>综合评定意见</td><td colspan="8"></td></tr>
</table>

习 题

一、判断题

1. 齿轮传递运动的平稳性是要求齿轮一转内最大转角误差限制在一定的范围内。（ ）

2. 高速动力齿轮对传递运动平稳性和载荷分布均匀性都要求很高。（ ）

3. 齿轮传递运动的振动和噪声是由于齿轮传递运动的不准确性引起的。（ ）

4. 齿向误差主要反映齿宽方向的接触质量，它是齿轮传递运动载荷分布均匀性的主要控制指标之一。（ ）

5. 齿轮的一齿切向综合公差是评定齿轮传递运动平稳性的项目。（ ）

6. 齿形误差是用作评定齿轮传递运动平稳性的综合指标。（ ）

7. 圆柱齿轮根据不同的传动要求，对三个公差组可以选用不同的精度等级。（ ）

8. 在齿轮加工误差中，影响齿轮副侧隙的误差主要是齿厚偏差和公法线平均长度偏差。（ ）

9. 齿轮的单项测量，不能充分评定齿轮的工作质量。（ ）

二、选择题

1. 影响齿轮传递运动准确性的误差项目有（ ）。

A. 齿距累积误差　B. 一齿切向综合误差　C. 切向综合误差

D. 公法线长度变动误差　E. 齿形误差

2. 影响齿轮载荷分布均匀性的误差项目有（ ）。

A. 切向综合误差　B. 齿形误差

C. 齿向误差　D. 一齿切向综合误差

3. 影响齿轮传递运动平稳性的误差项目有（ ）。

A. 一齿切向综合误差　B. 齿圈径向跳动

C. 基节偏差　D. 齿距累积误差

4. 影响齿轮副侧隙的加工误差有（ ）。

A. 齿厚偏差　B. 基节偏差　C. 齿圈径向跳动

D. 齿向误差　E. 公法线长度变动误差

5. 下列各齿轮的标注中，齿距极限偏差等级为 6 级的有（ ）。

A. 655GM GB 10095—2008　B. 765GH GB 10095—2008

C. 876$\left(\begin{smallmatrix}-0.330\\-0.045\end{smallmatrix}\right)$ GB 10095—2008　D. 6FL GB 10095—2008

6. 下列说法正确的有（ ）。

A. 用于精密机床的分度机构、测量仪器上的读数分度齿轮，一般要求传递运动准确

B. 用于传递动力的齿轮，一般要求载荷分布均匀

C. 用于高速传动的齿轮,一般要求载荷分布均匀

D. 低速动力齿轮,对运动的准确性要求高

三、填空题

1. 齿轮副的侧隙可分为__________和____________两种。保证侧隙(最小侧隙)与齿轮的精度____________(有关或无关)。

2. 若工作齿面的实际接触面积____________,会使受力不均匀,导致齿面接触应力__________,从而________寿命。

3. 传递运动平稳性的综合指标有__________和__________。

4. 当选择$\Delta F_i''$和ΔF_w组合验收齿轮时,若其中只有一项超差,则考虑到径向误差与切向误差相互补偿的可行性,可按________合格与否评定齿轮精度。

5. 分度、读数齿轮用于传递精确的角位移,其主要要求是____________。

四、简答题与计算题

1. 齿轮传递运动有哪些使用要求?

2. 齿距累积总偏差 F_p 和切向综合总偏差 F_i'在性质上有何异同?是否需要同时采用齿轮精度的评定指标?

3. 齿轮精度指标中,哪些指标主要影响齿轮传递运动的准确性?哪些指标主要影响齿轮传递运动的平稳性?哪些指标主要影响齿轮载荷分布的均匀性?

4. 齿轮齿厚偏差一般都是负值,为什么?

5. 单级直齿圆柱齿轮减速器的齿轮模数 $m=3.5$ mm,压力角 $\alpha=20°$,传递功率为 5 kW,输入轴转速 $n=1\ 440$ r/min;齿数 $z_1=18$,$z_2=81$,齿宽 $b_1=55$ mm,$b_2=50$ mm。采用油池润滑。稳定工作时齿轮温度 $t_1=50$ ℃,箱体温度 $t_2=35$ ℃。另外,齿轮材料的线膨胀系数,$a_1=11.5\times10^6$/℃,箱体材料的线膨胀系数 $a_2=10.5\times10^6$/℃。试确定齿轮精度的检验指标及其精度等级,确定齿厚极限偏差。

项目十一　普通车床的几何精度检测

【知识目标】

1. 掌握车床精度检验的有关项目内容。
2. 掌握车床精度检验项目和加工精度的关系。
3. 掌握车床精度的检验方法及有关仪器的使用。
4. 掌握所测得的实验数据处理方法和检验结果的曲线绘制及分析。

【能力目标】

1. 能够正确使用水平仪、千分表、钢尺、磁力表座、圆柱长检验棒等检具。
2. 能够熟练进行车床各类精度的检验。
3. 能够根据试验数据，对检验结果进行曲线绘制并分析。

任务描述

金工车间的CA6140卧式车床(见图11-1)刚刚检修完毕，现在需要进行如下11个方面的几何精度检测并制订检测方案：

图11-1　CA6140卧式车床

(1)床身导轨在垂直平面内的直线度。
(2)主轴锥孔中心线的径向圆跳动。
(3)溜板移动对主轴中心线的平行度。
(4)主轴定心轴颈的径向跳动。
(5)主轴轴向支承面的跳动。
(6)主轴的轴向窜动。
(7)溜板移动对尾座顶尖套锥孔中心线的平行度。
(8)溜板移动对尾座顶尖套伸出方向的平行度。
(9)主轴锥孔中心线和尾座顶尖套锥孔中心线对溜板移动的不等高度。

(10)大拖板上导轨对丝杠孔的平行度。

(11)大拖板燕尾导轨的平行度。

知识准备

任务一　CA6140 车床主要结构

CA6140 车床结构如图 11-2 所示,其主要组成部件包括主轴箱、挂轮箱、进给箱、溜板箱、刀架、尾架、光杠、丝杠、床身、床脚和冷却装置。

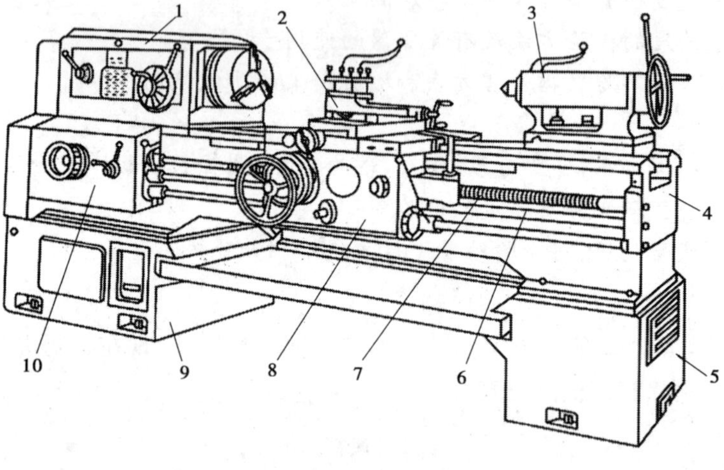

1—主轴箱;2—刀架;3—尾座;4—床身;5、9—床腿;
6—光杠;7—丝杠;8—溜板箱;10—进给箱。

图 11-2　CA6140 车床结构

一、主轴箱

主轴箱又称床头箱,内装主轴和变速、换向等机构。它的主要任务是将主电机传来的旋转运动经过一系列的变速机构,使主轴得到所需的正反两种转向的不同转速,同时主轴箱分出部分动力,将运动传给进给箱。

主轴箱的正面装有主轴变速操纵手柄(两个)和进给(换向、普通螺距与加大螺距)控制手柄。主轴前端可安装自定心卡盘、单动卡盘或花盘等夹具,用以装夹工件。

主轴箱用以支承主轴并使之旋转。主轴为空心结构,其前端外锥面安装三爪卡盘等附件来夹持工件,前端内锥面用来安装顶尖,细长孔可穿入长棒料。CA6140 车床主轴箱内只有一级变速,其主轴变速机构安放在远离主轴的单独变速箱中,以减小变速箱中传动件产生的振动和热量对主轴的影响。

二、刀架

刀架用来夹持车刀并使其做纵向、横向或斜向进给运动。

刀具和滑板用来夹持车刀,使其做纵向、横向或斜向进给运动,由移置床鞍、横滑板、转盘、小滑板和方刀架组成。

(一)移置床鞍

移置床鞍与溜板箱连接,可带动车刀沿车身导轨做纵向移动,到达预定位置后可予以紧固,横滑板在其上面可横向移动。

(二)横滑板

横滑板带动车刀沿移置床鞍上的导轨做横向移动,手动时,可转动横向进给手柄。

(三)转盘

其上有刻度,与横滑板用螺栓连接,松开其螺母可在水平面内回转任意角度。

(四)小滑板

转动小滑板进给手柄可在转盘导轨面上做短距离移动,如果转盘回转成一定角度,车刀可做斜向运动。

(五)方刀架

方刀架用来装夹和转换车刀,它可同时装夹四把车刀。

三、尾座

安装在床身导轨上,并沿此导轨纵向移动,以调整其工作位置。尾架主要用于安装后顶尖,以支撑较长工件,也可安装钻头、铰刀等进行孔加工,将尾座偏移,还可用来车削圆锥体。

四、床身

床身是车床的基础零件,用于连接各主要部件并保证在其相对位置,其导轨用来引导溜板箱和尾座的纵向移动。车床的基础零件,用来支承和安装车床的各部件,保证其相对位置,如进给箱、溜板箱等。床身具有足够的刚度和强度,床身表面精度很高,以保证各部件之间有正确的相对位置。床身上有两条平行的导轨,供大拖板(刀架)和尾架相对于床头箱进行正确的移动,为了保持床身表面精度,在操作车床中应注意维护保养。

五、丝杠与光杠

用以连接进给箱与溜板箱,并把进给箱内的运动和动力传给溜板箱。光杠传动用于回转体表面的机动进给车削,丝杠传动用于螺纹车削,其变换可通过进给箱外部的光杠和丝杠变换手柄来控制。

六、溜板箱

溜板箱是车床进给运动的操纵箱。箱内装有进给运动的变向机构,箱外部有纵、横向手动进给、机动进给及开合螺母等控制手柄。通过改变不同的手柄位置,可使刀架纵向或横向移动机动进给以车削回转体表面,或将丝杠传来的运动变换成车螺纹的走刀运动,或手动操作纵向、横向进给运动。

七、进给箱

进给箱又称走刀箱,箱内装有进给运动的变速机构,通过调整外部手柄的位置,可得到所需的各种不同的进给量或螺距(单线螺纹为螺距,多线螺纹为导程),通过光杠或丝杠将运动传至刀架,以进行切削。

八、挂轮箱

由电动机带动变速箱内的齿轮轴转动,通过改变变速箱内的齿轮搭配(啮合)位置,得到不同的转速,然后通过皮带轮传动把运动传给主轴。

九、冷却装置

冷却装置主要通过冷却水泵将水箱中的切削液加压后喷射到切削区域,降低切削温度,冲走切屑,润滑加工表面,以提高刀具使用寿命和工件的表面加工质量。

十、床腿

床腿支撑床身并与地基连接。

任务二　机床的几何精度

一、检测机床几何精度的意义

几何精度是指机床基准部件的几何形状精度、尺寸精度以及空间位置精度等所组成的精度,是在机床不切削的情况下进行检测的静态精度。

(一)确保新机床高精度和整体性能良好

几何精度是机床精度的基础,几何精度好的机床,才可能具有良好的性能和高精度。几何精度差的机床,先天不足,无论控制系统如何先进,机床的精度和性能都会大打折扣。机床安装调试与验收过程中或维修后,一定要严格检测每一项几何精度。

(二)保证机床始终处于正常加工状态

机床在加工中,由于受到负载、热、振动、地基沉降等外界因素的影响,机床部件可能产生变形,相互之间的关系也可能发生变化,定期检测几何精度并及时进行调整,就可以使机床始终处于良好的加工状态。

(三)为分析零件质量问题提供数据

许多零件出现质量问题,排除其他原因后,应检测相关的机床几何精度,确保机床几何精度在正常范围以内。同时,正确的检测结果对分析质量问题的原因具有指导作用。

二、机床的几何精度对零件加工精度的影响

按 GB/T 4020—1997 的规定,普通卧式车床精度检验包括车床导轨直线度、平行度,主轴回转精度等共 18 项内容,利用前面的几何公差知识,本项目选其中的 11 项精度进行检测。

(一)导轨精度

导轨是机床上确定各机床部件相对位置关系的基准,也是车床运动的基准。车床导

轨的精度要求主要有三个方面:在水平面内的直线度、在垂直面内的直线度、前后导轨的平行度(扭曲)。因此,工件的加工精度在很大程度上取决于车床导轨的精度。

(1)导轨在水平面内直线度误差的影响。当导轨向后凸出时,工件上产生鞍形加工误差;当导轨向前凸出时,工件上产生鼓形加工误差。总之,床身导轨在水平面内如果有直线度误差,会使工件在纵向产生形状误差(圆柱度误差),横向截面有尺寸误差但没有圆度误差。

(2)导轨在垂直面内直线度存在的误差。床身导轨在垂直面内有直线度误差,会引起刀尖产生切向位移,造成工件在半径方向产生误差。

(3)前后导轨平行度误差影响。床身前后导轨有平行度误差(扭曲)时,会使车床溜板在沿床身移动时发生偏斜,从而使刀尖相对工件产生偏移,使工件产生形状误差(鼓形、鞍形、锥度)及尺寸误差。

(二)主轴锥孔中心线的径向圆跳动误差

当用两顶尖车削外圆时,会引起圆度、外圆与顶尖孔同轴度的误差;若采用多次装夹法,则会引起加工表面间的同轴度误差。

(三)溜板移动对主轴中心线的平行度

(1)当用卡盘夹持工件加工时,在垂直平面内的平行度超差时,会使工件产生圆柱度的误差,而在水平平面内的平行度误差时,则会产生锥度及大小头。

(2)在车削端面时,由于横向溜板与主轴中心线不垂直而会引起平面度的误差,即中凸或中凹的现象。

(四)主轴定心轴颈的径向跳动

当用卡盘夹持工件加工时,会引起圆度的误差、加工表面与基准面的同轴度误差;若采用多次装夹,则会引起加工各表面的同轴度误差;当采用钻孔、铰孔加工,会造成孔径扩大等缺陷。

(五)主轴轴向支承面的跳动

当用卡盘夹持工件加工时,会引起加工表面与基准面的同轴度,端面与内、外圆的垂直度误差,即端面不垂直于内、外母线。

(六)主轴轴向窜动误差

(1)当车削端面时,容易产生振摆现象而引起平面度误差及表面粗糙值大。

(2)当车削外圆工件时,工件表面容易产生混乱丝纹即表面粗糙值大。

(3)当车削螺纹时,容易产生螺距不均匀等缺陷。

(七)溜板移动对尾座顶尖套锥孔中心线的平行度

在钻孔、扩孔及铰孔时,会引起孔径扩大或喇叭形的孔。

(八)溜板移动对尾座顶尖套伸出方向的平行度

(1)在钻、扩、铰孔时,会引起孔径扩大或喇叭形的孔。

(2)采用两顶尖车削外圆时,工件会产生圆柱度误差即大小头现象。

(九)主轴锥孔中心线和尾座顶尖套锥孔中心线对溜板移动的不等高度

(1)采用两顶尖加工外圆时,会引起工件的圆柱度误差,即大小头现象。

(2)当用尾座钻、扩、铰孔时,会引起孔径扩大及喇叭形的孔。

(十)大托板上导轨对丝杠孔的平行度

车削螺纹时,螺纹表面粗糙度值大,精度不高。

(十一)大托板燕尾导轨平行度

车削端面时,会使端面出现凹凸变化,引起平面度误差。

任务三　常用的检测工具

一、水平仪

(一)条式水平仪

条式水平仪如图 11-3 所示,由作为工作平面的 V 形底平面和与工作平面平行的水准器(俗称气泡)两部分组成。当条式水平仪的底平面放在准确的水平位置时,水准器内的气泡正好在中间位置(水平位置)。当条式水平仪的底平面与水平位置有微小的差别时,也就是条式水平仪底平面两端有高低时,水准器内的气泡由于地心引力的作用总是往水准器的最高一侧移动,这就是条式水平仪的使用原理。

条式水平仪分度值的说明如分度值 0.03 mm/m,即表示气泡移动一格时,被测量长度为 1 m 的两端高低相差 0.03 mm。

(二)框式水平仪

常用的框式水平仪如图 11-4 所示,主要由框架 1 和弧形玻璃管主水准器 2、调整水准器 3 组成。利用框式水平仪上水准泡的移动来测量被测部位角度的变化。

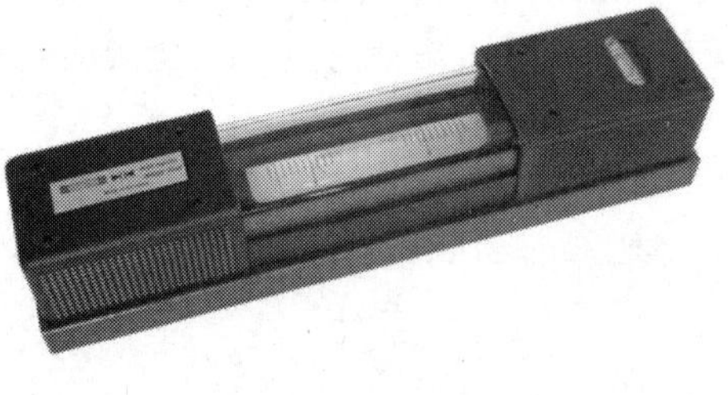

图 11-3　条式水平仪

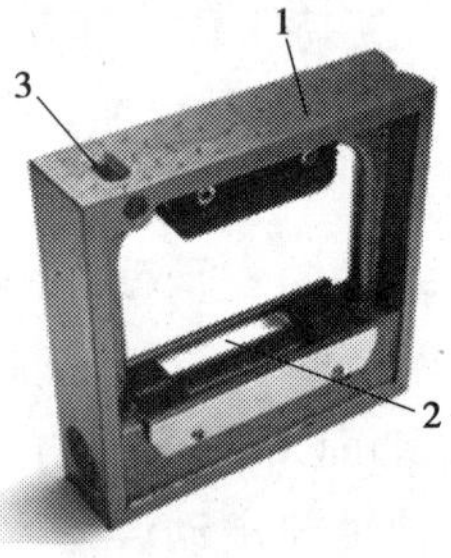

1—框架;2—主水准器;3—调整水准器。

图 11-4　框式水平仪

如图 11-5 所示,框式水平仪的刻度值为 0.02/1 000,它表示将该框式水平仪放在 1 m 长的平尺表面上,在平尺右端垫起 0.02 mm 的高度,平尺便倾斜一个 4°角度,此时,框式水平仪正好移动个刻度值。在检测导轨直线度中,框式水平仪不是放在 1 000 mm 的平尺上,而是放在 200 mm 的平板上,那么高度 $\Delta h = 200 \times \frac{0.02}{1\ 000}\text{mm} = 0.004\ \text{mm}$。

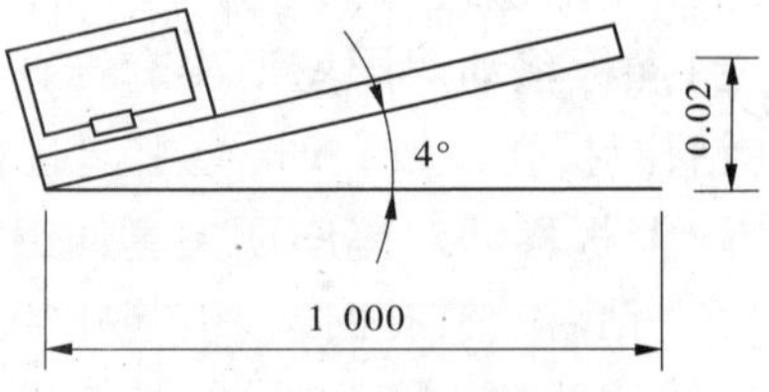

图 11-5　水平仪测量角度原理

用框式水平仪测量工件的垂直面时，不能握住与副测面相对的部位而用力向工件垂直平面推压，这样会因水平仪的受力变形，影响测量的准确性。正确的测量方法是手握持副测面内侧，使水平仪平稳、垂直地（调整气泡位于中间位置）贴在工件的垂直平面上，然后从纵向水准读出气泡移动的格数。

使用水平仪时，要保证水平仪工作面和工件表面的清洁，以防止赃物影响测量的准确性。测量水平面时，在同一个测量位置上，应将水平仪调过相反的方向再进行测量。移动水平仪时不允许水平仪工作面与工件表面发生摩擦，应该提起来放置。

当测量长度较大的工件时，可将工件平均分为若干尺寸段，用分段测量法测量，然后根据各段的测量读数，绘出误差坐标图，以确定其误差的最大格数。

二、检验棒

检验棒的主要材质是优质碳素钢，经过淬火光磨，具有光洁度及硬度高、耐磨等优点。检验棒主要用于检查工具圆锥的精确性，高精度的锥柄检验棒适用于机床和精密仪器主轴与孔的锥度检验，莫氏锥柄检验棒（见图 11-6）有莫氏锥柄长检验棒和莫氏锥柄短检验棒。

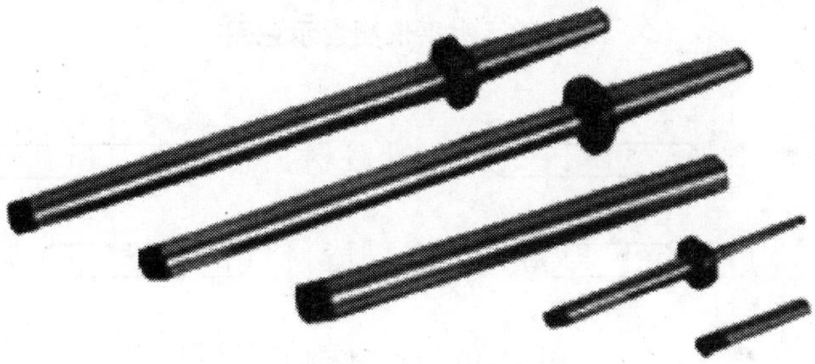

图 11-6　莫氏锥柄检验棒

任务四　几何精度的检测

一、床身导轨在垂直平面内的直线度

（一）测量方法

首先在溜板上靠近前导轨处，纵向放一水平仪（分度值 0.02/1 000），如图 11-7 所示，然后从刀架处于主轴箱一端的极限位置开始从左等距离向右移动，依次记录溜板在每一位置时水平仪的读数。

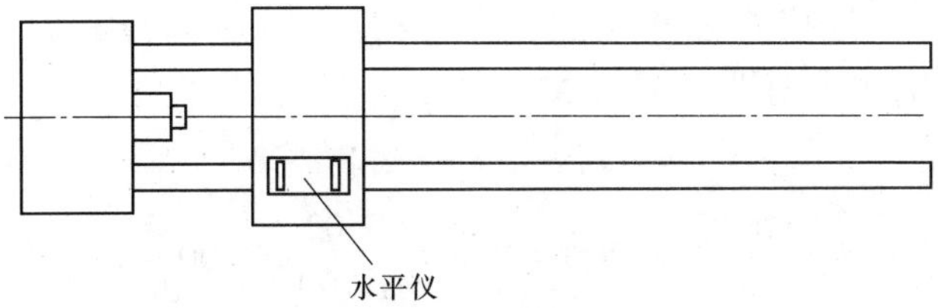

图 11-7　水平仪测量导轨直线度的示意图

(1)水平仪零线的确定。水平仪玻璃管上的刻线及管内气泡如图 11-8 所示。精度检验标准中规定可以任意确定刻线中的一条线为零线,但为了观察读数方便,在实际工作中采用气泡端部的刻线为零线的方法,如图 11-8 中的 a 线。

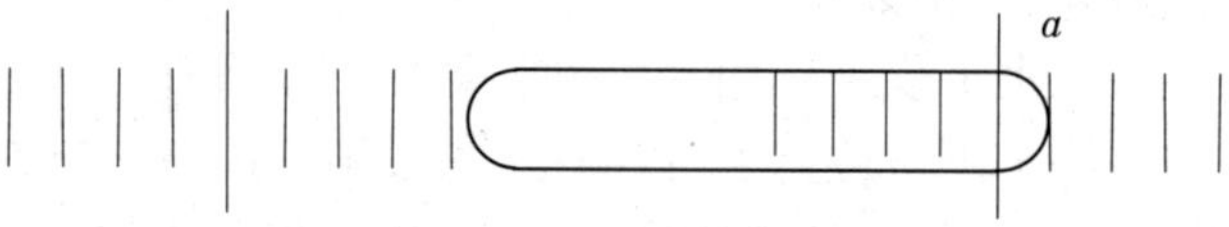

图 11-8　水平仪玻璃管的刻线及管内气泡

(2)水平仪的读数方法。溜板在初始位置时,起始为零点,即读数为零。等间距(200 mm)移动到 A 点时(见图 11-9),水平仪读数如图 11-10 所示为+1. 8,移动到 B 点时为+1. 4,移动到 C 点时为−0. 8,移动到 D 点时为−1. 6。

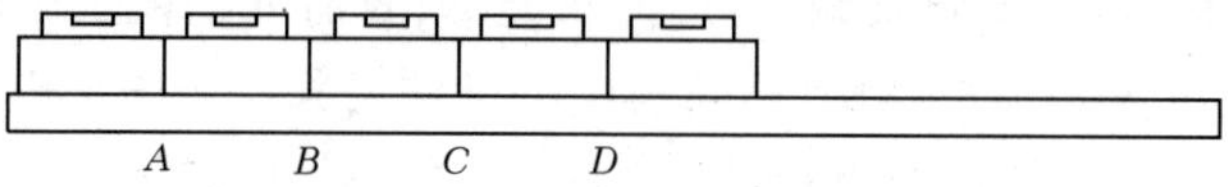

图 11-9　水平仪测量示意图

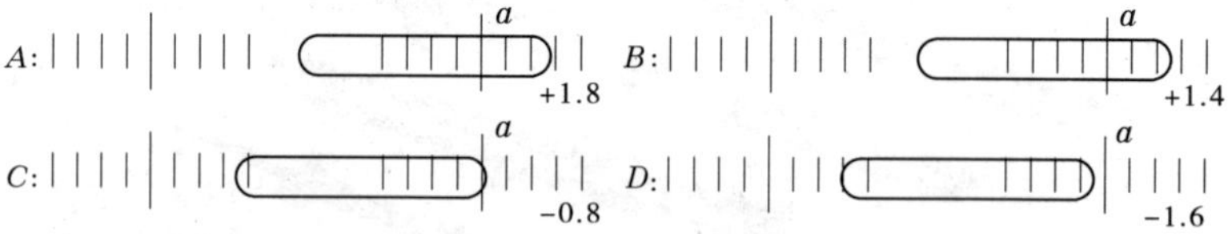

图 11-10　水平仪读数

(二)直线度误差的数据处理

对采样点的数据记录并对数据进行累计值的计算,直线度误差数据见表 11-1。

表 11-1　直线度误差数据

采样点	O	A	B	C	D	E
水平仪示值	0	+1. 8	+1. 4	−0. 8	−1. 6	+0. 5
累计值	0	+1. 8	+3. 2	+2. 4	+0. 8	+1. 3

采用图解法,按照表 11-1 的数据,可以依次画出每一折线段的起点与前一折线段的终点相重合的各折线线段,如图 11-11 中的折线 O–A–B–C–D–E,此折线亦称为导轨在垂直平面内的误差曲线。连接 O 点和 E 点,组成 OE 直线,从 B 点和 D 点分别作 Y 的平行线和 OE 线相交,分别测出两端的距离 ΔY_1 和 ΔY_2。

$$f = \Delta Y_1 + \Delta Y_2 = 2.8(\text{格})$$

$$t_{\text{误差}} = f \times \frac{0.02}{1\,000} \times 200 = 2.8 \times \frac{0.02}{1\,000} \times 200 = 0.011\,2 \qquad (11\text{-}1)$$

$t_{\text{误差}} > t_{\text{公差}}(0.020)$,所以导轨的直线度不合格。

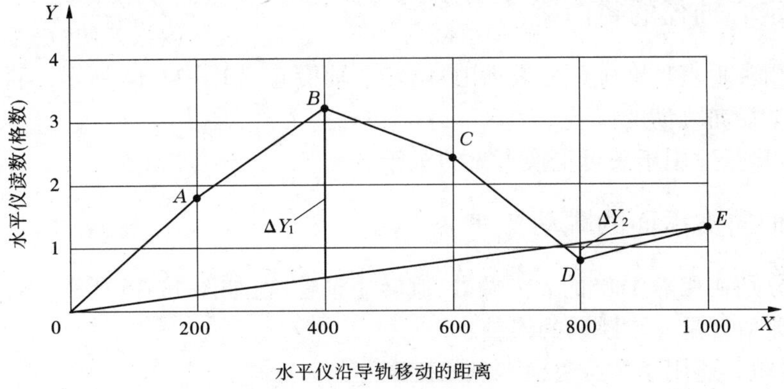

图 11-11　直线度误差曲线

二、主轴锥孔中心线的径向圆跳动

在主轴锥孔中插入检验棒，将千分表用磁性表架固定在溜板上，使表头垂直触及检验棒的圆柱面 a 和 b 处，如图 11-12 所示，使主轴缓慢旋转，a 和 b 处分别读取千分表读数。每测一次，需将检验棒相对于主轴孔旋转 90°重新插入，测量 4 次，4 次读数的算术平均值为主轴锥孔中心线的径向圆跳动误差。

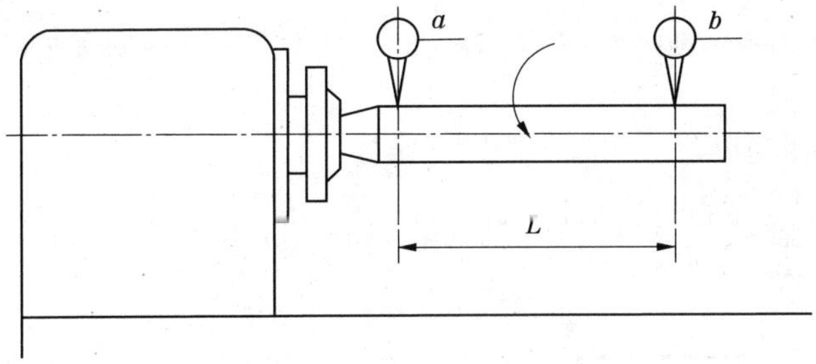

图 11-12　主轴锥孔中心线的径向圆跳动测量示意图

三、溜板移动对主轴中心线的平行度

用百分表和检验棒，移动溜板分别在 a 上母线和 b 侧母线上检验，如图 11-13 所示，将主轴旋转 180°，再同样检验一次，两次测量结果的代数和之半就是平行度的误差。

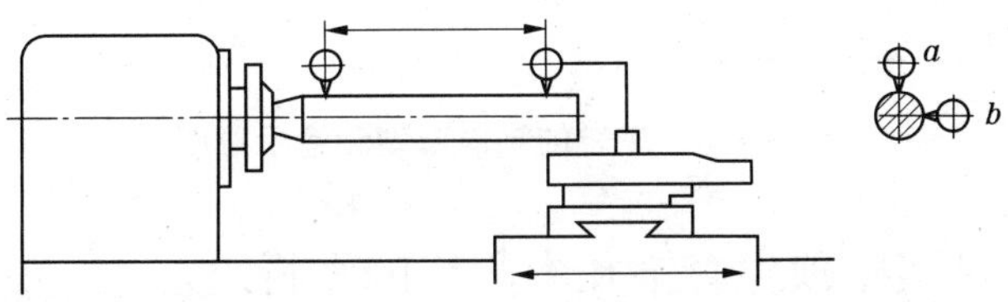

图 11-13　溜板移动对主轴中心线的平行度测量示意图

四、主轴定心轴径的径向跳动

将百分表测头垂直顶在轴颈的表面上,旋转主轴检验,如图 11-14 所示。百分表读数的最大差值就是径向跳动的误差。

注:此项检验只适用于装可更换卡盘的机床。

五、主轴轴向支承面的跳动

用百分表分别在相隔 180°的 a、b 两处,旋转主轴检验,如图 11-15 所示。百分表两次读数中的最大差值就是支承跳动的误差。

注:此次检验只适用于装可更换卡盘的机床。

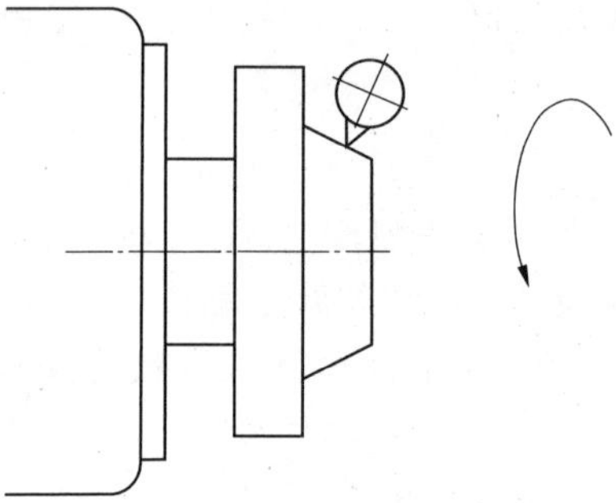

图 11-14　主轴定心轴颈的径向跳动测量示意图

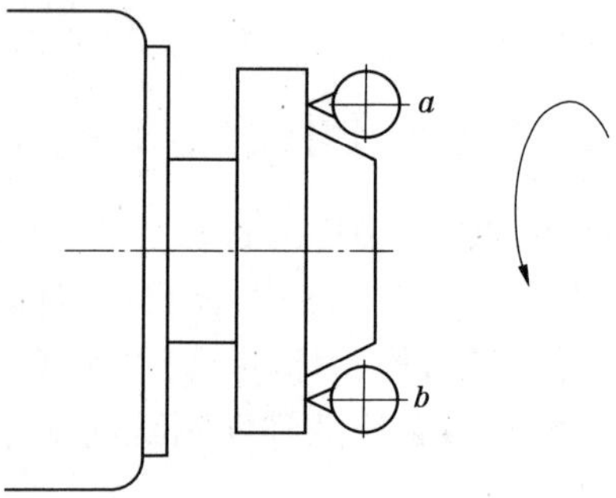

图 11-15　主轴轴向支承面的跳动测量示意图

六、主轴的轴向窜动

用百分表、检验棒及钢球,旋转主轴检验,如图 11-16 所示。百分表读数的最大差值就是轴向窜动的误差。

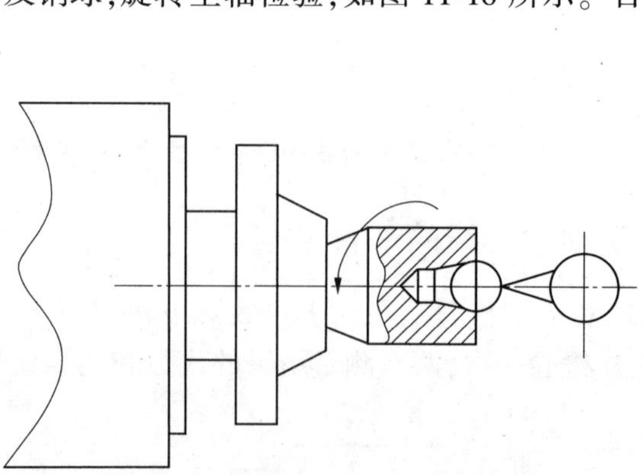

图 11-16　主轴的轴向窜动测量示意图

七、溜板移动对尾座顶尖套锥孔中心线的平行度

用百分表、检验棒、移动溜板分别在 a 侧母线和 b 侧母线上检验,如图 11-17 所示。检验时尾座的位置:溜板行程≤500 mm 时,尾座应紧固在车身导轨的末端。溜板行程≤

2 000 mm 时，尾座应紧固在距主轴端约等于两倍溜板长度的地方。顶尖套应退入尾座孔内并紧固，实际测量如图 11-18 所示。

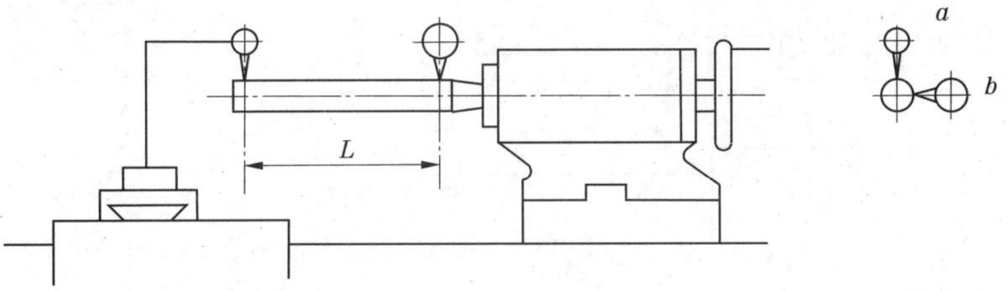

图 11-17　溜板移动对尾座顶尖套锥孔中心线的平行度测量示意图

图 11-18　溜板移动对尾座顶尖套锥孔中心线的平行度测量实际图

将检验棒拔出，旋转 180°重新插入顶尖套锥孔中，再同样检测一次，*a*、*b* 的误差分别计算。两次测量结果的代数和之半，就是平行度的误差。

八、溜板移动对尾座顶尖套伸出方向的平行度

用百分表、移动溜板分别在 *a* 侧母线和 *b* 侧母线上检验，如图 11-19 所示。检验时，百分表的起始位置应距尾座端面最近。尾座顶尖套的伸出量约为最大伸出长度的一半，并应紧固。注：*a*、*b* 的误差分别计算，百分表读数的最大差值就是平行度的误差。

九、主轴锥孔中心线和尾座顶尖套锥孔中心线对溜板移动的不等高度

用百分表、检验棒、移动溜板在检验棒两端处的上母线上检验，如图 11-20 所示，对于溜板行程<200 mm 的机床，检验时，尾座顶尖套应退入尾座孔内，并紧固，如图 11-20(a)所示。当溜板移动不能达到检测棒的最大长度时，允许只在溜板最大行程的两端点处检验，测量实际如图 11-21 所示。

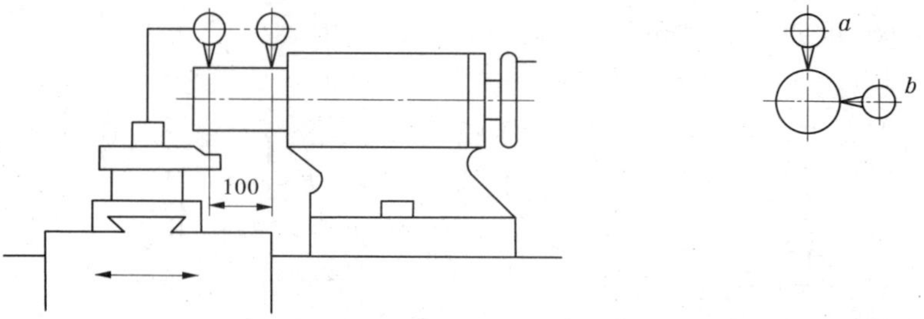

图 11-19　溜板移动对尾座顶尖套伸出方向的平行度测量示意图

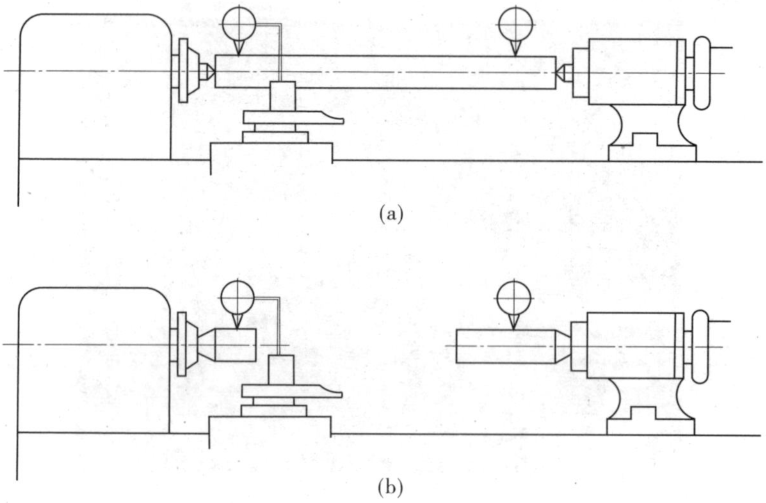

图 11-20　主轴锥孔中心线和尾座顶尖套锥孔中心线对溜板移动的不等高度测量示意图

图 11-21　主轴锥孔中心线和尾座顶尖套锥孔中心线对溜板移动的不等高度测量实际图

对于溜板行程>200 mm 的机床,可在主轴锥孔和尾座顶尖套锥孔中,各插入一根直径相等的检验棒进行检验,如图 11-20(b)所示。百分表在检验棒两端读数的差值就是不等高度的误差(允许消除检验系统误差)。

十、大拖板上导轨对丝杠孔的平行度

用检验棒、百分表、55°导轨块为测量工具,将检验棒推入丝杠孔中,百分表用磁性表座吸在导轨块上,导轨块沿着燕尾导轨直线进行移动,表头分别触在检验棒的母线上,测量出导轨对丝杠孔的平行度,如图 11-22 所示。

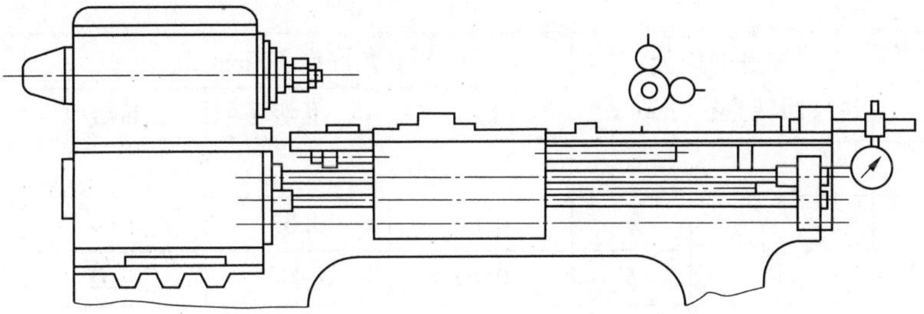

图 11-22　测量大拖板上导轨对丝杠孔的平行度测量示意图

十一、大拖板燕尾导轨的平行度

用ϕ20 圆柱作为测量圆柱,与 125~150 mm 千分尺进行前、中、后三点测量,取最大的差值为平行度误差,如图 11-23 所示。

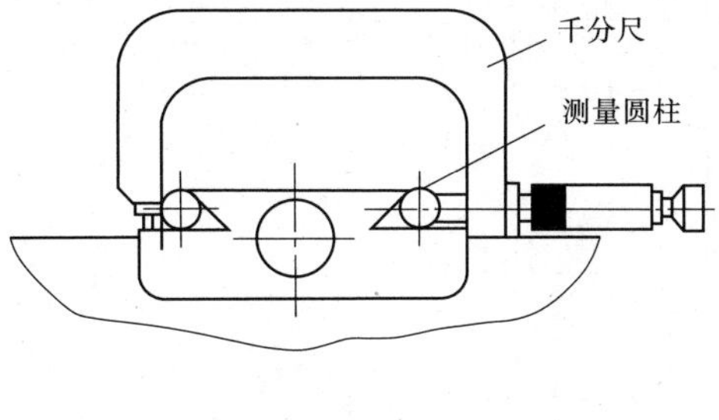

图 11-23　大拖板燕尾导轨的平行度测量示意图

任务实施

(1)在实训室,以班级为单位分成若干小组,每个小组抽取检测工单,通过实训指导教师示范和查看计量器具使用手册,完成各自的检测任务并填写检测报告(见表 11-2~表 11-12)。

表 11-2　溜板移动对主轴中心线的平行度检测报告

检验 1	溜板移动对主轴中心线的平行度

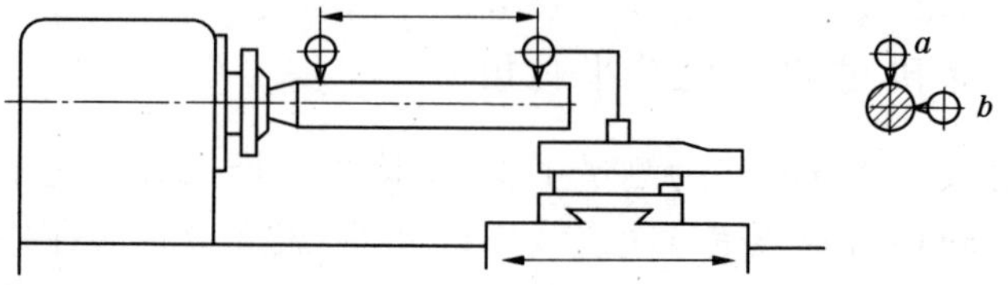

<table>
<tr><th rowspan="2">检验范围</th><th rowspan="2" colspan="2">床身上最大
回转直径/mm</th><th colspan="3">允许误差/mm</th><th rowspan="2">实际误差</th></tr>
<tr><th>Ⅰ级</th><th>Ⅱ级</th><th>Ⅲ级</th></tr>
<tr><td rowspan="11">用百分表和检验棒、移动溜板分别在 a 侧母线和 b 侧母线上检验。将主轴旋转 180°，再同样检验一次，两次测量结果的代数和的一半，就是平行度的误差</td><td colspan="5">L=200</td><td></td></tr>
<tr><td rowspan="2"><400</td><td>a</td><td>0.02</td><td>0.03</td><td>0.04</td><td></td></tr>
<tr><td>b</td><td>0.01</td><td>0.015</td><td>0.02</td><td></td></tr>
<tr><td colspan="5">L=300</td><td></td></tr>
<tr><td rowspan="2">>400～800</td><td>a</td><td>0.03</td><td>0.045</td><td>0.06</td><td></td></tr>
<tr><td>b</td><td>0.015</td><td>0.023</td><td>0.03</td><td></td></tr>
<tr><td colspan="5">L=500</td><td></td></tr>
<tr><td rowspan="2">>800～1 250</td><td>a</td><td>0.08</td><td>0.12</td><td>0.16</td><td></td></tr>
<tr><td>b</td><td>0.03</td><td>0.045</td><td>0.06</td><td></td></tr>
<tr><td colspan="5">检验棒伸出的一端，只许向上偏、向前偏</td><td></td></tr>
<tr><td>结论</td><td colspan="5"></td></tr>
</table>

表 11-3　主轴锥孔中心线的径向跳动检测报告

检验 2	主轴锥孔中心线的径向跳动

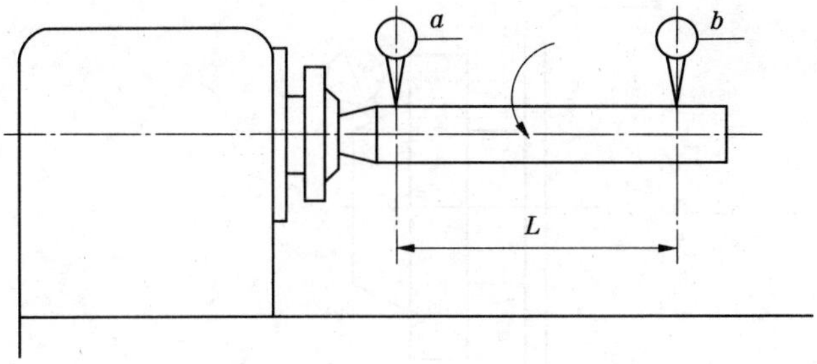

<table>
<tr><th rowspan="2">检验范围</th><th rowspan="2" colspan="2">床身上最大
回转直径/mm</th><th colspan="3">允许误差/mm</th><th rowspan="2">实际误差</th></tr>
<tr><th>Ⅰ级</th><th>Ⅱ级</th><th>Ⅲ级</th></tr>
<tr><td rowspan="12">用百分表、检验棒，旋转主轴分别在 a、b 两处检验。检验棒对主轴锥孔间隔 90°插入一次。共检验四次 a、b 的误差并分别计算。从相对两位置测量结果的平均值，取其最大值就是径向跳动的误差</td><td colspan="5">L＝200</td><td></td></tr>
<tr><td rowspan="2"><320</td><td>a</td><td>0. 01</td><td>0. 015</td><td>0. 02</td><td></td></tr>
<tr><td>b</td><td>0. 015</td><td>0. 023</td><td>0. 03</td><td></td></tr>
<tr><td colspan="5">L＝300</td><td></td></tr>
<tr><td rowspan="2">>320～400</td><td>a</td><td>0. 01</td><td>0. 015</td><td>0. 02</td><td></td></tr>
<tr><td>b</td><td>0. 02</td><td>0. 03</td><td>0. 04</td><td></td></tr>
<tr><td rowspan="2">>400～800</td><td>a</td><td>0. 015</td><td>0. 023</td><td>0. 03</td><td></td></tr>
<tr><td>b</td><td>0. 025</td><td>0. 038</td><td>0. 05</td><td></td></tr>
<tr><td colspan="5">L＝500</td><td></td></tr>
<tr><td rowspan="2">>800～1 250</td><td>a</td><td>0. 02</td><td>0. 03</td><td>0. 04</td><td></td></tr>
<tr><td>b</td><td>0. 04</td><td>0. 06</td><td>0. 08</td><td></td></tr>
<tr><td>结论</td><td colspan="5"></td></tr>
</table>

表 11-4　主轴定心轴颈的径向跳动检测报告

检验 3	主轴定心轴颈的径向跳动

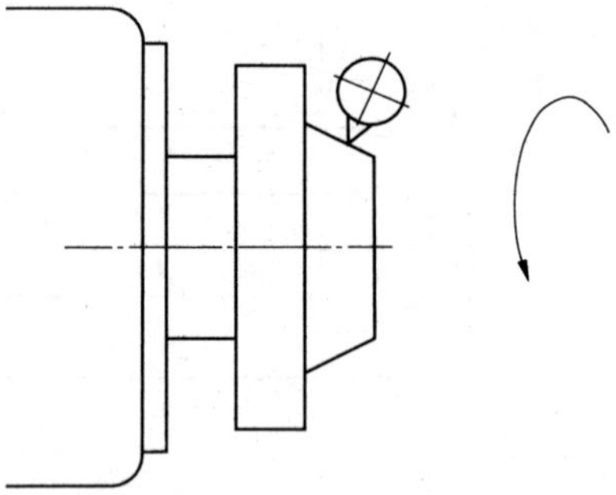

<table>
<tr><th rowspan="2">检验范围</th><th rowspan="2" colspan="2">床身上最大
回转直径/mm</th><th colspan="3">允许误差/mm</th><th rowspan="2">实际误差</th></tr>
<tr><th>Ⅰ级</th><th>Ⅱ级</th><th>Ⅲ级</th></tr>
<tr><td rowspan="4">将百分表测头垂直顶在轴颈的表面上，旋转主轴检验。百分表读数的最大差值，就是径向跳动的误差。
注：此项检验只适用于装可更换卡盘的机床</td><td colspan="2">≤400</td><td>0.01</td><td>0.015</td><td>0.018</td><td></td></tr>
<tr><td colspan="2">>400～800</td><td>0.015</td><td>0.018</td><td>0.025</td><td></td></tr>
<tr><td colspan="2">>800～1 250</td><td>0.02</td><td>0.03</td><td>0.04</td><td></td></tr>
<tr><td>结论</td><td colspan="5"></td></tr>
</table>

表 11-5　主轴轴向支承面的跳动检测报告

<table>
<tr><td>检验 4</td><td colspan="5">主轴轴向支承面的跳动</td></tr>
<tr><td colspan="6">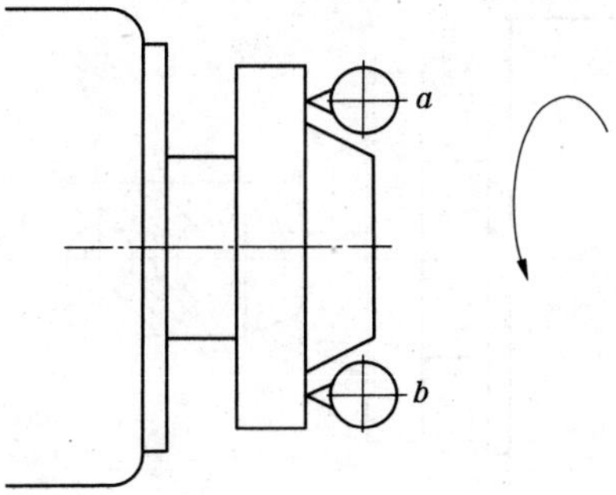
</td></tr>
<tr><td rowspan="2">检验范围</td><td rowspan="2">床身上最大回转直径/mm</td><td colspan="3">允许误差/mm</td><td rowspan="2">实际误差</td></tr>
<tr><td>Ⅰ级</td><td>Ⅱ级</td><td>Ⅲ级</td></tr>
<tr><td rowspan="4">用百分表分别在相隔 180°的 a、b 两处，旋转主轴检验。百分表两次读数中的最大差值，就是支承跳动的最大误差。
注：此次检验只适用于装可更换卡盘的机床</td><td>≤400</td><td>0.02</td><td>0.025</td><td>0.03</td><td></td></tr>
<tr><td>>400～800</td><td>0.025</td><td>0.03</td><td>0.04</td><td></td></tr>
<tr><td>>800～1 250</td><td>0.03</td><td>0.04</td><td>0.05</td><td></td></tr>
<tr><td>结论</td><td colspan="4"></td></tr>
</table>

表 11-6 主轴的轴向窜动检测报告

检验 5	主轴的轴向窜动

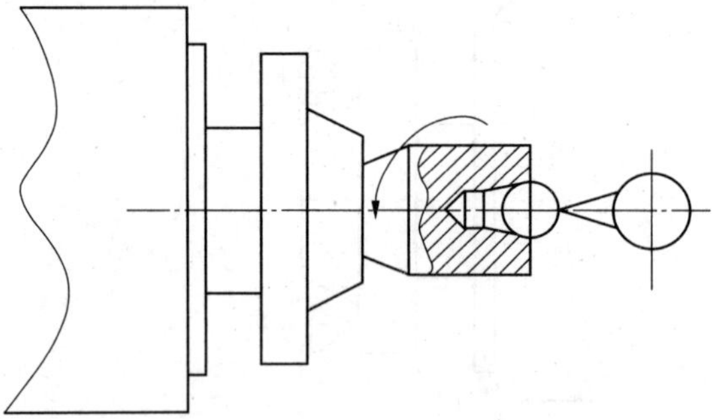

检验范围	床身上最大回转直径/mm	允许误差/mm			实际误差
		Ⅰ级	Ⅱ级	Ⅲ级	
用百分表、检验棒及钢球，旋转主轴检验。百分表读数的最大差值，就是轴向窜动的误差	≤400	0.01	0.015	0.02	
	>400~800	0.015	0.023	0.03	
	>800~1 250	0.02	0.03	0.04	
	结论				

表 11-7　溜板移动对尾座顶尖套伸出方向的不平行度检测报告

检验 6	溜板移动对尾座顶尖套伸出方向的不平行度

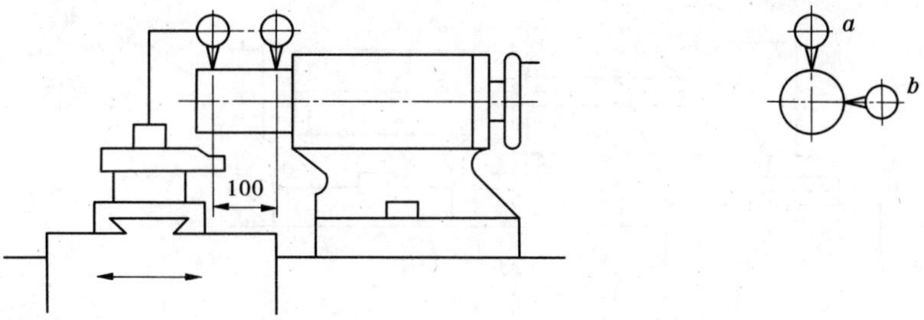

检验方法	床身上最大工件回转直径/mm		允许误差/mm			实际误差
			Ⅰ级	Ⅱ级	Ⅲ级	
用百分表,移动溜板分别在 a 侧母线和 b 侧母线上检验。检验时,尾座的位置同检验 10。百分表的起始位置应距尾座端面最近。尾座顶尖套的伸出量约为最大伸出长度的一半,并应紧固。 a、b 的误差分别计算,百分表读数的最大差值,就是不平行度的误差	在 100 测量长度上					
	400	a	0.015	0.023	0.035	
		b	0.010	0.015	0.023	
	800	a	0.015	0.023	0.035	
		b	0.010	0.015	0.023	
	800~1 250	a	0.020	0.030	0.450	
		b	0.015	0.023	0.035	
	顶尖套段部只许向上偏和向前偏					

表 11-8　溜板移动对尾座顶尖套锥孔中心线的不平行度检测报告

检验 7	溜板移动对尾座顶尖套锥孔中心线的不平行度

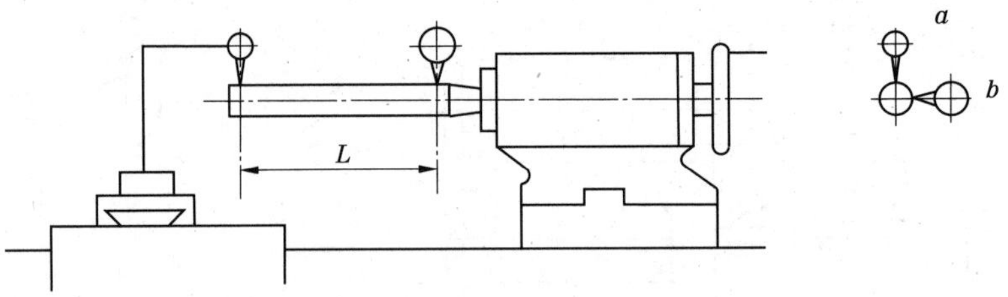

检验方法	床身上最大工件回转直径/mm		允许误差/mm			实际误差
			Ⅰ级	Ⅱ级	Ⅲ级	
用百分表、检验棒、移动溜板分别在 a 侧母线和 b 侧母线上检验。检验时尾座的位置：溜板行程≤500 mm 时，尾座应紧固在车身导轨的末端。溜板行程≤2 000 mm 时，尾座应紧固在距主轴端约等于两倍溜板长度的地方。顶尖套应退入尾座孔内并紧固。 将检验棒拔出，旋转 180°重新插入顶尖套锥孔中，再同样检测一次，a、b 的误差分别计算。两次测量结果的代数和的一半，就是不平行度的误差	$L=200$					
	≤320	a	0.020	0.030	0.045	
		b				
	$L=300$					
	>320~800	a	0.030	0.045	0.068	
		b				
	$L=300$					
	>800~1 250	a	0.040	0.060	0.090	
		b				

表 11-9　主轴锥孔中心线和尾座顶尖套锥孔中心线对溜板移动的不等高度检测报告

<table>
<tr><td>检验 8</td><td colspan="5">主轴锥孔中心线和尾座顶尖套锥孔中心线对溜板移动的不等高度</td></tr>
<tr><td colspan="6">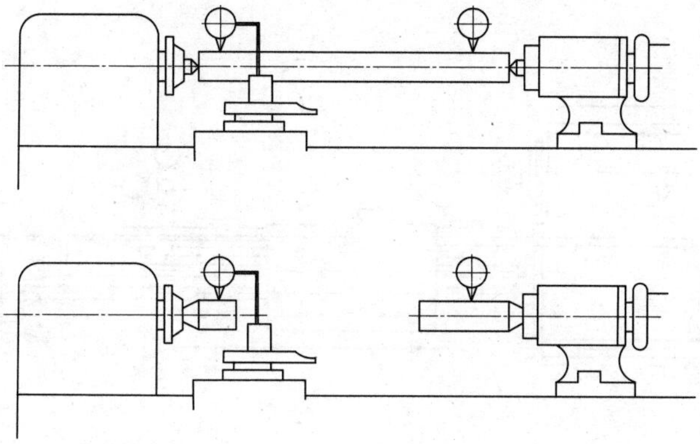</td></tr>
<tr><td rowspan="2">检验方法</td><td rowspan="2">床身上最大回转直径/mm</td><td colspan="3">允许误差/mm</td><td rowspan="2">实际误差</td></tr>
<tr><td>Ⅰ级</td><td>Ⅱ级</td><td>Ⅲ级</td></tr>
<tr><td rowspan="4">用百分表、检验棒、移动溜板在检验棒两端处的上母线上检验。检验时，尾座的位置同检验 10，尾座顶尖套应退入尾座孔内，并应紧固。当溜板移动不能达到检测棒的最大长度时，允许只在溜板最大行程的两端点处检验。
对于溜板行程>200 mm 的机床，可在主轴锥孔和尾座顶尖套锥孔中，各插入一根直径相等的检验棒进行检验。
百分表在检验棒两端读数的差值，就是不等高度的误差(允许消除检验系统误差)</td><td>≤400</td><td>0. 060</td><td>0. 075</td><td>0. 094</td><td></td></tr>
<tr><td>>400～800</td><td>0. 100</td><td>0. 125</td><td>0. 160</td><td></td></tr>
<tr><td>>800～1 250</td><td>0. 160</td><td>0. 200</td><td>0. 250</td><td></td></tr>
<tr><td colspan="5">只许尾座高</td></tr>
</table>

表 11-10　测量大拖板上导轨对丝杆孔的平行度检测报告

检验 9	测量大拖板上导轨对丝杆孔的平行度

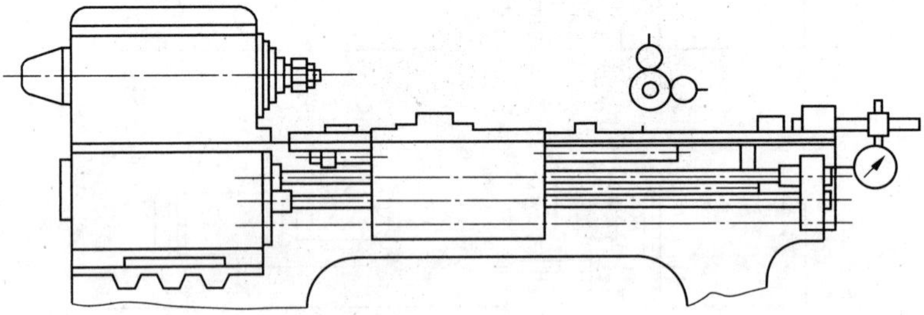

<table>
<tr><th>检验方法</th><th colspan="2">检验芯棒长度/mm</th><th colspan="2">允许误差/mm</th><th>实测/mm</th></tr>
<tr><td rowspan="4">用检验棒、百分表、55°导轨块为测量工具，将检验芯棒推入丝杆孔中，百分表用磁性表座吸在导轨块上，导轨块沿着燕尾导轨直线进行移动，表头分别触在芯棒的母线上，母线测量出上导轨对丝杆孔的平行度</td><td colspan="5">在 100 测量长度上</td></tr>
<tr><td colspan="2" rowspan="2">≤300</td><td>a</td><td>0.050</td><td></td></tr>
<tr><td>b</td><td>0.050</td><td></td></tr>
<tr><td>结论</td><td colspan="4"></td></tr>
</table>

表 11-11　大拖板燕尾导轨的平行度检测报告

检验 10	大拖板燕尾导轨的平行度

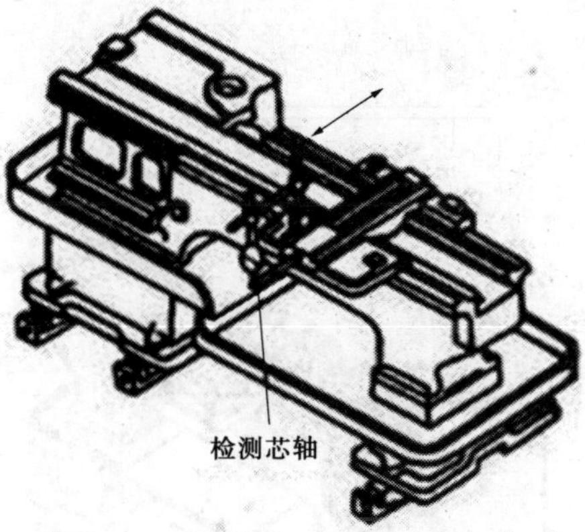

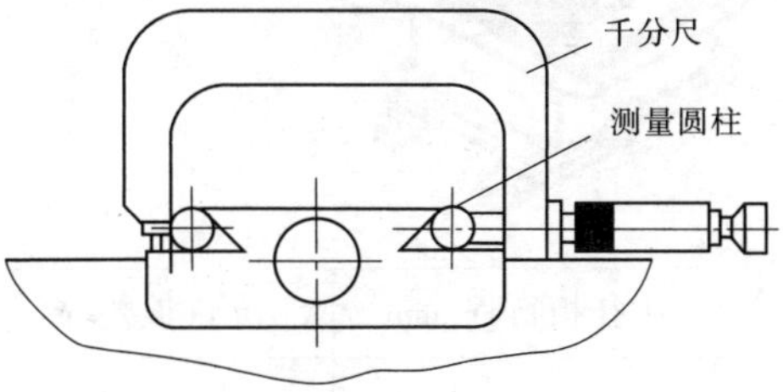

<table>
<tr><th>检验方法</th><th>燕尾导轨的长度/mm</th><th colspan="2">允许误差/mm</th><th>实测/mm</th></tr>
<tr><td rowspan="2">用φ20 圆柱作为测量圆柱，与 125～150 mm 千分尺进行前、中、后三点测量</td><td>≤400</td><td colspan="2">0.020</td><td></td></tr>
<tr><td>结论</td><td colspan="3"></td></tr>
</table>

表 11-12　大拖板燕尾导轨与床身导轨的垂直度检测报告

检验 11	大拖板燕尾导轨与床身导轨的垂直度		

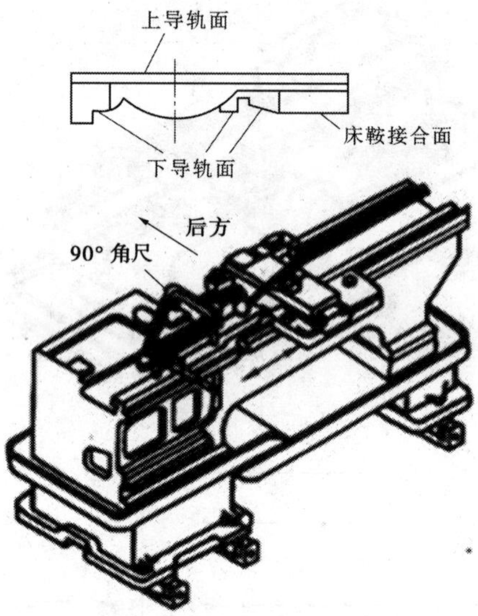

检验方法	中托板行程/mm	允许误差/mm	实测/mm
用角尺、等高垫、百分表，将角尺放在床身上用等高垫垫起，百分表放在中拖板上，表头接触角尺，先移动大拖板，使角尺与床身导轨平面，移动中拖板测量角尺的垂直面，所测得的角度只允许<90°	≤200	0.030	
	>200～300	0.040	
结论			

(2)评价。检测结束后,学生首先自己检查测量结果;测量工具选用是否正确;能否正确使用测量工具和进行数据处理,根据检测数据对零件的合格性判断是否正确等,具体评价结果请填写表 11-13。

表 11-13　检测结果评价

<table>
<tr><td>学习内容</td><td colspan="2"></td><td>班级</td><td></td><td>姓名</td><td></td><td>学号</td><td></td></tr>
<tr><td rowspan="5">教师评价</td><td>1</td><td>基础知识技能水平评价</td><td colspan="6"></td></tr>
<tr><td>2</td><td>检测方案评价</td><td colspan="6"></td></tr>
<tr><td>3</td><td>检测工具操作水平评价</td><td colspan="6"></td></tr>
<tr><td rowspan="2">4</td><td>检测数据评价</td><td colspan="2">检测数据与尺寸真值有小于 10%的偏差</td><td colspan="2">检测数据与尺寸真值有大于 10%且小于 20%的偏差</td><td colspan="2">检测数据与尺寸真值有大于 20%的偏差</td></tr>
<tr><td>评价等级</td><td colspan="2">A</td><td colspan="2">B</td><td colspan="2">C</td></tr>
<tr><td>对自己不足和进步的认识</td><td colspan="8"></td></tr>
<tr><td>同学的综合评价和建议</td><td colspan="8"></td></tr>
<tr><td>综合评定意见</td><td colspan="8"></td></tr>
</table>

习　题

1. CA6140 车床主要结构有哪些及主要功能是什么?
2. 在哪些场合需要进行机床几何精度检验?
3. 机床导轨的直线度误差会影响零件的哪些加工精度?
4. 框式水平仪的使用应该注意哪些事项?

参 考 文 献

[1] 国家标准化管理委员会. 产品几何技术规范(GPS)技术产品文件中表面结构的表示法:GB/T 131—2006[S]. 北京:中国标准出版社,2006.
[2] 国家标准化管理委员会. 产品几何技术规范(GPS)几何公差 形状、方向、位置和跳动公差标注:GB/T 1182—2018[S]. 北京:中国标准出版社,2018.
[3] 刘品,张也晗. 机械精度设计与检测基础[M]. 8 版. 哈尔滨:哈尔滨工业大学出版社, 2013.
[4] 张荣. 公差配合与测量技术[M]. 北京:清华大学出版社, 2018.
[5] 黄云清. 公差配合与测量技术[M]. 4 版. 北京:机械工业出版社, 2019.
[6] 王櫟,赵卫兵. 互换性与测量技术[M]. 上海:同济大学出版社, 2020.
[7] 苏采兵,王凤娜. 公差配合与测量技术[M]. 2 版. 北京:北京邮电大学出版社, 2021.
[8] 陈红,周利平. 公差配合与测量技术[M]. 北京:北京邮电大学出版社, 2021.
[9] 韩凤霞,刘英超. 互换性与测量技术[M]. 2 版. 北京:北京邮电大学出版社, 2021.